気候の文化史

氷期から地球温暖化まで

ヴォルフガング ベーリンガー［著］
松岡 尚子・小関 節子・柳沢ゆりえ
河辺 暁子・杉村 園子・後藤 久子［訳］

丸善プラネット

Kulturgeschichte des Klimas, 5th ed. 2010
by Wolfgang Behringer

1. Auflage 2007
2., durchgesehene Auflage 2007
3., unveränderte Auflage 2008
4., durchgesehene Auflage 2009
5., aktualisierte Auflage 2010

PRINTED IN JAPAN

まえがき

かつて**小氷期**という異常気候の時代に、教会は人々にこう説いた。「この異常な気候の責任は人間の罪にある。即座に行いを改めれば、神の怒りは和らぎ、気候もよくなるだろう」。ところがスケープゴートを迫害しても、天候は回復しなかった。

人為的気候変動を引き起こす行為は、今日では**環境破壊**とよばれている。しかし、即座に生活態度を変えるか、スケープゴート探しをすることで、気候変動を阻むことなどできるのだろうか。答えは、ノーである。

今日、事態を憂慮した気候学者が気付いているように、科学的な分析だけでは問題の解決には不十分である。そのためには、問題を文化的概念や時代の動向と調和させて考えることが重要である。このことを理解するには、純粋な気候史のほかに、**気候の文化史**も必要である。

本書のテーマは、気候変動に対するさまざまな文化の対応である。そこで、気候本来の変動しやすさの痕跡をたどるために、地球の歴史への小さなタイムトラベルを企ててみよう。次のステップとして、さらに文化と社会の対応を考察してみよう。

ここで重点を置いて考えてみたいのは、いろいろな資料から十分に復元することが可能なただ一つの気候危機、**小氷期**である。この小氷期の例をみれば、気候危機に対してどのような答えが見出されたか、またそれが今日の諸問題とどう関わっているか理解できるだろう。この小氷期こそ、**地球温暖化**のテストランと考えることもできよう。ここから学びとれるのは、ごく些細な気候変動ですら社会、政治、宗教を大きく揺るがす結果にもつながる、ということである。

小氷期の例によって、恐るべき気候危機を人々はどういう方法で乗り切ることができたのか、詳しく考えてみることも可能になる。この時期の責任ある地位の人々も、気候危機を堅苦しい教義でとらえるのをやめ、不道徳者や罪人やスケープゴートを探すこともやめたのだった。気候危機の解決策は、危機の初めに人々が考えていたのとは違ってみえた。これは私たちにとって無意味なことではない。問題が解決したことにより、今日私たちが知っている世界への道が開けたのである。通信制度、科学、農工業生産における大改革による、この「近代」世界への道である。世界は破滅に向かったのではなく、柔軟に文化的な対応をしたことで、生活条件はさらに向上していった。

現在、気候学者は来るべき悲劇的終末の予言者として登場している。彼らが地球温暖化への警鐘を鳴らしてくれることには感謝しよう。しかし、気候学者が地球寒冷化の警告を長期間発し続け、今日からみれば馬鹿げたように思われる措置を提唱していたことを、私たちは忘れてはいない。政治家は、自然科学上の予報について決して幻想を抱いてはならない。今日真実だと思われることも、明日は誰ももう関心を示さないものなのだ。

地球温暖化は、私たちへの重大な挑戦である。世界気候会議は重要な基準を定めている。しかし開かれた討論の場があれば、さらに創造的な気候変動との関わり方を思い描くこともできるのではなかろうか。現在の温暖化が、単にリスクのみならず可能性をも秘めていることは、これまでほとんど顧みられていない。

気候の文化史は、そのことを考えるきっかけとしての役割を果たせるかもしれない。

第五版によせて

本書の初版以来、政治情勢も幾分変化してきた。アメリカ大統領ジョージ・ブッシュは、環境問題に関心のある後任と交代した。もちろんその結果は、世界の気候政策にはまだ表われていない。二〇〇九年一二月のコペンハーゲンにおける「世界気候サミット」（COP15）が不成功に終わった主な原因は、合衆国新大統領バラク・オバマ（一九六一―）が友好的な挨拶以上の発言をしなかったことにある。京都議定書期限後の二〇一二年以降に拘束力を持つ気候政策の合意には至らなかった。ともかく、一九〇の国から一六〇〇〇人以上が参加したこの会議では、「**コペンハーゲン協定**」で産業革命以降の気温上昇を二℃以内に抑えることが望ましい、とほとんどの国が認めた。このことによって地球温暖化が引き起こすリスクについてのコンセンサスは広がった。また気候変動との関わりもさらに創造的になった。その間に、リスクと並んで例えば地下資源の開発のような新たな可能性もまた見えてきた。世界銀行の元上級副総裁ニコラス・スターン（一九四六―）は、地球温暖化のコストは見積もることができ、早期に対応すればより低コストで済むと算出した[1]。

気候変動に関する政府間パネル（ＩＰＣＣ）はアル・ゴアと共に二〇〇七年のノーベル平和賞を受賞した。「人間に起因する気候変動についての知識を広め、この変動に立ち向かう有効な対策の基盤作りをする努力」に成果を上げたからである。一方、数人の行き過ぎた気候学者の手法は批判を受けた。二〇〇九年一一月には**気候研究ユニット**（イーストアングリア大学）のメールと文書のやり取りから、数値が操作され、**情報公開法**に違反したことが明らかになった[2]。この**クライメートゲート**と呼ばれるスキャンダルのために、所長フィル・Ｄ・ジョーンズ（一九五二―）は休職した。また、アメリカの気候学者マイケル・マンも、データ公開の際に操作した疑惑のために、所属大学から調査を受けた[3]。ＩＰＣＣの議長ラジェンドラ・パチャウリは、ヒマラヤ氷河がまもなく溶解するという誤ったデータを示して研究費を不当に受け取っていたことが、二〇一〇年に判明した。このデータは最新のＩＰＣＣ報告書の構成要素ともなっていた[4]。辞任の要求とＩＰＣＣの根本的改革への要求がノーベル賞委員会の側からも出された[5]。データの公表と結果の自由討論は本来、当然のことである[6]。

本書の目指すところは以前と変わらない。まず、気候の変動が地球の歴史の中でいかに激しかったか、その変動は何に起因するのか、次に、過去の平均気温や降水パターンの僅かな変化にも、人間社会がいかに敏感に反応してきたか、そして最後に、その対応の仕方を比べると、物理的な測定値よりも人間の文化やその解釈が決め手となる、ということである。このことを理解するために必要となるのが、**気候の文化史**である。気候の変動し易さ、文化的反応のしなやかさを知る者こそ、この時代の気候についての議論の理解をさらに深めることができる。地球温暖化に関する議論を異なる視点から見るには、詳細な記録の残る小氷期という寒冷期への対応や、一九六〇年代と一九七〇年代に世間を騒がせた新たな大氷期の予測とそれに対して考え出された対応策の歴史、などが役に立つ。最後に、現在までの地球温暖化とＩＰＣＣの進展をめぐる論議の歴史をたどることとなる。

このまえがきと並んで、参考文献もこの新刊のために最新のものを掲載した。読者皆様からのご批判、賛同のお手紙、ご提案に感謝を捧げる。

ザールブリュッケン／ミュンヘン　二〇一〇年三月

ヴォルフガング　ベーリンガー

目次

序章

はじめに

本書の取り組みの出発点は、一九九〇年に出された**気候変動に関する政府間パネル**（ＩＰＣＣ）第一次報告書の三区分で示されたグラフである。これには過去百万年間における気候の変動が非常によく表れている。一番上のグラフは氷河期の気温の推移を示している。ここで、数回しかない短い**間氷期**は今日より温暖であったが、これは数少ない例外のようであり、現代の温暖期の脆さを暗示している。破線は、**基準期**である一九六一―一九九〇年の平均値を表す。中央のグラフは、最後の大氷期が終わってからの一万年間であり、気温の変化は比較的小さかったことが見て取れる。約五千年から六千年前、つまり紀元前四千年頃が気候最良期にあたる。一番下のグラフは、過去千年の気温の推移を表している。このグラフによれば、中世中期の気候最良期は、**小氷期**や一九〇〇年以降の新たな温暖化の徴候と比べても対照的に際立って見える。この新たな温暖化は、一九九〇年までは中世中期の気温にははるかに及ばず、ましてや完新世の最高気温にも達してはいないのだ。

多くの人にとって、このシナリオは混乱を招くに十分であった。なぜなら数十年来、世界の気候は基本的に安定していると考えられ、さらにジェームズ・ラブロックの理論のとおり、地球の女神**ガイア**がどんな障害でも取り除いてくれる、と思われていたところに[1]、このような気候変動のグラフを突如突き付けられたからである。また、この見解をもっともだと考える者も現われた。一九六〇年代、寒冷な年が数年続いたあと、近づきつつある地球寒冷化についての激しい議論が起こったからだ。またこれとは逆に、気候学者の中には、このグラフでは最近の憂慮すべき情報が軽視されている、との見方をする者もいた。つまり、すでに一九七〇年代後半以降、気候学者の議題に上っていたのは、もはや地球寒冷化ではなく**地球温**

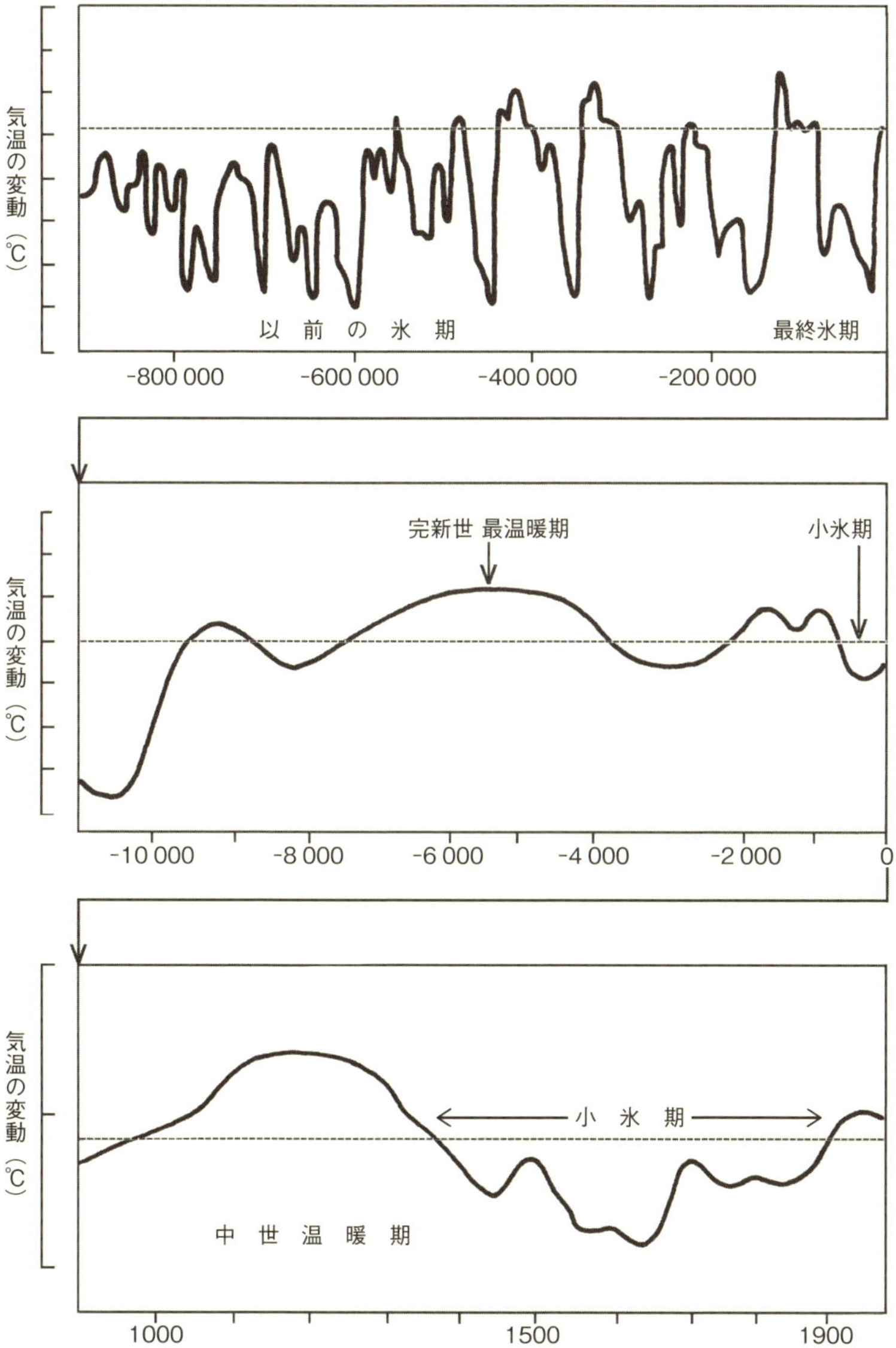

図１　気候の均衡というメルヘンはすでにこの1990年の第一次IPCCの気候報告書で誤りが論証された。過去100万年間と同様、過去12 000年間、過去1 000年間においても、寒冷期と温暖期の絶え間ない変動がみられる。

暖化であったのだ。ところがこの観点は一九九〇年のＩＰＣＣのグラフには十分明白に表れてはいなかった。このグラフからみれば、寒冷期の後に来る温暖化は望ましいと思われたが、一方これからの温暖化においては大気の組成が変化し、大きな危機が来ると予見する気候学者も次第に増加していった。その結果、次の報告書では全く異なるものとなった。

ホッケースティックの表す意味

二〇〇五年七月、**ネイチャー誌**の冒頭に掲載された報告書で、**エネルギー・商業委員会**議長である、共和党テキサス州選出議員ジョー・バートン（一九四九年―）が納税者を代表して、三人の気候専門家の研究について説明を求めた。バートンは、科学的な研究過程やその資金調達、さらにデータやコンピュータプログラムについての情報開示を要求している。[2] 以前からバートンは、**ウォール・ストリート・ジャーナル**の中でこの三人の科学者に対し、誤った研究方法だと激しく攻撃していた。三人の研究論文は二〇〇一年の**気候変動に関する政府間パネル**（ＩＰＣＣ）の最終報告書に影響を与え、この報告書はブッシュ政権の環境政策を公然と批難するものであったのだ。[3]

学界では研究の自由が危険にさらされているとみていた。ビル・クリントンの大統領時代（一九九三―二〇〇一）の終了以降、連邦官庁において科学者への政治的圧力が繰り返し加えられていたからだ。[4] 科学者が妥協しない姿勢を貫いたので、気候研究は政党の対決の場に持ち込まれることになった。民主党カリフォルニア州選出議員ヘンリー・ワックスマンはバートンに、書簡を撤回するように強く申し入れた。気候学者たちは、例えば**アメリカ国立科学財団**、**アメリカ科学振興協会**、**米国科学アカデミー**長官、さらにヨーロッパの**地球物理学連合**のような、アメリカおよび国際的な学術機関からも支援を受けていた。

この政治的台風の眼の中にいたのが、気候学者のマイケル・マン（ペンシルベニア州立大学）、レイモンド・S・ブラッドレー（マサチューセッツ大学）、そしてマルコム・K・ヒューズ（アリゾナ大学）という「**ホッケースティック理論**」の提唱者であり、三人は一九九八年に、過去六百年の地球温暖化に関する研究論文を発表していた。この中で主張したことは、一九九〇年代は過去六百年のいずれの十年間よりも平均気温が高かったこと、そしてこの地球温暖化は「**人為的**」であり、人間活動から生じた温室効果ガスにその原因が帰せられる、というものであった。[5] この気候カーブは、初めはそれほど注目されたわけではなかった。この時代区分のうち一番長い期間は**小氷期**で、地球寒冷化が特徴的だったからだ。ところが紀元二千年の直前に、気候学者たちがさらに四百年過去に時間軸を延長した。このことによって、最近の歴史の中で最も温暖な時期の一つ、中世中期の気候最良期もこの時間軸に含まれることになったのだ。過去千年の気候カーブはホッケースティックの形になった。つまり、この気候学者たちの主張は「二十世紀末期に気温のカーブが急上昇を示す以前は、九百年間にわたってわずかな動きしかなかった。このため私たちはこれまでの歴史で前例のない地球温暖化と関わり合わねばならなくなる」というものだった。この見解を示すシンボルとなったのが、ホッケースティックの形なのだ。[6]

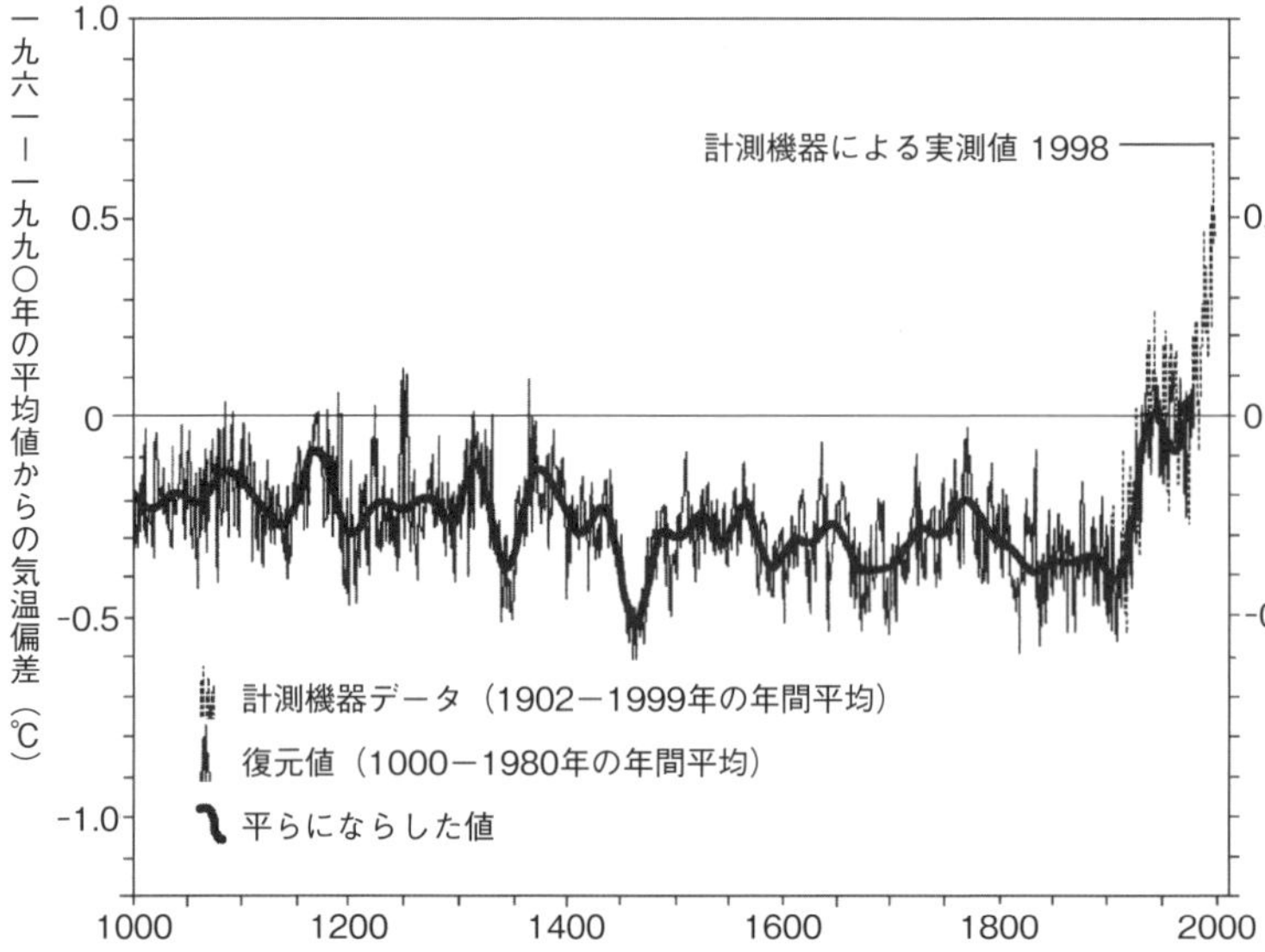

図２　ホッケースティックの形になった過去1 000年間の気候。この2001年のIPCC報告書においては、過去数百年間のプロキシデータ復元値を最新の実測値と対比させることで、過去の気温変動が平らにならされている。

政治問題としての気候史

二〇〇一年以降、ホッケースティックカーブをめぐる論争は、ほとんど宗教的な様相を帯びるようになった。ホッケースティックカーブの擁護者たちは、このカーブを**京都議定書**の署名のための最も重要な論拠に格上げした。四年前に京都議定書で三十六の先進工業国に排気ガスの削減が義務付けられていたからだ。この論争の時点では、議定書の批准が肝要であり、ようやく二〇〇四年十一月にロシアが批准した。そして二〇〇五年二月に、二〇〇八—二〇一二年の排気ガス削減と排出量取引のための協定が発効した。先進工業国の中でオーストラリアと、世界最大の気候有害物質排出国であるアメリカは、この協定に参加しなかった。[7] もっとも**京都議定書**は、ホッケースティックカーブが登場する以前、特に一九九〇年のＩＰＣＣ報告書と

図３　気候学者の警告というものは、多くの人にはうさんくさい。この人為的温暖化というテーマは研究資金をめぐる闘いの武器と解釈されている。ゲッツ・ヴィーデンロート、二とおりの立場、二とおりの利害。2005年の諷刺画

一九九六年の**更新**報告書を基にして、すでに決められていた[8]。

論争は続く。どちらの側も真実を握っていると思い込んでいるので、当面の論争相手を、金で雇われた手先呼ばわりすることになる。ブッシュ政権と密接な関係にある石炭、石油業界は、経費のかかる排出ガス削減をほとんど重視せず、企業に好意的な研究者に研究を委託して支援している。かのケネディ元大統領の甥、ロバート・F・ケネディ・ジュニアは「企業から金をせしめるいかさま師集団」だときめつけたのだった[9]。

当然別の方向にも収賄の批難は向けられている。学術的な研究チームはその研究や研究所の運営にきわめて重大な利害関係をもっているからだ。画期的なプロジェクトGISP2（グリーンランド氷床プロジェクト）の学術リーダ

ー、ポール・アンドリュー・マイエウスキーは、彼の古気候研究の中で打ち明けている。「気候研究者というのは公正中立な学者などでは全くなく、個人的な関心事をひたすら追いかけ、同僚や**圧力団体**を利用してそれを達成する。肝心なのはキャリアと金と権力なのだ[10]」

気候学者が金銭上の理由いかんで研究結果を変えるのではないかという憶測は、しかしながら、ほとんど根拠はないだろう。すでにそれ以前にも、意図的に誇張した表現はいくつか登場している。例えば、二〇〇一年のＩＰＣＣ報告書の共同執筆者で、地球温暖化の初期の吹聴者の一人であるシュテファン・Ｈ・シュナイダー[11]（カリフォルニア、スタンフォード大学）は、あるインタビューでこう述べた。「公衆の注目を得るためには、ぎょっとさせるようなシナリオを描き、明快でドラマティックな態度で攻勢に出なくてはならない[12]」。とはいえ、このような考え方は気候学者のほんの少数意見を代弁しているにすぎない。

終末論者の描くシナリオが非生産的であるのと同じように、ホッケースティック批判者たちからの「気候否定者」の烙印も生産的なことではない[13]。気候の存在は誰も否定できない。気候が実際に変動するのかという問題は、その間に確実になった。この変動が単に自然のプロセスに起因するのか、それとも人間の影響によって、つまり「**人為的**」要因にもよるのかという第二の問題も、同様に今日幅広いコンセンサスを得ている。誰も未来を見通せるわけではなく、また科学が常に絶対に正しいとは限らないのだから、慎重さがどうしても必要である。一九六〇年代に**地球寒冷化**の予報を出したあの醜態は、この際警告として役立っている。しかし十分な情況証拠もモデル計算も今は手元にあるのだから、現在における地球温暖化の事実とそれへの人為的関与は「大いにありそうなこと」と考えられる[14]。**地球温暖化**への人為的関与はどの程度かという問題には、あまり明白な答えは得られていない。

「人為的か自然か」という問題の答えは、短期や中期の温暖化を人が全く阻止できないからには、実際は副次的問題である。ところが、気候変動への適切な対応を議論する段になると、その問題の答えが重要になる。その際気候学者は、さしあたって世間への対応に大きな注意を払う[15]。ホッケースティックをめぐる論争は、一時的にＩＰＣＣ報告書への支持さえも弱め、「気候の調査研究に関する信頼性の危機」を引き起こした。もっとも、このことで気候変動に関するコンセンサスは気候学者の間では少しも変わっていない[16]。

本書の構成

私たちが過去数百年間もしくは、この現在や未来だけにしか関心を向けていない今こそ、より長い時代について考えてみることが必要である。

第一章は、後の論証の理解に不可欠な予備知識にあてられる。ここで扱うのは、(a)知識の出所はどこか、(b)自然の気候変動のメカニズム、(c)この地球の誕生から、現在の地質学時代の終わりまでの古気候の推移である。

第二章は、**ホモ・サピエンス・サピエンス**の時代、つまり最後の大氷期から中世中期の温暖期に至るまでの気候を扱う。第一章と違い本章は年代順に構成されている。初めに、おおよそ百万年間の区間に携わり、最後には数百年の時代を扱う。

第三章で問題となるのは、**小氷期**の徴候と結果である。気候史研究者たちが長年抱いてきた考えは、この気候最悪期こそモデルケースとして役立つかもしれない、ということだ。[17] そこで、第四章で小氷期が文化に及ぼした影響を探る前に、まず**小氷期**の物理的、社会的規模の把握を試みる。第四章の扱う範囲は、スケープゴート探しから内省的な罪についての論争を経て、さらに近代世界が達成した工業化による実際的な危機対処、効果的な危機克服にまで及んでいる。

第五章は地球温暖化を扱い、その発見への道筋とその影響についての議論が簡潔に述べられている。結びの終章においては、最終的にいくつかの結論が要約されている。

第1章

気候について

1　気候史解明の手がかり

地球の記録

天然のあらゆる堆積物は「地球の記録」を表しており、その堆積物から、自然科学の方法を用いて過去の数々の気候が解明できる。それらの研究は、**放射能**が発見されて以来、驚異的な発展を遂げている。物理学は、多くの元素の原子核が不安定であるという事実が基礎となっている。原子核は崩壊の際に放射線を発する。質量分析器を使い、母と娘にあたる元素の比率を測定して固有の**半減期**を知れば、年代の特定ができる。さらに、地球化学的特性や、鉱物、岩石の融点を知ることもまた必要である。それらの元素の半減期を確定することによって、鉱物の年代を、その凝固した年代まで遡って知ることができる。それが同時に気候推移の解明に役立つ[1]。

気候史にとって重要な**酸素同位体比**は、一九四七年にアメリカのノーベル化学賞受賞者、ハロルド・C・ユーリー（一八九三―一九八一）が発見した。この「重水」（重水素）の発見者は、酸素原子（酸素）の同位体を利用すれば過去の時代の海水温を算定できることに気づいた。海水には、中性子の数が異なる二タイプの酸素原子が含まれている。^{18}Oと^{16}Oである。この二種は、海洋生物の中に、温度により独特の分布で蓄積される。重い酸素同位体（^{18}Oは、中性子を八個ではなく一〇個抱えている）の割合は、堆積する時代の温度が低いほど、標準体（^{16}O）に対して増加している[2]。この方法は、まず堆積物分析に革命を起こ

図４　グリーンランドでの氷床ボーリングの最重要地点

し、次に深海ボーリング探査技術の向上を促し、氷河期研究にセンセーショナルな成果をもたらした[3]。

ウィラード・フランク・リビー（一九〇八―一九八〇）が一九四〇年代の終わりに開発した**放射性炭素年代測定**は、格別な意義がある。この方法は、**ホモ・サピエンス**が出現して以来のあらゆる時代における有機残留物の年代決定に適しているからだ。このことは多くの人工遺物にも、残っている人骨にもいえる。炭素は、植物の場合は光合成によって、動物や人間の場合は呼吸によって取り込まれ貯蔵される。有機体の死によって初めて交換過程が終了し、放射性崩壊の過程が始まる。この時点を、^{14}Cの分析により決定することができる。放射性炭素年代測定を適用できる限界は、^{14}Cの半減期（およそ五七三〇年にプラ

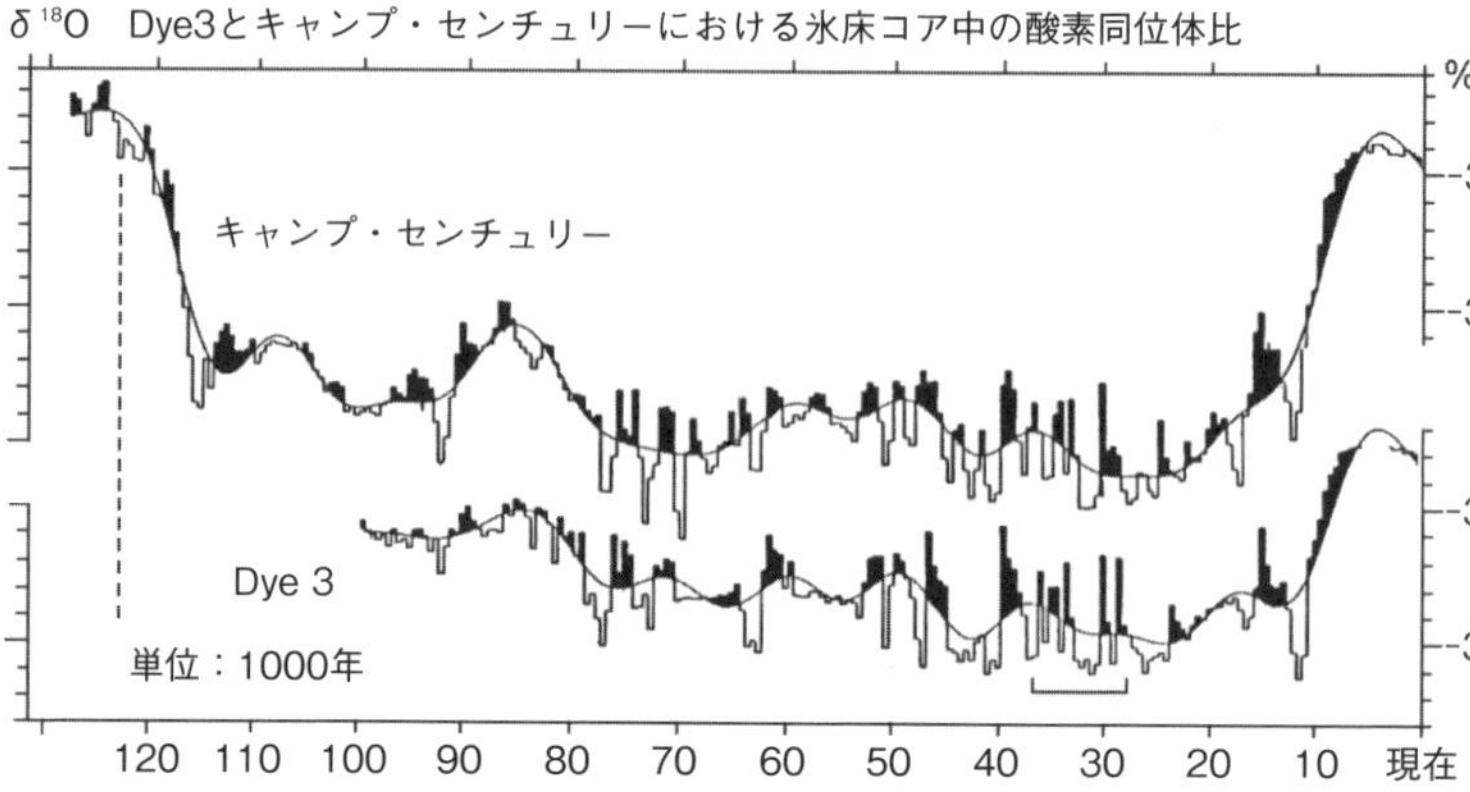

図５　エーミアン間氷期と完新世間における最後の大氷期の新しいグラフが、デンマークの氷床ボーリングの先駆者ウィリー・ダンスガードにより、酸素同位体比で表された。

ス・マイナス四〇年）から推定するため、およそ四万〜五万年である。[4]

沈殿物の分析により、太古の気候が温暖であったか寒冷であったか、湿潤であったか乾燥していたか、植物有機体の沈殿物であるか動物有機体のものであるか、そして、火山による堆積なのか、海洋や湖面の水位なのか、河岸段丘か、陸地の層位か、または氷河の残渣なのかが証明され、古気候が解明される。**古代植物学**と**古代動物学**は、その時々の植物と動物の堆積物を鑑定するのに役立っているが、示準化石による時代算定には十七世紀以来の長い伝統がある。[5]**深海ボーリング技術**は、新しい研究の可能性を開拓してきた。その理由は、「海の記憶」が、大地の進化や水の性質、生物の種類、さらにはその時々の気候の洞察を可能にしてくれるからである。[6]

気候を決定する別の基本的な方法は、極冠と大氷河における**氷床ボーリングの技術**である。それらの氷河は、最後の大氷期の頂点では陸地全体の三〇％を占めていたが、二十世紀終わりにもまだ一〇％を覆っていた。デンマークの地球物理学者、ウイリー・ダンスガード（一九二二―）は一九六〇年代に、長期間の気候変動の情報が比較的正確に解明できる、一種の「タイムマシン」[7]が氷の中に存在することを発見した。この分析の射程距離は、現在の氷河期の始めにまで及ぶ可能性がある。氷床コアでは、濃淡の層の変化で、その年ごとの堆積物が読み取れるのである。この堆積物を酸素同位体比から調査すれば、気温を突きとめることができる。さらにはしっかり閉じ込められていた小さな気泡が、空気の組成について直接の情報を与えてくれる。そのうえ放射性炭素年代測定によって、貯蔵されたちりの中に封入された有機物の年代特定ができる。このちりの中には、**熱ルミネッセンス法**を使えばより確実に決定され分類される火山灰も含まれている。硫酸塩濃度を分析すると火山活動の程度を知ることができる。とりわけ特徴ある爆発があった年は、年輪測定の補助となる「指標の年」としての役割を果たす[8]。

氷床コアの分析結果は多種多様なばかりでなく、思いもかけず遠い過去に遡ることもあり、中でも地球上最も巨大な二つの氷の塊り、すなわち南極にある南極氷河と北極近くのグリーンランドを覆う氷河がそのケースである。「**北グリーンランド氷床コアプロジェクト**」（ＮＧＲＩＰ）による氷床コアの分析により、すでに一九六〇年代に過去十二万五千年間の気候が驚くほど明確になった[9]。そこから三〇キロメートル離れた地点でＧＩＳＰ２（**グリーンランド氷床コアプロジェクト２**）によって得られた氷床コアからは、すでに二十万年を遡ることができた[10]。南極のロシア・フランス合同のボストーク氷床ボーリングでは、過去四十二万年以上遡ることに成功した[11]。今まで最も遠い過去に遡った氷床ボーリングは、二〇〇四年「**南極氷床コアヨーロッパプロジェクト**」（ＥＰＩＣＡ）によって実行された。三二七〇メートルの深さの氷は約八十万年経過しており、過去八回の大氷期周期についての記録が得られた。[12] この天然の気候のアーカイブは、原人の生存条件に関する情報を提供してくれたのだった。[13]

過去四万年から一〇万年の気候変動を理解するためには別の方法によることもできる。例えば、いわゆる**ヴァーブ氷縞粘土測定**（年代測定可能な粘土沈殿物中に層を成した堆積物の判定）や、花粉分析、いわゆる**花粉学**（湿原沈殿物を解析して、堆積した植物の花粉や胞子などから植生を決定する）、一様に成長した地衣類の測定（**地衣類測定法＝ライケノメトリー**）により終堆石（氷河末端にあるモレーン）の年代を決定し、現在の氷河のピークを研究する方法、[14] そして、二十世紀初めにアメリカで発展した**年輪年代学**（樹木の年輪の計算と分析）などだ。

もっとも、気候の歴史を研究する際、年輪を用いる**樹木気象学**は不確かさを伴い、このデータを用いる人からは軽視される場合もある。その理由は、成長不良の年輪があったとしても、その成長が寒さや干ばつによって妨げられたのか、あるいは害虫の発生のような別の状況によるものなのか、見分けることができないからである。またその逆に幅の広い年輪が、ある種の樹木にとって恵まれた生育条件であることを指し示してはいても、それは必ずしも全体的に豊作の年であったとは限らない。穀物は湿度に対して、ナラやドイツトウヒとは異なる反応をするからだ。[15] 気候学者や考古学者とは違い、分野をまたいで研究している文化史学者はそれゆえに、気候研究での樹木の年輪の重要性には懐疑的な立場にいる。[16]

社会のアーカイブ

「社会のアーカイブ」と言うとき思うのは、公的、私的な記録保管所、図書館やファイルなどに意識的に保管されてきた資料のことである。これらの記録保管には、写真、数値、図像、文字などの記録方法、とりわけ記憶が消滅してしまわないように文書化することが前提条件となっている。重要な文書の保管、特に楔形文字の文章を粘土板に彫って保管することは、高度に文明の発展した古代西アジアで始まった。記録の最も重要な所有者は、古代文明社会においては国家の行政機関と宗教上の施設であり、そこでは古文書の数々、記録簿や往復書簡などが保管され、年代記が意図的に作成されていた。建造物や記念碑の銘と並んで、年代記にはとりわけ天候上の大災害が記されている。古代ギリシア・ローマ時代や古代中国ではさらに私的な蔵書が加わる。

ヨーロッパでは、中世以降非常に多くの都市で年代記が作られ、とりわけ目立った天候上の現象を後世の人々のために書き留めている。印刷の発明は、十五世紀以来情報蓄積の革命を起こし、情報市場や蔵書や世論の重要性が増した。

歴史に関する記録の中では、**天候日誌**が近世の特殊な文書ジャンルとして抜きん出ている。察するところ、古代の手本がヨーロッパルネサンスでも天候日誌への興味を呼び覚まし、さらに、盛んになった天文学は新しい主流学問となり、特に**レギオモンタヌス**と呼ばれていた天文学者ヨハネス・ミュラー（一四三六—一四七六）の着想も貢献した。彼の天文カレンダーには、日ごとに計算された惑星の位置を表示した横に、自分で記入できるような空欄があった。占星術においては、惑星相互の合《ごう》と、天候、収穫、風力や水力の利用、そのほか地球上の現象との直接の関連が知られていたために、人々は天候と惑星相互の合《ごう》を予測しようとした[17]。空欄は、このカレンダーの利用者には、実際の天候を書きとめていくものと考えられていた。このようにデータを系統的に収集することによって予言の精度を高められるはずだったのだ。もっとも、予測と現実を比較すれば期待外れの結果に行き着く。アウグスティー修道参事会員のキリアン・ライプ（一四七一―一五五三）は十五年以上も後になって、気候日誌については農事金言と天文気象学の予測の多くが間違っていたと批判的に書きとめている。チューリヒの神学者ヴォルフガング・ハラー（一五二五―一六〇一）らの日誌にも、一五四五年から一五七六年にかけて、小氷期の危機的段階にある毎日の天候上の出来事に細かい洞察がなされている[18]。

歴史上の数多くの記録は収穫の特性と関連しており、そのためいわゆる**プロキシデータ**の作成に利用することができる。気象現象の直接の観察がその類で、初雪、雪が融けずにいる期間、湖や川や海の凍結、早霜や遅霜などである。植物の成長に関するデータがそれに加わる。そのため、儀式的に続けられている日本の桜の開花の記録は、非常に遠い過去にまで遡ることができる。種まきや果樹の開花や果実の収穫、干し草の刈り入れ、穀物の収穫やぶどう摘みなどに関するデータも同様である。結論として、例えば、教会に納める封建税である穀物の十分の一税の額の記録の中に、収穫の質との間接的関連がみられ、収穫量とは直接の相関関係にあることがわかっている[19]。パンの原料の穀物の価格もまた重要で、収穫月にはその時々の収穫量がきわめて正確に反映されている[20]。そのような情報には、突き詰めていくと生産物の質に関しての多くの観察も含まれており、例えばワインは日照の乏しかった年には酸味が強くなってしまうのだ[21]。

かつて中世後期、あるいは近世初期の文献を研究した人なら、気候に関する重要な情報に絶えず出会っていたことを思い出すだろう。干ばつや洪水、長い寒冷期などの気候上際立った出来事に関する報告は、ただ一つの情報源であってはほとんど評価されない。地方の特異なものなのか、それとも報告した人が誇張しているのか、それどころか、寓意的意味合いの全くの捏造なのか、確信がもてないからである。そのため気候学者の中には、そのような地方や地域の情報を大きなデータバンクに集めた者もいた。例えば、スイスの社会史学者のクリスチャン・プフィスターは過去五百年間[22]、あるいはドイツの地理学者のリューディガー・グラーザーは過去一千年間[23]をという具合だ。全ヨーロッパから集められた**プロキシデータ**の多くは、年ごとの気象に関する報告ばかりでなく、少なくとも月ごと、日ごと、時としては時間ごとの広い地域での千五百日に及ぶ天候の経過の再現であったりするのだ。気象学上わかっている関連事項を基礎に、後から天気図までも作っている。気象学者にしてみれば天気予報だが、気候史学者にとっては「天気の後報[24]」となっているのだ。広い意味で、神話、文学、芸術作品や地図の研究も、気候を立証するものとして引用することができる。もっとも、これからわかることだが、方法論としてはいささか困難を伴う[25]。

計器によるデータ調査

計器による観測が始まっても、気象観察から得られるプロキシデータの算出は、まだ行われていた。なぜなら、初期の観測は個々に行われており、後の調査とは異なる目盛を使っていたためである。ガリレオ・ガリレイは一五九七年に気温を測る道具、**温度計**を考案した。彼の弟子であるエヴァンジェリスタ・

トリチェリ（一六〇八―一六四七）は一六四三年に気圧を測定するための**気圧計**を発明した。メディチ家のフェルディナンド二世（一六一〇―一六七〇）のもとでは一六五〇年代に初めての国際的な観測ネットワークが設立されたが、そのデータを利用するのは難しかった。観測地点はフィレンツェ、ボローニャ、パルマ、ミラノ、インスブルック、オスナブリュック、パリに置かれ、一六五九年からはロンドンにも置かれた。その主導権を握ったのは一六六〇年にロンドンに創立された**学問奨励のためのロイヤル・ソサイエティ**（**王立協会**）であった。この王立協会の事務局長ロバート・フック（一六三五―一七〇三）は、気温、気圧のほかに、風力、湿度、雲量、そして霧、雨、雹、雪までも記録させたのである。(26) 彼の提案でパリの医者ルイ・モラン（一六三五―一七一五）は、およそ五十年近くも一日三回精密な気象データを収集したのだった。国際観測ネットワークを設立するという理想の高い試みは、近世初期にプファルツの選帝侯カール・テオドール（一七二四―一七九九）が**パラチナ気象学会**（**ソシエテス・メテオロロジカ・パラチナ**）を設立したことにより始まった。この学会は、スピッツベルゲンとローマ間、ラ・ロシェルとモスクワ間の観測データを集めた。(27)

計器観測は、十九世紀になってようやく一般的になった。このとき先駆者の役割を果たしたのは、世界に広がっていた**大英帝国**であった。ヴィクトリア女王（一八一九―一九〇一）の時代にはデータはヨーロッパからインドを越え、オーストラリアからも集められていた。一八六六年のイギリスからアメリカへの海底ケーブルの敷設、および電信のようなより速い伝達手段により、データの世界規模の伝送と利用が改善された。とはいえ世界規模のネットワークとはとても言えなかったが、一九六〇年代末以降にその存在が身近となり、今ではそのデータが人工衛星から送信され、利用されている。

主要都市と一定の気象学上の拠点における地表近くの気温以外に、この時代になって初めて大洋中の水温が測定されるようになった。気象衛星のデータは、一九六〇年代以来夕方の天気予報のために地球の写真を提供している。費用のかかる気候モデル計算は二十世紀の終わりになって初めて、新世代コンピュータによって可能になったのだ。

2　気候変動の原因

エネルギー源としての太陽

太陽での原子核融合によって解き放たれ放射されたエネルギーは、地球上の化学的、生物学的、気象学的プロセスの土台となっている。太陽の放射出力は、太陽物理学上長い間、一定である（「**太陽定数**」）とされてきたのだが、実際には変動している。すでに十七世紀には望遠鏡を使い、熱収支と太陽の黒点との関連が発見されていた。太陽の黒点が減少あるいは存在しない状態は、地球上での冷え込みの時期とほぼ符合していた。今日では黒点には特に十一年の周期がみられるとされている。太陽照射が弱まっていく時期は、とりわけ地球軌道の媒介変数の変動により生じている。

ユーゴスラビアの天文学者ミルーシャン・ミランコビッチ(1)（一八七九―一九五八）は、この変動を用い

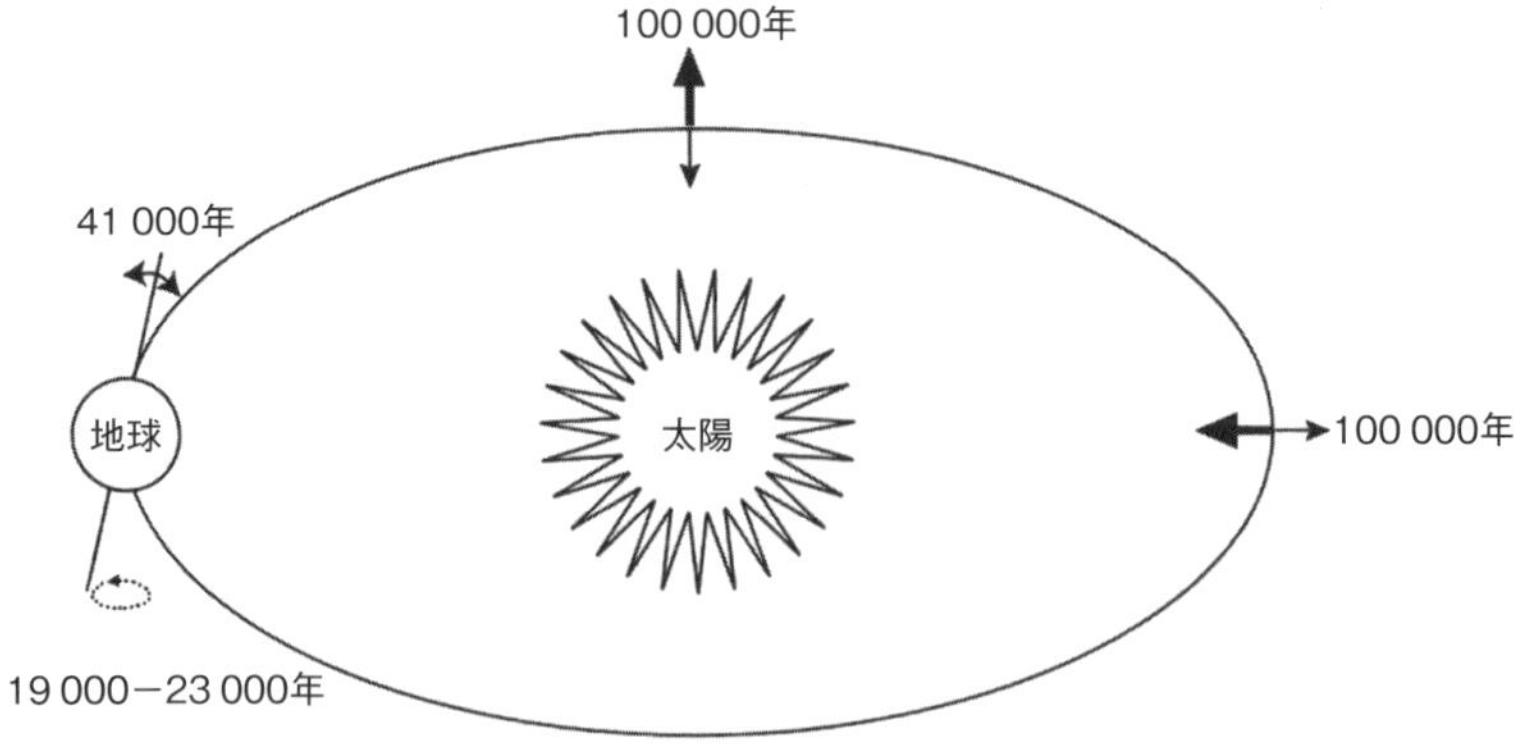

図6　ミランコビッチによれば、地球軌道の周期的変動が氷結サイクルの周期性を説明している。

て更新世の寒冷期がほぼ一定の周期であったと説明しようと試みた。そのために地球軌道の離心率、および地軸とその回転軸の傾きの、さまざまな周期の変化を計算した。[2] ミランコビッチが仮定したおよそ十万年の周期は、深海ボーリングで得られた海洋コア中の、太平洋プランクトンの酸素同位体比に基づいて実証された。過去八十万年間にそのような周期が七つほぼ正確な位置で発見されたので、研究者たちは証明がなされたとした。[3] 氷床コアの研究者たちもまた、氷河期の出現を理解するにはミランコビッチ周期が重要であるとみており、氷の中でその周期を再度確認している。もっとも氷中での周期は、過去十万年間において必ずしも期待どおり正確に生じているわけではない。[4]

地球の大気

第二の要因は、地球を取り巻く大気圏の組成である。大気の組成が地球に降り注ぐ太陽光の影響を決定している。大気は約二〇％の酸素、ほぼ八〇％の窒素、および微量ガスから成り立っており、その中にわずか約〇・〇三％の温室効果ガスの二酸化炭素

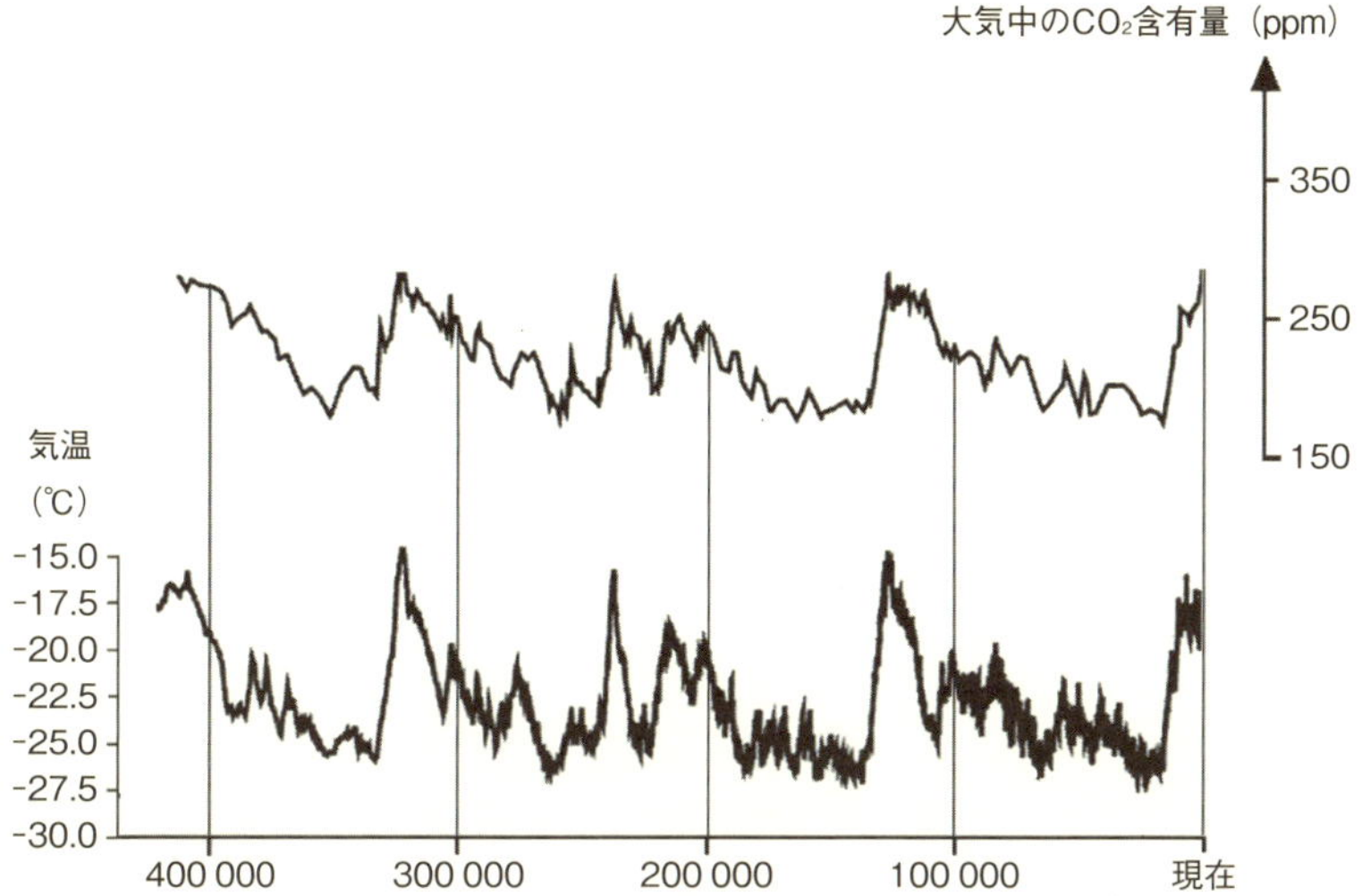

図７　南極のボストーク氷床コアによると、過去42万年間の温度変化と大気中の二酸化炭素含有量は明らかに連関しているが、その因果関係はどうなのだろうか。

（CO_2）が含まれている。南極にあるロシア・フランス共同のボストーク基地における氷床コアの調査結果は、過去四十二万年間に大気中の微量ガス、特に二酸化炭素の含有量が気温と直接関係があったことを明らかにしている。[5] 二酸化炭素濃度の減少は寒冷化と、増加は温暖化と一致している。したがって、それ以前の時代にもこのような関係を想定してもよいだろう。

　地球の大気が気候に及ぼす影響は、厳密に**エネルギー保存則**に従って生じる。すなわち、地球上に到達する太陽光は反射した分を差し引いて、地上からの熱放射に等しい。海洋と大気は気候システム内で熱を分配しており、局地的な気候に影響を与えている。放射量は、熱を吸収するガスの大気中の割合に影響される。そのガスには水蒸気のほかに、メタン（CH_4）、フロン類のハイドロクロロフルオロカーボン（FCKW）、一酸化二窒素（N_2O）、そしてあの二酸化炭素（CO_2）といった微量ガスが含まれている。微量ガス中、二酸化炭素の比率が特に変わりやすい。二酸化炭素の割合は、十九世紀の終わりには二三〇ｐｐｍであったが、二十世紀の終わりには三五〇ｐｐｍにまで上昇した。地質学上の温暖期である白亜紀（一億四千五百万～六千五百万年前）は地上に恐竜が君臨していた時代で、CO_2の比率はすでに一〇〇〇ｐｐｍ以上になっていた。その後数値は下がり続け、現在の氷河期に最低値に到達した。[6]多くの気候研究者は、大気中のCO_2濃度と地球上の平均気温との直接の関係が証明されたとしているが、それは現在の気候学のドグマといってもよい。もっとも、ボストーク氷床から得られた曲線を比較してみると、気温と二酸化炭素の曲線は必ずしも平行ではなく、振幅においても時間的連続という点においてもかなりの偏差が観察できる。慎重に解釈すると、この点から考えられることは、「気温変動の原因がCO_2濃度の変動によるのか、逆に気温変動によりCO_2濃度が変化するのか、あるいは両方とも第三の未知の出来事によって制御されているのかも知れないのだが、いずれかははっきりしない」ということだ。[7]

プレートテクトニクス（プレート理論）

氷河期が到来する第三の要因は、地球マントル上部で地殻の一部が移動するプレート構造である。地球の表面で原大陸が移動することによって海流が変化し、大陸同士が衝突して山脈を造り上げると、風向きと降水分布が変化する。さらにこれらの過程が、陸と海の面積の割合や海面の高さに影響を与える。やがて陸の塊が北極あるいは南極に近づき、地球上で最も冷たい地点で海水の自由な流れが妨害され、氷が生成される。雪と氷の覆いは**アルベド効果**をもたらし、日光は以前より反射されるようになり、正のフィードバックが生じ、それによりますます冷却化に向かう。宇宙に反射された太陽光の割合、いわゆる**アルベド**は、新雪の上ではおよそ九五％に達するのに対し、海上では一〇％以下になる。計算すれば**アルベド**は今日の気候システムでは三〇％となり、氷河期では相応にさらに高い数値であった。

スティーヴン・スタンレーによると、大量絶滅はいずれも、巨大な陸地がさまよっているうちにどちらかの極冠に達し、氷の生成が永続的に引き起こされるときに起きている。すると、前述のフィードバック効果により地球は長い氷河期に突入し、特に熱帯の植物相と動物相は、他の地に生息域を移すのは不可能なため絶滅してしまう。また、地球全体の氷結作用は海面の高さも変えた。すなわち、海は陸地から遠く引いてしまい、海岸地域と大陸の輪郭を変化させた[8]。その後の地質学上の時代においても、大陸の漂流はまだ気候に影響を及ぼしていた。そして約五百万年前、アフリカ大陸とユーラシア大陸の衝突が赤道地帯の海流を妨げ、アルプスの隆起が始まった[9]。その次の地殻変動上の大きな出来事は三百五十万年前の中央アメリカの陸橋の形成であった。南北アメリカ間の通路が完成したため赤道地帯の潮流が迂回させられ、メキシコ湾流が生じ、暖気と湿気をヨーロッパにもたらすこととなった[10]。

火山活動

火山活動もプレートの移動と関係がある。大爆発は灰やエアロゾルやガスを天空高くまで運び上げる。火山の噴火では、一八一五年のインドネシアにおけるタンボラ火山の壊滅的爆発のように、噴出物の小さなかけらが大量に成層圏まで上がり上空の気流によって地球全体に運ばれれば、世界規模の急激な寒冷化が引き起こされる。[11] 噴火の際どのような要因が気候に影響を及ぼすのかという問題は、過去数十年間議論されてきた。まず第一に、成層圏に運ばれた固体を寒冷化の原因とした。なぜならそれらは太陽光のフィルターとして働くからで、そのことはすでに当時の人々によって観測されていたからだ。バリ島アグン山噴火後の高度測定のとき、一九六三年に初めて、気体も同様の働きをするフィルターとなり、硫化物がその際決定的な役割を果たすことが発見された。「**火山爆発指数**」（ＶＥＩ）という尺度が有史以前とその後の噴火との比較を可能にし、その時々の人々によって十分な観測がなされていることが多く、例えば大プリニウス（西暦二三―七九）による七九年のヴェスヴィオ噴火の記述（訳者注　小プリニウスの書簡のことか）がその例である。

一回の噴火がはるか遠方の気候にまで影響を及ぼすには、膨大な量のガスと粒子が成層圏に到達することが不可欠である。過去一万年の火山噴火の大部分がこのケースではなく、ただ興味深い自然の光景を示すだけであったり、アイスランドの多くの火山のように単に周辺の環境を荒廃させただけであった。シムキンとシーベルトは、**完新世**のこのような噴火を五千例以上記録した。「プリニー式」噴火レベルか、あるいはＶＥＩ三以上の爆発があってはじめて地球規模の気候への影響が生じる。

過去一万年で最大の「ウルトラプリニー式」噴火はＶＥＩ七に相当し、「巨大」と表示されている。一番年代の新しいこの種の爆発は一八一五年小スンダ列島にあるタンボラ火山の噴火で、寒冷化は世界的規模で何年も続き、凶作と飢餓を引き起こした。過去一万年にこれより大きな噴火（ＶＥＩ八ないしそれ以上）が全くなかったとはいえ、それ以前にもなかったという意味ではない。[12] 約七万五千年前のスマトラ島

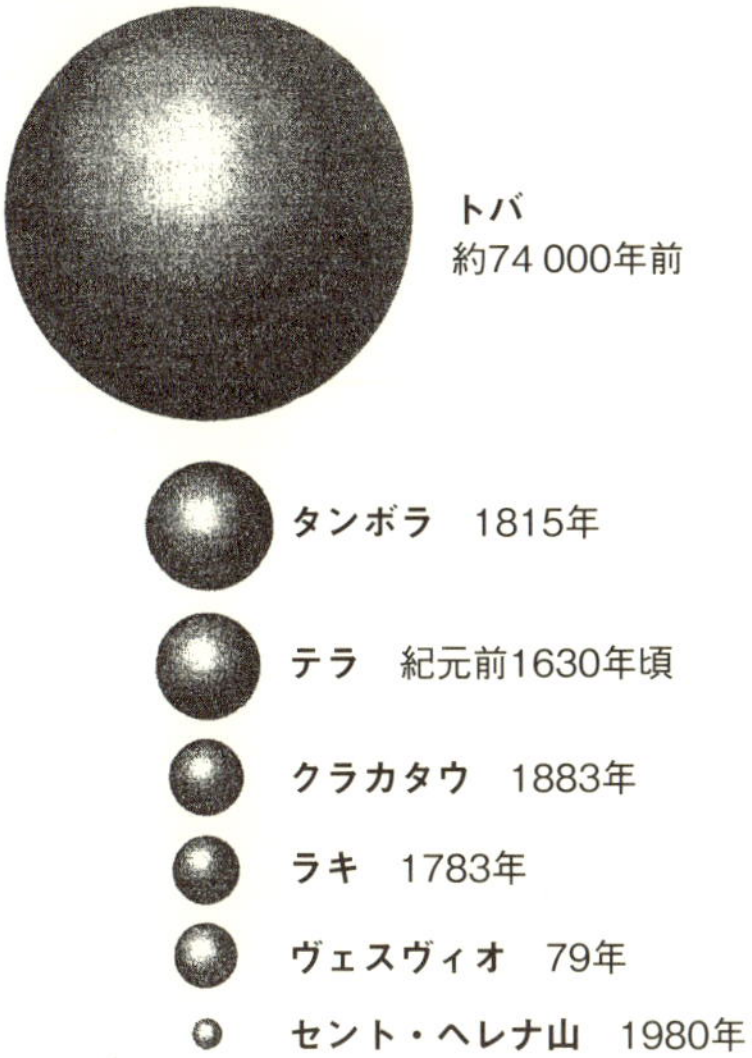

図8　火山の噴火は世界的な寒冷化を引き起こすことがある。トバ火山の噴火は「火山の冬」をもたらしたのだろうか。

トバ火山の噴火は、おそらく数年にわたって地球を冷却し続けたであろう。「**火山の冬**」と命名されているこの現象は、大規模な絶滅を引き起こしていった[13]。

隕　石

世の中では、隕石や小惑星の大衝突が、滅亡のシナリオや大絶滅の原因としてもてはやされている。堅実な古生物学者たちは、このような熱狂的な考えとは一線を画している。理論上、隕石の衝突は火山の噴火と似通った作用があるかもしれないが、本書では**顕生代**の五回の大絶滅との関連で論じていこう。

3　地球誕生以降の古気候

地球特有の気候としての温暖期

我々は今、氷河期に生きている。地球の温暖化についての議論に直面している現在、多くの人々はこの事実に驚くだろう。そこで、現在の地球の気候について論ずる前に、まず一度地質学上の古代の気候、すなわち**古気候**について知ることが必要だ。地質学では、北極南極と高山系に氷河が存在していることを以って、氷河期と定義している。この種の氷結期は、我々の地球の歴史の中で合計五回しかない。**先カンブリア時代**に二回、今も続いている「目に見える生命の時代」すなわち**顕生代**の最古の時代であるいわゆる**古生代**に二回、そして五番目の氷河期は**第四紀**、または最新の専門用語によれば**新第三紀**、つまり我々が現在生存している時代である。したがって、たとえ目下温暖化が進んでいるとしても我々はなお氷河期にいる、ということである。地球の歴史の中でこのことは例外的事態だ。なぜなら、地球の歴史の九五％以上は地上に永久氷河など存在していないからである。統計的にみると、温暖期は地球特有の気候であり、現在よりもはるかに暖かい時代であった。

地球の歴史を遡れば遡るほど、気候に関してはますます不確かになる。天体物理学によれば、地球誕生の際にはまず、約百四十億年前に「ビッグバン」が起こり、その後百十億年前に銀河系が、そして九十億年前に我々の太陽系の「星間雲」が出来上がったといわれている。五十億年より少し前には、この「原始太陽系星雲」が急激に収縮し始めた。そのため、我々の中心星、太陽とその惑星の「沈殿」が始まった。地球の誕生とともに地球の気候の歴史が始まっている。そしてこの始まりは、地獄のような灼熱であった。そのためこの地球の最初の時代は、**冥王代**（**ハダイクム**）といわれ、ギリシアの冥界の王、**ハデス**に由来する。[1]

地質学は地球の歴史を、累代、代、紀、世、期に分類している。[2] 四つの**累代**（**冥王代**、**始生代**、**原生代**、

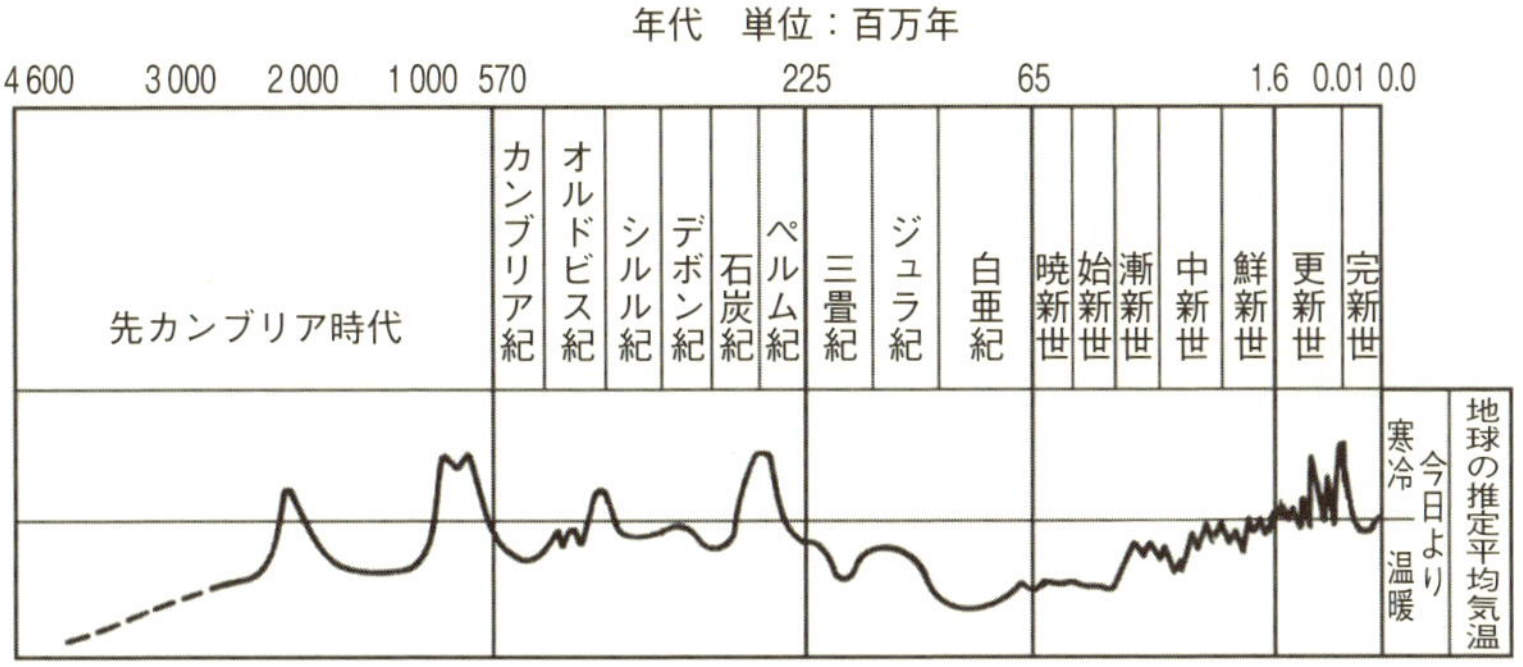

図９　地球誕生以来の古気候。ほとんどの時期は現在より非常に温暖だが、５回の氷河期がある。そのうちの一つに我々が生きている。

顕生代）の名前は、地球上の生命体が置かれた条件にちなんで付けられている。**形成期**（**冥王代**）ではまだ大気が存在せず、地上の生命体にとっての必要条件が欠けている。この地球が出来上がる際の地熱の活動により、それ以降のどの時代よりも高温であった。およそ四十億年前に地表近くで地殻が形成され、気温は摂氏一〇〇度以下に下がった。そしてようやく水が凝集できるようになり、雨、川、湖、大洋が出来た。最古の沈殿物としては三十七億年前の物が知られている。[3]

始生代（約三十八億～二十五億年前）では、地球物理学的過程において、おそらく火山性の蒸気噴出により**原大気**が出来上がった。この大気はCO_2を高い割合で含んでいたために、太陽光を強力に吸収し、その拡散を抑える役割を果たした。この温室効果は始生代では好都合な温度保持を可能にし、最初の生命として**原始バクテリア**が発生した。水蒸気が凝結し、原大洋と原大陸とが出来上がった。三十二億年前の岩石の中には、水が循環している最古の痕跡が見つかっている。水蒸気とともに、大部分の二酸化炭素が原大気から消えてしまった。光合成により、約二十六億年前に**シアノバクテリア**

（旧来の言い方では「藍藻類」）が酸素を作り出した。二酸化炭素を主体とした大気組成が崩れ去り、**嫌気性**の生物は絶滅した。すなわちこれが、地質学上で最初の大量絶滅である。温室効果の終息が、約二十億年前の**ヒューロニアン氷期**、もしくは**アルカイック氷期**に地球全体の寒冷化を引き起こしたのだ。[4]

始世代に続く**原生代**（約二十五億～五億年前）でも、およそ十億年間は再び、地質学上のその後のほとんどの時代よりもはるかに温暖であった。これは、新しい大気の温室効果の結果であったと思われ、酸素を基盤とした大気圏による温室効果が始まったのだ。この時代に細胞核をもった最古の植物が発生し、約十四億年前には単細胞生物、ついには多細胞の軟体動物が出現する。[5]最古の化石に基づき気候を推定すると、この原生代の終わる前にさらに非常に強烈な寒冷化が起き、地質学上最も寒冷な時代がやって来たようだ。原大陸**ロディニア**が分裂すると、すべての陸地が赤道付近に集まった。植物がなくなった岩山は**アルベド**を上昇させた。気温の低下は極地の氷結によりさらに進み、[6]地球は完全に氷結し、外側から氷球か雪球のようになっていったに違いない（「**スノーボールアース**」）。この条件下で約六億五千万年前に、地球史上二度目の大量絶滅がやって来た。またもや地上の生命体の歴史がほぼ終わったと言ってもよいほどだった。[7]

顕生代における五回の絶滅

文献の中でしばしば言及されている地球史上の五大絶滅（「**ビッグファイブ**」）は**顕生代**のみに起きている。複雑な生物形態を持つこの顕生代は、今日までの地球史の中で、最後の約一〇％しか占めていない。

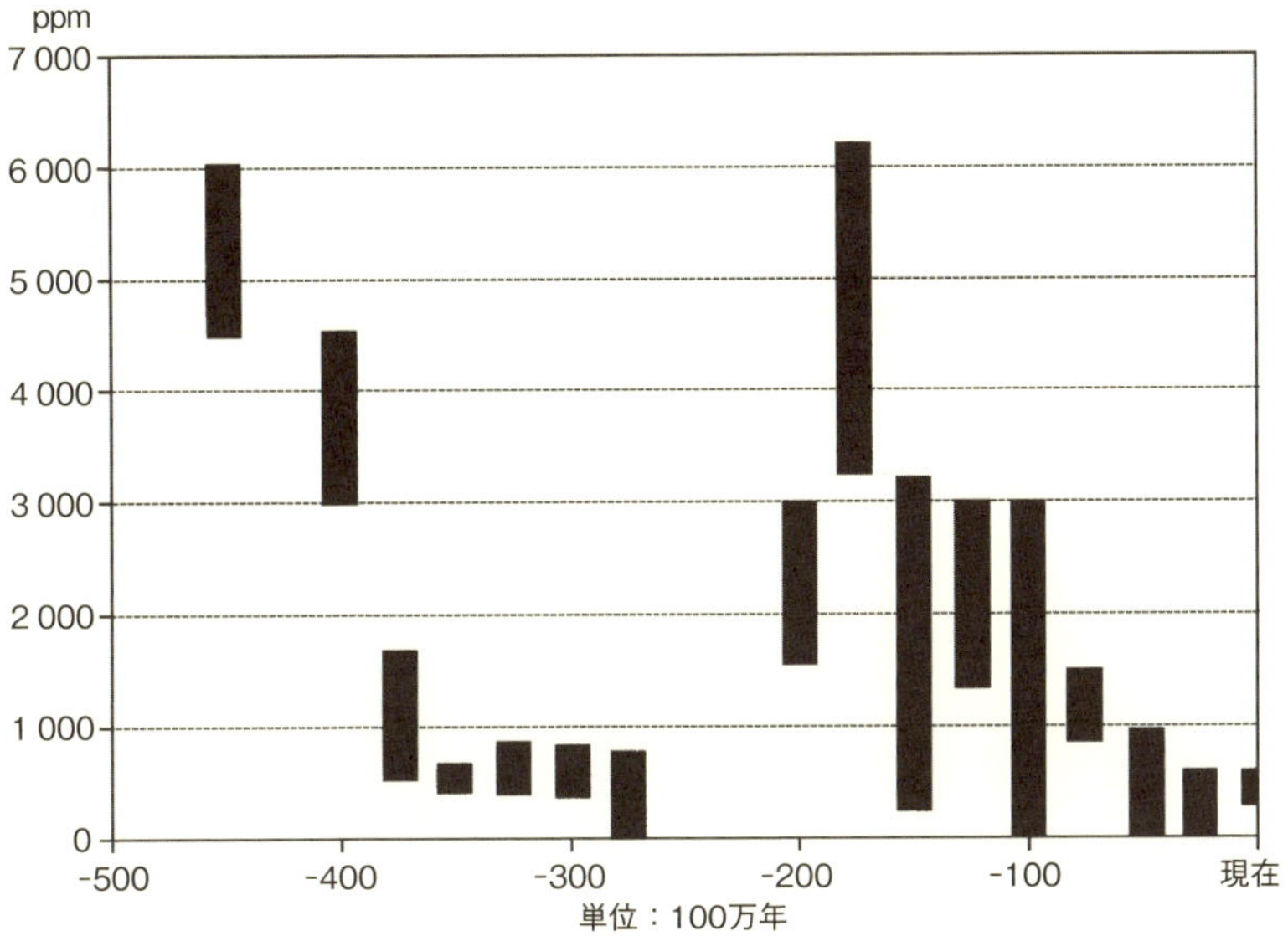

図10　気候が一定であるというメルヘンにさらなる一撃。CO_2濃度は地球温暖化が始まる以前にも一定ではなく、人類の影響を受けない過去5億年間でも著しく変動していた。

そしてそれは地球の古代（約六億年前に始まった**古生代**[8]）、地球の中世（約二億五千万年前に始まった恐竜の時代、**中生代**[9]）、そして地球の近世（約六千五百万年前に始まった哺乳類の時代、**新生代**[10]）の「代」に分類される。

原生代後期の氷河時代終盤になぜ生命体が新しいチャンスを獲得したのか、正確にはわからない。火山の噴火が大気中に大量のCO_2を放出し、新しい温室効果をもたらし、氷に閉ざされていた地球を解き放したのかもしれない。それにより、生命の存在が再び可能になった。およそ五億七千万年前、**カンブリア紀**（六億～五億一千万年前）に、生物のあの爆発的発生が起き、**顕生代**が始まった[11]。**カンブリア紀**の化石（貝、海綿動物、カニ、カタツムリ、最初の脊椎動物）は豊富で、極冠に氷の痕跡は全くない。地球は全体に高温で、およそ四億年間、現在よりも圧倒的に温暖な気候が続いた。**オルドビス紀**（五億一千万～四億三千八百万年前）には、種の数が何倍にも増加した。主な生物は、イカとタコの祖先のオウムガイであった。もっともこの全盛期は、ある寒冷期すなわち四億三千八百万年前の**後期オルドビス氷河期**に終わり、種の大部分が絶滅してしまった。原因は十中八九、後の南アメリカ、アフリカ、アラビア、インド、オーストラリアと南極大陸から成る巨大**ゴンドワナ大陸**が南極を横切ったことである。

顕生代の五回の大量絶滅は、地球寒冷化とそのつど関連している。すなわち、

㈠「**後期オルドビス氷河期**」中の**オルドビス紀**末期⑫
㈡「**後期デボン危機**」の地球寒冷化に続く**デボン紀**末期⑬
㈢「**ペルム大災害**」の**ペルム紀**末期⑭
㈣　**三畳紀**末期⑮
㈤　**白亜紀**末期⑯

である。

ペルム紀末には、ゴンドワナ大陸が残りの大陸と合体し、一つの超大陸、**パンゲア大陸**へと成長した。この大陸は北極から南極まで広がっていた。そのため古生代は、極度の寒冷期、約二億五千万年前のいわゆる**ペルム氷河期**で終わった。この「すべての時代の中で最も壊滅的な大量絶滅」では、一千万年の間に、海洋生活圏のすべての生物種のおよそ七五～九五％が死に絶え、それまでの氷河期と違い、陸上生命体の大部分も犠牲となった。⑰ペルム大災害はそのため「**すべての自然災害の母**」としても文献に著されてい

る。[18] それは地球の古代（**古生代**）と中世（**中生代**）との区切りの役割をしている。

　およそ一億年前の**白亜紀**（一億四千六百万〜六千五百万年前）には、気温は最高値に達したと考えられる。大気中のCO_2含有量もまた最高値となった。このとき、北極と南極がほぼ現在の位置となった。両極の氷冠は完全に融けてしまい、海面が上昇し、いわゆる海進により陸地が水没し大陸棚となった。プレートの移動により、アルプスとロッキー山脈が褶曲《しゅうきょく》して盛り上がった。この時期に、大量の石油や天然ガスの鉱床が出来上がった。陸上では、最初の温血動物、最初の哺乳類、最初の霊長類、原有蹄類と鳥類が現れた。恐竜は北方のアラスカまで闊歩《かっぽ》していた。中生代の終わりには再び大量絶滅期が訪れ、恐竜はその犠牲となった。[19]

　恐竜の絶滅の原因としては、思いつく限りの大災害が考えられている。[20] 小惑星あるいは隕石の激突が一種の地球の冬を引き起こしたという説がドラマチックであるがゆえに、世間では好んで取り上げられている。そのような説は、いわゆる核の冬に関する議論以降好んで用いられ、すぐにそれを連想してしまう。激突の衝撃は高波と炎の嵐を引き起こし、大量の物質を成層圏に巻き上げるため、数カ月ないしは数年間、太陽の光が暗くなるほどであったとされる。[21]

　もっともこれまで隕石論は論理的に証明されたことはない。巨大火山の爆発による気候災害、あるいは宇宙放射線や病気のような未知の原因も考えられるかも知れない。しかし地球外からの大災害については考えなくてよい。古生代の終わりと同様、中生代の終わりも、気候変動で十分説明できる。まず第一に気温の変動が原因だとする理由は、その作用が世界的であり、どの生命体もその影響から逃れることができ

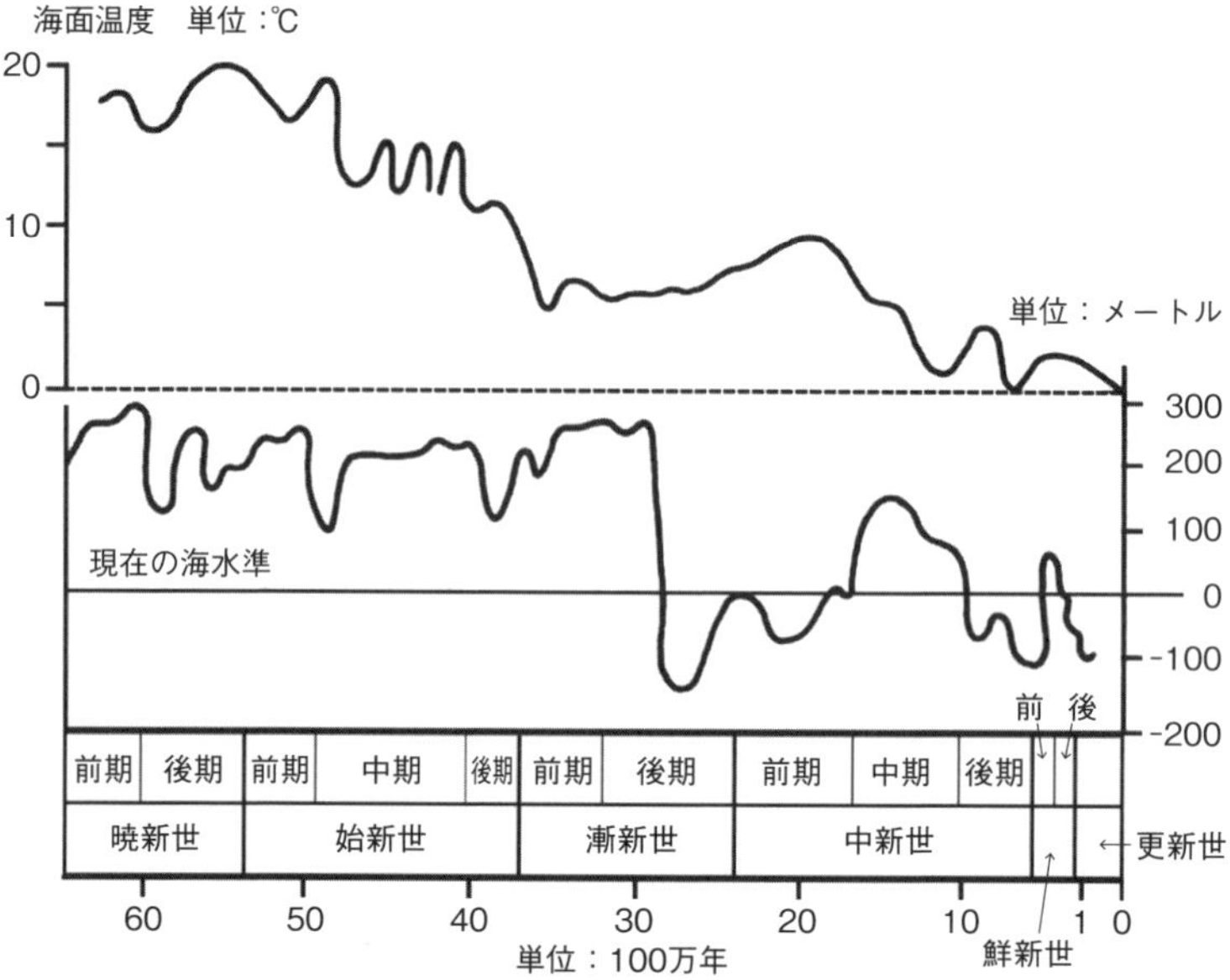

図11　過去6500万年間の海水準と海面温度の変動。海水準の鮮明な下降が、漸新世、中新世、更新世の大氷河期を明確に反映している。

ないためである。(22)

新生代の寒冷化をもたらした南極大陸

新生代は、およそ六千五百万年前に、植物相と動物相に劇的な変化をもたらしたある大災害とともに始まった。**第三紀**（または新しい言い方で**古第三紀**）の始めに、我々が現在も生きているこの氷河期（**新生代氷河期**）が始まった。(23)現在南極は**南極大陸**という陸地だが、絶え間なく氷河が形成されているため、そこが大陸であることにほとんど気づかない。この大陸は大陸移動によって、昔、南の「ゴンドワナ大陸」の一部であった頃の赤道近くの位置から南極地帯まで移動し、**暁新世**（六千五百万〜五千五百万年前）の始めに、氷冠を被り始めた。風の循環や降雪作用に影響を与える高山系が褶曲し、寒冷化が促進された。すなわち、アルプス、ロッキー山脈、コルディリエーラ山系（訳者注　アンデスなど北米、中米、南米の太平洋岸を南北に連なる大山脈群の総称）がさらに高くなり、約四千五百万年前にインド亜大陸がアジア大陸に衝突した後、ヒマラヤ山脈が褶曲して盛り上がり始めたのだ。[24] **漸新世**（三千四百万〜二千三百万年前）に**南極大陸**がオーストラリアから切り離されて以降、この大陸は暖流をブロックする寒流に囲まれた。当時の大陸の位置は現在と似かよっていたので、今日も知られている海流が形成された。**古第三紀**に厳しい寒冷化が始まり、ヨーロッパにおける年間平均気温は、二〇℃以上から約十二℃に下がった。中生代の湿潤温暖気候は、気温が非常に不安定になる湿度変動型気候へと世界的に変化した。[25]

この最後の氷河期には、二百万年前からの**更新世**に入って、劇的変化があった。人類の歴史からみるとこれは狭義の氷河期であり、南極地方ばかりでなく北半球の広い範囲でも融けない氷に悩まされた。氷結の規模はしかしながら一様ではなかった。酸素同位体比により、**前期更新世**（約二百四十万か百八十万〜七十八万年前）の気候の経過を、深海ボーリングによって確定することができる。氷期と間氷期はかなり長い周期で交替している。「天然のアーカイブ」により、合わせて二十回以上の氷期および間氷期を突き止めることができる。氷期には、年間平均気温は十二℃に、海面温度は七℃にまで低下した。アルプスでは雪線（万年雪の下方限界）が千五百メートル下がり、水分が凍り氷河にとどまったため海水準は世界的に二百メートル下がった。[26]

前期更新世に対するこの調査結果は、古生物学の研究によって確認された。持続的な寒冷化は、北半球ではしばしば降水量の減少とそれに見合った動植物相の変化と結びついていた。ユーラシア大陸と北アメリカ大陸では森林地帯が森林ステップと草原地帯に取って代わられ、現在のアフリカとアメリカのサバンナ地域、アジアの森林ステップと大草原では、乾燥地域が拡大した。植物相の移動とともに動物の移動が生じた。多くの動物が、食料に関しては決まった植物と結びついているからである。とりわけ特殊化した動物は、両生類のように生息域が狭まった。一方、他の動物は激変した植物相の境界を超えて生存することができ、ゾウ、サイ、ウマ、ウシなどの大型哺乳動物は、気候変動により草原面積が拡大したため有利になった。**前期更新世**が終わって以降、中部ヨーロッパにおいては極度に寒い条件に適合したマンモス、毛サイ、ジャコウウシの生息が確認されている[27]。

気候変動と人類の進化

人類の祖先の進化は観点を広げれば、地質学上の経過と気候変動から影響を受けたとも、それどころか引き起こされてきたともいえる[28]。人類の進化には、東アフリカの地溝の形成、すなわち**リフトバレー**の開口が特別な役割を果たした。この地域では、構造地質学上のプレートがそれぞれ漂流している。この谷では生態学上多様な種が発生し、気候は不安定で、変動が続いていた。つまりこの外的不安定さが進化の原動力であった。約一千万年前、過酷な寒冷期が始まったころ、東アフリカの高地で人類の祖先が生まれた。この**アウストラロピテクス・アフリカヌス**はしかし、木から降りたのではなく、地上に住んでいた霊長類の一種であった。その生活領域は森林の後退とサバンナの拡張によって拡大していった。直立歩行は草原を見渡すのに一層役立ち、四肢のうちの前肢二本が自由になった[29]。

現在の学術上の見解では、**アウストラロピテクス**は「略奪サル」などではなく、戦いに必要なカギ爪も牙もなかった。むしろ、目の前の大型動物相から豊富に入手できる動物の死骸で十分生き延びることができたのだろう。力の強い屍肉食獣に対して彼らは、素早さと器用さで不利な分を埋め合わせていた。この初期の人類は、東アフリカの火山地帯で容易に見つけられる鋭く尖った黒曜石を使い、獲物を切り分けていた。獲物を見つけて運ぶには直立歩行が都合がよく、捕食動物が嗅覚や聴覚が際立っているのと違い、遠くを見る力と空間を認識する力が発達し、人類の特徴となった。原人の特徴の発達には、屍肉食という生活様式が関係している。すなわち、肉食が頭脳の発達を促進したのだ。力の強い屍肉食獣と競い合っていくには、持続して走る能力が必要であった。このため東アフリカのさまざまな気候条件では、体毛がなくなっていった。体毛のないことと、気化熱で冷やすための汗腺の発達という特別な冷却装置により、気温の高いときに身体を酷使しても体温のバランスを取ることができるようになった[30]。

「**ホモ**」(「ヒト」)という属、つまり原人の発達は、氷河期と因果関係があるとみられている。それまでの生活空間が壊されることは、進化論の意味合いでは脅威であった。こうした破壊は動植物界での絶滅のうねりを起こし、淘汰の力により新しい種が登場する[31]。水が氷結したために世界的により乾燥した気候となり、人類が発祥した東アフリカの高地も乾燥した。ヒト科の動物はここで二つの系列に分かれて、一方は大量の硬い植物を食料としたきわめて頑健な**アウストラロピテクス**に、もう一方は華奢な「ホモ」へと進化した。

「**ホモ**」という属の進化をさらに有利にした点は、肉食になったことであった。脳が増大し、生き延び

図12　ヒト科動物の進化、文化史、気候

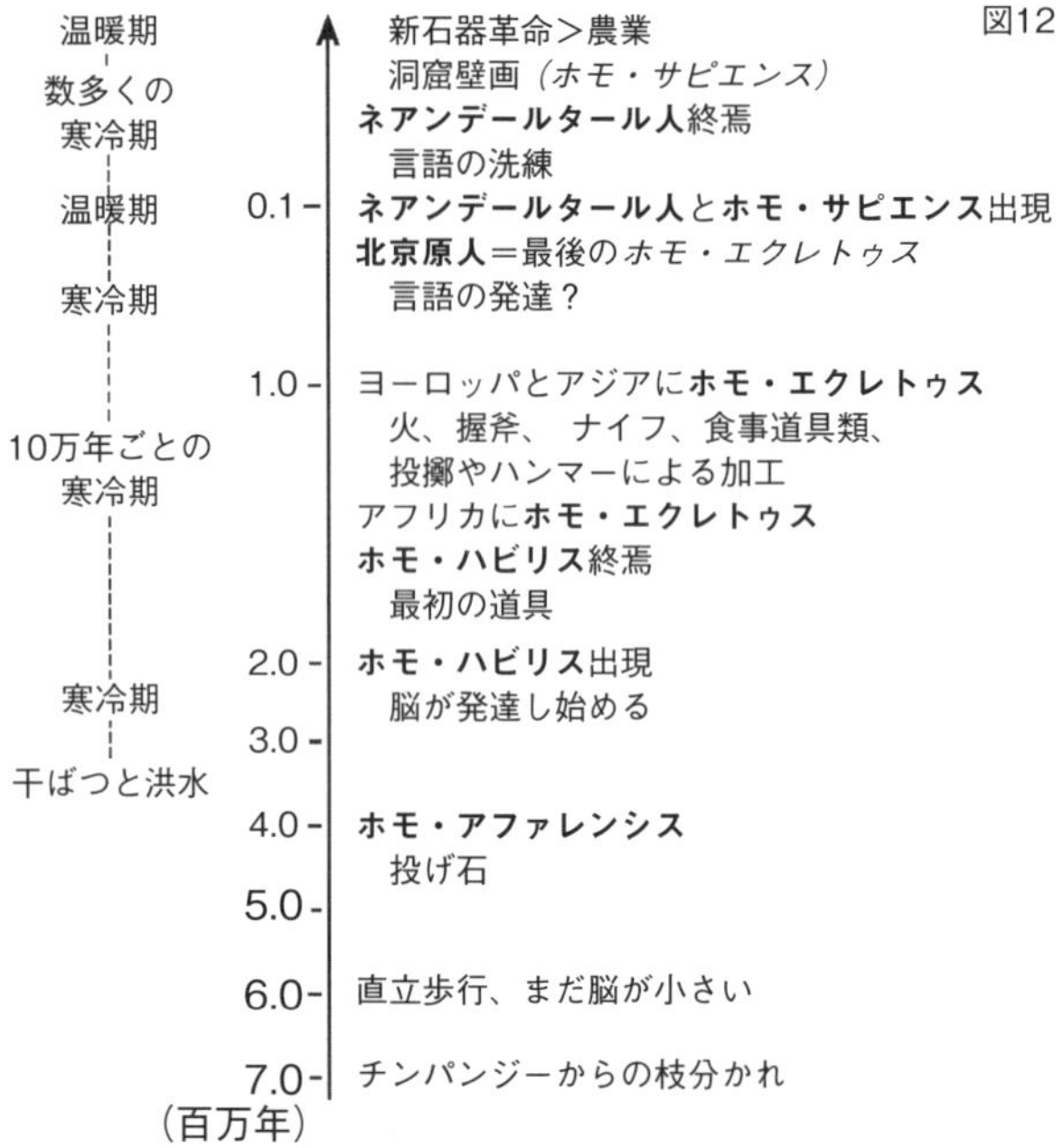

る技術をさらに獲得できるようになったのだ。

ホモ・ハビリスは体重約四十キログラムの霊長類で、人間に近い様子で直立し、脳はおよそ五百〜八百立方センチメートルに発達しており、すでに簡単な石器を使っていた。「**ハビリス**（器用な）」という名称はそれを指している。ホモ・ハビリスは石のハンマーで強く叩く技術を用い、目的に沿った簡単な道具を作ることができた。数々の発掘品を見ると、習得した知識が意識的に継承されており、そのため最初の「文化」と言ってもよいものが出現していることがわかる。タンザニアの**オルドバイ**遺跡にちなんで名前のついた**オルドバイ文化**では、火の使用と、火をおこす技術さえもあったと考えられている。**ホモ・ハビリス**は広い範囲にわたって道具を運んでいた。将来の計画を立てていたのだ。[32]

旧石器時代の気候変動と最初のグローバル化

これらの特徴はすべて、その後の出現者すなわち約百八十万年前最初に東アフリカに出現した**ホモ・エレクトゥス**ではさらに顕著になっている。この原人の脳の大きさは千立方センチメートル以上あり、現代人の脳容量の約七〇％である。頭の形は原始的に見えるが、**エレクトゥス**の歩行は名前のとおり直立であった。身長は一・五〜一・八メートルあり、まさに堂々と見えたに違いない。体重約五〇キログラムの**ホモ・エレクトゥス**は、アフリカを離れ世界の広い地域に広がっていったヒト属の最初の代表者である。百万年以上前に彼らは東アジアに到達し、百四十万年前の「**北京原人**」または「**ジャワ原人**」としてその形跡を残している。最近発見された**ホモ・フロレシエンシス**もどうやら**直立原人**の一族に属しているらしい。ジャワ、フローレス、ボルネオ、フィリピン諸島で骨が発掘されたが、これはもちろん海を渡った証拠などではない。なぜなら、これらの場所は後に島となったのであり、日本と同様まだ大陸とつながっていたからである。マダガスカル、ニューギニア、オーストラリアへ向かう海路はまだなかった。アフリカから東南アジアまで徒歩で進んだ距離は驚異的に思えるが、一世代あたりわずか二〇キロメートルの前進を繰り返し、東アフリカから東アジアまでの道のりを二万年かかって踏破したのだ。

彼らの先人と同様、このグループにもまた独自の「文化」が認められる。現在のアミアン近郊にある**サンタシュール**の発掘地点にちなんで一八七二年に命名された**アシュール**文化は、アフリカ全土やヨーロッパの一部、インドも含めた西アジアの一部に広がっていった。打ち付けたり掘ったり削り落したりするための氷河期の万能器具として念入りに作られた握斧とさまざまな伐採の道具は、「複合技法（テクノコン

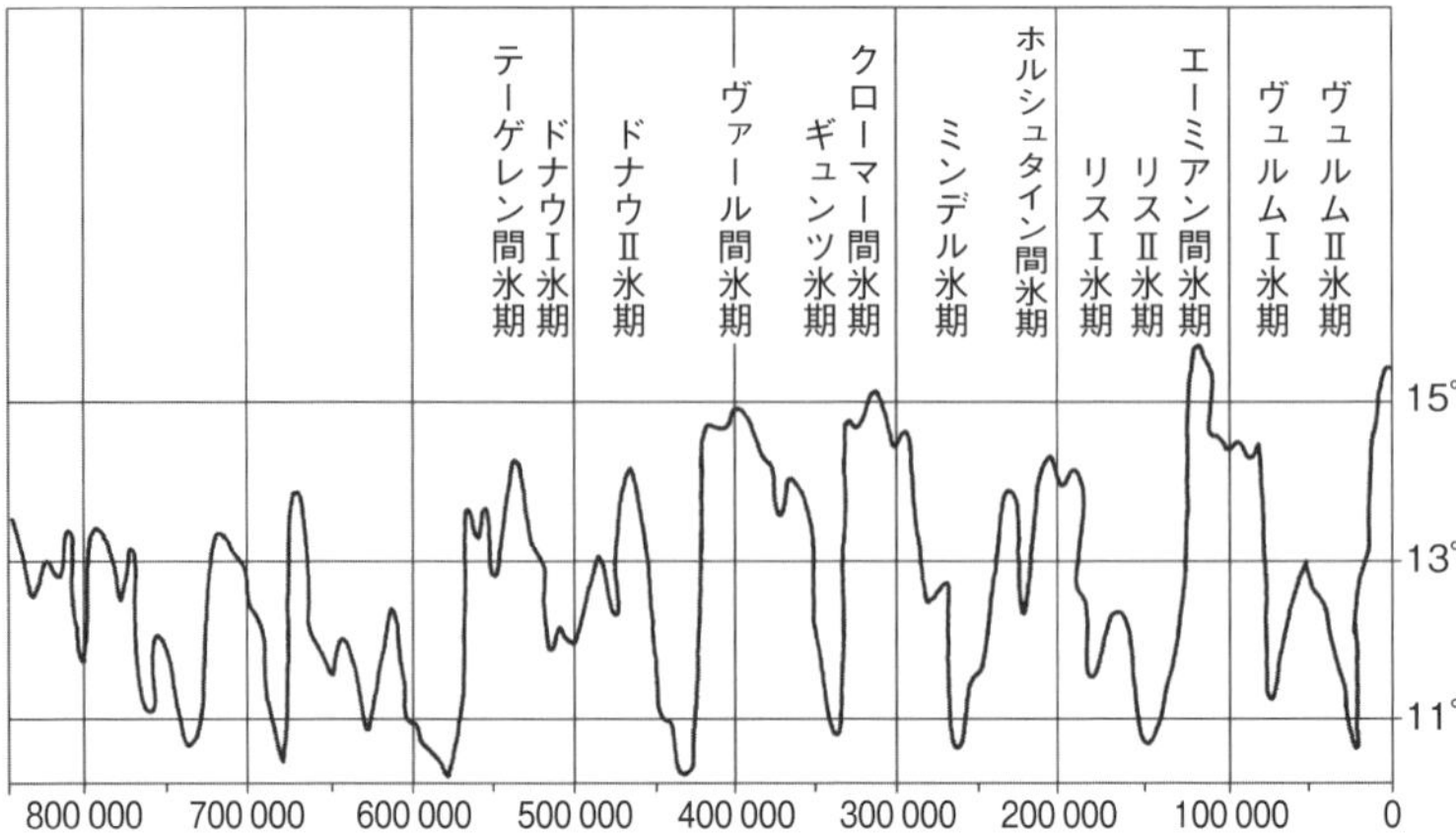

図13　過去85万年間の気温変動。深海コアの沈殿物分析は、氷床コア分析の結果を立証した。

プレックス)」が傑出しており、特殊な木製道具の製造や火おこしの技術と結びついていた。この熱心な仕事ぶりにより彼らは**ホモ・エルガスター**(「働く人間」)とも呼ばれている。人類学者には、このタイプの原人の中に現世人類の真の祖先がいると考える者もいる。アフリカにおいては**オルドバイ文化**の後に**アシュール文化**が続き、それは百五十万年前に始まった。ヨーロッパの出土品は約百万年前からおよそ十万年前まで続いている。興味深いことに握斧の発達とともに**直立原人**の文化は枝分かれしたのだが、その理由は、東アジア全体と東ヨーロッパの一部ではより単純な石器に固執したからである。したがって、世界は二つの異なる技術の「文化」に分かれたのだ。この分裂の原因ははっきりしていない。アジアの**直立原人**の移住後、初めて**アシュール**文化が発展した可能性もある。[33]

　地球上に原人の分布が拡大したのは、北半球で氷河期を起こしながらもアフリカでは降水を増加させていた気候変動と関係があった。この**更新世の多雨期**の間に森林がサバンナ地域に押し進み、**ホモ・エレクトゥス**の生存地域を狭めてしまった。しかし同時に熱帯アフリカは、広大な砂漠地帯により世界の他の地域と分断されることはもはやなくなった。サヘル地帯とサハラ砂漠は雨のため肥沃な地域となり、人類のさらなる移動を促すこととなった。人類の歴史の中でこのようなことは何度も起きているのだが、この植物帯の移動により最初の恩恵に浴したのが**ホモ・エレクトゥス**だった(34)。

劇的な気候変動は高い順応力を必要とした。雨林から草原へ、湿潤から乾燥へ、温暖から寒冷へと、繰り返し起きる変化に対し、人類は移住あるいは地域への適応という手段により対処することができた。狩猟域が広がることで移住が促進されたのだが、少なくともヨーロッパの最初の**直立原人**にも同様のことが起きている。移住は変動する気候帯と折り合う能力を必要とした。そのために人類は、とりわけ肉食と草食の交替に適応する能力を発達させて「雑食性」にならねばならなかったのである。そのうえ住み慣れた環境の具体的な場所についての経験と引き換えに、それに匹敵する場所を見つけることを学ばねばならなかった。この抽象化の能力が、コミュニケーション能力への要求を必然的に高め、思考能力の発達へとつながっていったのだ。

第2章

地球温暖化——完新世

１　氷期の子供

ホモ・サピエンス・サピエンスが広がっていったのは、気候史的には、現代人が恐怖を感じるような時代である。キャッチコピーをいうならば、私たち人類は「**氷期の子供**[1]」なのだ。「現生人類」という言葉があるが、それは今日の人類はすべて一人の母親の子孫であるという意味で、その母親はおよそ十五万～二十万年前に東アフリカに住んでいたに違いないと、一九八〇年代に証明されたからである。その母親が、いわゆる「**ミトコンドリア・イブ**」だ。このことは女系だけに遺伝するヒトのミトコンドリア内の遺伝物質によって証明された。この遺伝物質（mtDNA）は、規則的に突然変異を起こすことが知られているため、時代鑑定に利用できるのだ。今日生きている全人類がもつこの遺伝物質は確かにアフリカで変異したが、アフリカを出てからも同様に変異を続けたことを考えると、**ホモ・サピエンス・サピエンス**とそれ以前のヒト科の動物、例えば**ホモ・エレクトゥス**や**ネアンデルタール人**との混血が起きたとは考えられない。もし起きたならば遺伝物質のどこかにその痕跡が見つかるはずである。

もっとも前述の「イブ」は、ただ一人の母親というわけではない。むしろ一万人ほどの個体群といって差支えないのだが、東アフリカの地溝での淘汰に勝ち残ったのだ。このタイプの人間はそれ以前のヒト科の動物より頑健だった。ただし、それ以前にアフリカの地を去った**ネアンデルタール人**はおそらく例外で、彼らも**ホモ・サピエンス**に属するのだが、ヨーロッパで屈強な大型獣狩猟者として氷期の生活条件に完全に順応していた。

今日の人間すべてが一人の母を始祖とする理由としてここ数年考えられているのは、ある種の大災害が太古にあり、それ以前のヒト属の種の大部分がその犠牲になったことである。**ホモ・サピエンス・サピエンス**はこの大災害でわずか数千の個体にまで数が減り、それに伴い遺伝子プール（遺伝子供給源）は乏しくなり、集中して一つの進化の方向へと向かうことになる。マイケル・R・ランピーノ（ニューヨーク大学）のような地質学者やスタンレー・H・アンブローズ（イリノイ大学）のような人類学者は、その理由として火山の巨大噴火を考えている。およそ七万五千年前のスマトラ島（インドネシア）北部のトバ火山の噴火である。この噴火によって成層圏に放出された火山灰とエアロゾルの量はおびただしく、そのまま何年間も雲となってとどまった。この噴火の証拠は今日、世界各地の氷床コアや土壌堆積物に見ることができる。[2]

成層圏の火山灰とエアロゾルが原因で急激な冷却現象が起き、局地的には十五℃、世界的にはおよそ五℃の気温低下が数年間続いた。「火山の冬」は植物の生育を阻み、その結果、陸と海の食物連鎖も損なわれた。熱帯の植生は広範に破壊され、温暖な気候帯の森林も損なわれたに違いない。生き延びた植物も甚大な被害を受け、回復するまでには何十年もの時を要した。トバ火山噴火は、その後のどの火山の噴火よりもはるかに深刻な事態を引き起こした。[3]これで、**ホモ・サピエンス・サピエンス**の歴史の初期に、種の個体数が絶滅寸前にまで激減した理由の説明がつく。

植物界が回復した後、生き延びた人間は当然、勢力を伸ばす絶好のチャンスを手にした。周囲の世界に新たに移住することが可能になり、競争がないため居住範囲も拡大した。その結果、急激な人口増加が起きたが、おそらくそれは個々のグループが環境にうまく順応したためだろう。[4] ほかに火山の冬のどのような影響があったかはわからない。そのため、トバ火山の噴火の影響がその後の原人の移動と技術の進歩にどの程度関わっているのか、といった疑問が生じる。[5] 寒冷化の頂点に達したのはその千年後なので、気候のフィードバック効果も考えられている。[6]

「ベーリング陸橋（ベーリンジア）」と人類のグローバル化

ホモ・サピエンス・サピエンスもそれ以前の人類同様、気候変動が原因でアフリカを離れた。間氷期には森林が広がる。それがサバンナの大型獣の減少を引き起こし、睡眠病、マラリアなどの熱帯病が広まる。同時に**プルヴィアル**（低緯度地域の多雨期）には、かつての砂漠地帯にまで新しい生活圏が広がった。熱帯地域で衰えたサバンナが、ここでは新たに生じたからである。[7] 先のネアンデルタール人同様、現生人類の祖先もパレスチナを越え、ユーラシアへ通じる陸橋を発見した。そしてそこから**ホモ・エレクトゥス**同様、東南アジアに向かう。**ホモ・サピエンス・サピエンス**はおよそ七万年前に南アジア全域を越え、広がっていった。

とりわけ興味深いのはオーストラリアへの移住である。およそ三万五千年以上前に、**ホモ・サピエンス**が陸橋を通ってインドネシアの島々と乾いた状態だったスンダ大陸棚に移住した後、その子孫は「大オーストラリア」、つまり今日のオーストラリア、タスマニア、ニューギニアとその間にあるサフル大陸棚が一つになった大陸に達した。越えねばならない海の幅は、条件が最もよいときにはおよそ九十キロメートルだった。おそらく旧石器時代人はすでに三万五千年前に、海峡を筏や浮材付きカヌー、丸木船で渡ることに成功していたのだろう。海が穏やかで温暖な気候だったため、十分な水の蓄えさえあれば、海上で何日間も生き延びることが可能だったのだ。オーストラリアの**アボリジニ**はこの移住者の子孫である。およそ三万年前にオーストラリア南端ですでに火打石が採掘され、タスマニアへの移住も行われている[8]。

　アメリカへの移住を巡っては、さまざまな学説があるが、どれも**ベーリング陸橋**にまつわるものである。**ベーリング陸橋**は、デンマークの船乗り、ヴィトゥス・ベーリング（一六八一―一七四一）にちなんだ名前だが、彼は一七二〇年代にピョートル大帝の命を受け、シベリアの東部国境地帯を調査している。アジアとアメリカを結んでいた**ベーリング陸橋**は、最終氷期にはたびたび干上がっていたが、今日では**ベーリング海**に覆われている。一番幅が狭いのはシベリアのチュクチ半島とアラスカの間で、わずか約九十キロメートルである。しかし気候条件を考えると石器時代の筏で海を渡ることはまずあり得ない。アジアから**ベーリング陸橋**を通り人間が移住するのに一番条件がよいのは、度重なる長期の凍結期で、その時期、海面は十分に下がっていた。約五万年前、そして約二万五千〜一万四千年前がそれにあたる。陸橋での生活は隣接するシベリアの生活と変わらない。気候はきわめて寒冷で非常に乾燥している。そのため**ベーリング陸橋**では氷は張らなかった。花粉分析によれば、ツンドラの夏季には草類、矮生灌木、広葉樹が豊富に地表を覆い、氷期の多種多様な動物相を養うには十分であった。骨の化石の発掘により、毛マンモス、ジャコウウシ、バイソン、トナカイの存在が裏付けられている。

アジアの氷期の狩猟民は、大型獣を追っているだけでアラスカに達し、そこから氷の張っていない地帯を越え、さらにカナダの楯状地を越えて南に到達した。移住した時期に関しては大きく見解が分かれる。再三主張されるのは、チリ南部やブラジル南部では、三万年前に人類が生活していた痕跡が発見されていることである。シベリアのツンドラ地帯に大型獣の狩猟民が初めて移住したのが、今日知られている限りでは約二万年前であることを思うと、原則的に考えられないことはないが、実に意外である。そして**ベーリング陸橋**に達することができたのはそのうちの東端の者だけである。エニセイ川東部の**デュクタイ**を発掘した結果、そこの最古の文化は一万八千〜一万二千年前と推定された。発掘箇所は、**ベーリング陸橋**にあった水没した居住地を含めなければ、最初のアメリカ人の祖先が暮らしていたチュクチ半島先端まで達している。

考古学的に裏付けられている北アメリカにおける人類定住を示す最古の出土品は、約一万五千〜一万六千年前のもので、現在のカナダの洞窟で見つかった肉を削り取ったマンモスの骨である。一万五千〜一万二千年前の時代のものとしては、シベリア東部で知られているものと同様の器用に作られた小刀や、その他の石器が見つかっている。氷期の末期、**ベーリング陸橋**が海水に覆われる前に、植物相は豊かになった。おそらくシラカバの森林はすでに存在し、かなり大きな集団が北アメリカに移住していたかもしれない。そこから遊牧の狩猟民は広がっていき、明らかに一万二千年前には涼しい南アメリカ南部にすでに定住していた。**ベーリング陸橋**が水没したことで、**完新世**の初頭に最初の純粋なアメリカの文化集団が出現した。一九三二年にニューメキシコで発見され、地名にちなみ**クローヴィス文化**と呼ばれる狩猟民社会がそれである。このマンモス狩猟民は、ヨーロッパ人が何千年も後に**インディアン**と呼んだ人間の祖先である。人類が地球全体に広がるのを可能にしたのは、最後の大氷期に海面が著しく低下したことである。この氷期が終わってから、ユーラシア、アメリカ、オーストラリアの文化は別々に発展を続けていった。(9)

ヴュルム氷期のヨーロッパ

より寒い生活条件に順応する術を学んだ**ホモ・サピエンス・サピエンス**はおよそ五万年前、パレスチナからさらに北方へ広がっていったようだ。そしてアジアへ、さらに約四万年前に氷期のヨーロッパに進出したが、それを可能にしたのはボスポラスの幅の広い陸橋だった。小アジアはヨーロッパと一つになっており、黒海は内陸湖だった。フランスのドルドーニュ県、**クロマニヨンの洞窟**で見つかった、高い額と小さな歯列をもち、眼の上の隆起が退化した現生人類は、発見地にちなみ**クロマニヨン人**と称されている。その骨格は今日の人類と同じである。

その頃、ヨーロッパは広い地域でかなり荒れた気候だった。北部は分厚い氷に覆われ、それは北極圏から北ドイツの平地にまで及んでいた。氷河の拡大によって海面は著しく低下し、ブリテン諸島は大陸の一部になっていた。そして世界的に、高い山脈から低地へ氷河が押し寄せていった。この氷河が谷（「氷河による渓谷」）を削り、盆地を形づくった。この盆地が最終氷期の末期に、今日も存在する大きな湖になった。最終氷期の頂点だった約二万年前に、大河の水は涸《か》れた。氷河は水分を凍らせ、地面は奥深くまで凍りついた。こうしたことは、恐ろしいように思える。しかし、最近の研究では驚くような好ましいイメージが示されている。ヨーロッパでは人類の生活条件は非常に快適ですらあったのである。気候はきわめて安定していた。天気は今日に比べ、はるかに変わりにくかった。夏には穏やかな好天が続いていた。冬は一貫して厳しい寒気が居座っていたが、最低気温でも極寒にはならず、乾燥した気候だった。氷期の冬は、冬のさなかでも日光浴ができる今日のアルプスの晴れ上がった冬の日にたとえられよう。平均気温は今日より四〜六℃低かったが、乾燥していたため、不快ではなかった。春の訪れは遅かったが、夏には気温はおよそ二十℃に達した。

気温が低かったため、植生は著しく制限されていたが、氷期の中部ヨーロッパのツンドラは、極圏のツンドラとは全く異なる。この緯度では日光の照射は常に変わることなく強く、夏は暖かく、雪解け水に育まれて植生は豊かで、それが動物に豊富な食物を提供していた。氷期のツンドラは、大型獣が豊富という点では東アフリカのサバンナに引けを取らなかった。そこでは大型動物相を形成することができたが、それには草食の大型哺乳類のマンモス、毛サイにとどまらず、オーロクス、ヘラジカ、シカ、ホラアナグマ、そして大型肉食獣のライオンやハイエナも含まれていた。肉食獣と同じように初期の人類も屍肉を食べて生きることができた。そのうえ「天然の冷蔵庫」の中で、それは簡単に冷凍保存されていたのだ。さらに初期の人類は新しい能力を発達させた。大型動物の狩猟である。[10]

最初のヨーロッパ人と芸術の誕生

特有の食糧獲得法が確立したことで、**後期旧石器時代**以降は人類史を、生活様式および地域的文化によって分類することが可能になった。そしておよそBC四万〜三万年には、ヨーロッパ全域の居住地に同一の文化があったことがわかっているが、それはフランスの発見地にちなみ、**オーリニャック文化**と呼ばれている。この文化の特徴は刃物を作る最古の技術をもっていたことで、先端に割れ目のある骨が刃物を固定するための柄として使われていた。ナイフや刀は鋭く研いであった。氷期でも多少暖かくなっていたこの時期に、最初の芸術も芽生えた。大げさな表現をするならば、芸術の誕生であった。

丹念に作られた特徴的な石器と並び、この文化に数多く見られる繊細な作りの骨製の小型彫刻品には驚かされる。例えばホラアナグマの骨製のものがあるが、おそらく洞穴で冬眠していたのを仕留めたのだろう。装身具も多数発見されており、穴をあけた動物の歯、石や象牙で作った玉、ならびに大量の穴をあけた巻き貝や二枚貝がある。その一部は地中海地方から運ばれたものだ。この文化に特徴的なのは小さな彫像で、有名なのはヴァッハウ渓谷（オーストリア）の**ヴィレンドルフのヴィーナス**だが、これは頭部の表現よりも女性の豊饒性《ほうじょうせい》の特徴を表現することに重点を置いている。ドイツの発見地はバーデン・ヴュルテンベルク州に集中しているが、その中のシュヴァーベン高地の**ガイセンクロスターレ洞窟**では、象牙製のマンモス、ホラアナグマ、ヨーロッパバイソン、ウマ、両手をあげ直立している人間の彫刻が発見されている。ローネタールの**ホーレンシュタイン山のシュターデル洞窟**からは氷期の芸術の非常に重要な作品が発見されている。それは、頭部がライオンの直立した人物である(11)。この小彫刻を見ると、宗教的な観念が浮かぶ。それは動物変身思想、そしてシャーマニズム的信仰概念を暗示しているからである(12)。

この最古の芸術の時期に、すでにすばらしい洞窟画は描かれており、数年前に初めてフランスの**ショー**

ヴェ洞窟で発見されている。この氷期の「システィナ礼拝堂」では多種多様な大型動物相の様が繰り広げられ、狩猟する人間と対峙している。人が近づきがたい洞窟にあった複雑な芸術作品は、苦労して松明《たいまつ》で照らしたに違いないのだが、以前にはない空間概念を示唆している。手間をかけて作った儀式の場が、一時的用途のものであるはずはないからだ。おそらく石器時代の狩人は儀式的行為やイニシエーションの折に再三この場所に戻っていたのだろう。それ以前はここには狩猟遊牧民が住んでおり、移動する大型獣の後を追っていた。しかし洞窟壁画の描き手は、自分たちの儀式を特定の場所に強く結び付けていた。彼らが最初のヨーロッパ人である(13)。

およそ二万年前、氷期の最寒期の頃、氷の張っていないヨーロッパ南部で**クロマニヨン人**は生き延びた。このとりわけ厳しい時代に、**ソリュートレ文化**（ＢＣ約二万二千～一万八千年）は始まった。この呼び方は発見地のフランスの**ラ・ソルトレ**による。この文化の特徴は自然石を利用した熱の使用、葉状の槍先、そして石による押圧剥離の技術である。針の出土は、彼らが動物の皮から衣服やテントを作ることができたことを証明している。今日のチェコにある**ドルニー・ヴィエストニツェ**遺跡の発掘からは、地面を一メートル掘り下げて住居を作ることで壁にあたる冬の嵐を和らげ、長持ちさせていたことがわかる。壁は木の柱で支えられ、これに獣皮が張られていた。燃料としては木とならび、マンモスの骨も利用されていた。ウクライナで見つかった集落では、マンモスの骨が十二メートルの長屋を建てるのに用いられている。人口密度は全体的に非常に低かった。最寒期には、ヨーロッパ一番の人口密集地だったフランスでも人口は二千～三千人を上回ることはなかったと思われる(14)。

氷期と完新世の間──マドレーヌ文化

最後の最寒期が終わると、世界の気候は至る所で変わり始めた。以前より暖かく多湿になり、局地的な突然の気温の急上昇が起きたが、これは発見者のウィリー・ダンスガードとハンス・オシュガーの名をとって**ダンスガード・オシュガー・イベント**と呼ばれている。そして氷河が後退するや否や、特にヨーロッパ、それ以外では北アジアで、植物相と動物相は北へと広がっていった。地理的観点からのみならず、時間経過でみても、新しい生活圏が開けたのだ。つまりこれまですでに人類が住んでいた地方では、植物の生育期間は長くなったのである。これが、新たな文化の形成を促したが、その文化はそれ以前の文化様式をはっきりと継承してはいるものの、豊かさでははるかに凌駕している。これが**マドレーヌ文化**で、BC一万八千〜一万年にかけて、北スペインから**マドレーヌ文化**の名の元になった発見地ラ・マドレーヌがあるドルドーニュ地方と中央ヨーロッパを越え、ロシアに達した。この文化の有名な洞窟画の八〇％以上は一万五千〜一万二千年前に描かれている。例えば**ラスコー**、**ペシュメルル**（ドルドーニュ）、**アルタミラ**（スペイン北部）などの洞窟画である。**マドレーヌ**の狩猟民は半遊牧の生活をしていたが、動物の家畜化も始めていたかもしれない。

フランスでは人口が最寒期の三倍の六千〜九千人に増加したとはいえ、人口密度はまだ非常に低かった。彼らは現在の遊牧民のように二十〜七十人程度の一族で暮らしていたと想像できる。そのほうが争いの程度も大きくなりすぎないからだ。このグループは組織化され、五百〜八百人ほどのより大きなグループ、あるいは部族になっていたかもしれない。骨格を調べた結果、平均寿命は二十歳以下と証明された。四十歳以上まで生存したのは十二％にすぎず、その中に女性は全く含まれていない。骨格には物理的な欠損と損傷の跡がはっきり見て取れる。おそらくすでに社会的階級、つまり階層はあったのであろう。なぜなら、ロシアとイタリアにある墓からは、象牙や動物の歯から作られたおびただしい数の玉が発見されており、それは被葬者の衣服を装飾していたものに違いないからである。子供に豪華な装飾品が見られるケースでは、子供自身の功労によるのではなく、単に相続順位によるとみて差支えない。**旧石器時代**の間にすでに原始時代の平等社会は終わり、ステータスシンボルの役割はますます重要になっていった。[15]

大型動物相の終焉

マドレーヌ文化は、大型動物相が絶滅して氷期の狩猟民の生活基盤が消滅し、**完新世**が始まると終わった。大型哺乳類が大絶滅した原因をめぐっては、激しい議論が繰り広げられている。例えば「氷期の狩猟民は、大型哺乳類に対して一種の電撃戦をしており、大型哺乳類を地の果てまで追って行き、地球規模で一種の『先史時代の過剰殺戮』を行った」[16]。それに対する反論としていわれるのは、大型動物相があらゆる場所で絶滅したわけではないことだ。周知のように、ゾウはアフリカ、インド、東南アジアで生き残っている。キリン、サイ、野生のウシも同様である。野生のウマはアメリカでは絶滅したが、アジアではウシ類同様、人間によって家畜化され、生き残っている。

毛サイ、大型のホラアナグマ、ヨーロッパサーベルタイガー、マンモスが絶滅したのは、主に気候変動の結果だと今日ではみなされている。氷期末期には森林が広がってくるが、それは今日、高層湿原の花粉ダイアグラムからわかる。大型動物相の生息地、つまりユーラシアおよび北アメリカの南の地域にあった氷期のツンドラは、消滅してしまった。マンモス、毛サイ、オオツノシカ、野生のウマは食糧基盤を失った。ツンドラは北極地域まで後退し、大型獣はこれに伴い移動せざるを得なかった。しかし北極圏の気候条件はそれまでの場所に比べはるかに厳しかった。冬の気温は以前より著しく低くなっていたからである。

南の地域で大型獣を悩ませたのは、高温よりむしろ多湿だった。シベリアの永久凍土にあったマンモスの体からは、自然淘汰の際、何が不利だったかがわかる。マンモスの毛皮は水分に弱い。今日のゾウ同様、体毛に皮脂を分泌する皮脂腺がないのである。氷期には問題にはならなかったことが、いまや弱点になった。体毛は湿気を吸い込み、乾きにくかった。そして水に濡れたマンモスは、湿地にはまり込んでしまう。まさにその湿地で、凍結保存状態の一頭が発見されている。ジャコウウシは暖かくなると風邪をひきやすくなり、致命的な肺炎にかかりやすくなる。気候変動の結果、大型獣の生息密度は九十九％減少したと思われる。その際はっきりしないのは、過去の間氷期を大型哺乳類がどのようにして生き延びることができたかである。**エーミアン間氷期**は**完新世**よりかなり暖かかった。もしかしたら狩猟技術をもった新しい人類の出現が、やはり大絶滅に関与していたのかもしれない[17]。

2　地球温暖化と文明

「**人類は完新世に出現した**」、スイスの作家、マックス・フリッシュ[1]（一九一一―一九九一）はそう表現している。しかし私たちは、人類が「氷期の子供」であったことをみてきた。だがスティーブン・Ｈ・シュナイダーやランディ・ロンダーが述べているように、「**文明の気候**」を生み出したのは**完新世**の地球温暖化だといっても差支えないかもしれない[2]。地球温暖化をめぐる議論が盛んなときに奇異に思えるにせよ、**完新世**に地球温暖化が起きたことで、初めて人類の高度な文明は発達することが可能になったのだ。**完新世**は、過去一万年間の地質学上「完全に新しい時代」に名前を付けるために、一八八五年に国際地質学会で作られた概念である。この時代は氷期に比べ際立って温暖な気候であった[3]。文明史のライトをあてると、実際**完新世**は一つのまとまりとしてみることができる。全く新しい形態の人類の文化が成立しているからである。そして私たち自身がまさに体験している文明が、発達し始めたのだ。

完新世には、**ホモ・サピエンス・サピエンス**はそれまで以上に精力的に自然に介入するようになり、自然を開発地に変えていった。この時代の初期には、適した土地での農耕や動物の飼育が行われるようになった。遊牧狩猟民は定住の集落を築く。新石器時代（**ネオリツクム**）初頭には、生活様式の根本的な大変革である「新石器革命」が起きた。意図的な食料生産が始まり、それに応じて調理、貯蔵、家を建てる技術も向上したのだ。それとともに分化した階層がある社会と最初の町が出現し、高度な文明、つまりいわ

ゆる**古代文明**の核となっていった。**完新世**初期に概算で五百万人であった世界人口は、増加していった。(4)

アレレード期黄金時代に造られた最初の神殿

最後の大氷期から**完新世**の**後氷期**に移行する時代の気候は、寒冷で乾燥していたが、その中にも比較的温暖な期間が幾度か存在している。およそ一万二千年前（BC約一万年）、デンマークの地名にちなんで名付けられた**アレレード期**に、著しい温暖化と湿度の増加により、森林は再び広がり始めた。**マドレーヌ文化**は北方に広がり、分化した。特に重要なのは、直径六〜八メートルの円形住居群よりなる宿営地の発見である。この住居では、板石の上に火床をじかに置いて暖をとっていた。垂直の支柱は円錐形の屋根を支え、屋根＝「壁」は、ウマの毛皮で作られていたと思われる。料理は地面に炊事穴を掘り、そこに熱した石を置いて行っていた。住居に住む季節は限られていた。狩猟民は動物を追って移動しなければならなかったからである。それ以前の旧石器時代の文化同様、**マドレーヌ文化**でも大型獣狩猟民の文化が優勢だった。もっとも狩猟の獲物としては、すでにウマとトナカイが主流になっていた。彼らの芸術作品には装飾品、動物や女性の小彫像、幾何学的な模様が含まれる。**完新世**の始まりとともに大型動物相が絶滅して生活基盤が消滅し、この文化は滅びる。(5)

その間に、近東では人類の生活形態が完全に変化し始めた。ここでもすでに**ホモ・サピエンス**は、定住化以前に儀式の場を定め、建造に取り掛かっており、そこに石器時代の狩猟採集民は定期的に戻ってきていた。とりわけ、後に人類の高度な文明の発祥地となった近東では、最近の発掘で驚くべきものが発見された。アナトリアの**ギョベクリ・テペ**（「へその丘」）の壮大な儀式の場は、世界最古の神殿であり、ドイツのクラウス・シュミットの発掘調査の結果、一万二千年前のものと確認された(6)。決まった儀式の場としては、すでに数千年前から壁画のある洞窟が存在したが、石器を用いて細工した石柱を幾何学的に、また円形に配列した壮大な建築物の建造は、共同体の形態が全く新しいものだったことを意味している。このことから以前より複雑な社会体制の形態がうかがわれるが、おそらく宗教面でもさまざまな変化があったと思われる。たぶんそれは気候がこの時代に有利に変化したことと直接結び付いているのであろう。急に大地の恵みが豊かになり、人々は天の神々に感謝したに違いない。そして感謝の気持ちを表す最良の方法は、天に向かって開けた儀式の場を山の上に造ることであり、そこには遠くから人々が押し寄せてきた。

ほとんど時を同じくして、居住地も発見された。アメリカの考古学者、スティーブン・ミズンは後氷期の発掘について記した概要で、「パレスチナの**ワディ・エン・ナトゥフ**にちなんで名付けられたいわゆる**ナトゥフ文化**はすべて石器時代の居住者によるもので、彼らはまだ農耕、動物の飼育、土器作りを全く知らなかった」と述べている。村々では黒曜石の刃の付いた草刈り鎌が発見されているが、意図的に穀物を栽培した様子はない。居住者の骸骨と歯からは栄養不足、飢え、戦闘による傷の特徴は見られない。このことから彼らの生活状況、つまり気候と環境は、定住して存分に狩猟し、野生の穀物をふんだんに収穫できるくらい、恵まれていたと結論づけて差支えないであろう。最近まではそのようなことは不可能に思われていた。しかしこのケースでは明らかに非常に良い結果になり、急激に人口が増加し、**ナトゥフ文化**の村々は今日のイスラエル、シリア、イラク、南トルコといった地域にまで拡大した(7)。

ヤンガードリアス期における再寒冷化と文化の後退

この楽園のような生活環境は約一万一千年前（ＢＣ九〇〇〇）に急激に終わる。気候は寒冷になり、それに伴い乾燥も進んだ。グリーンランド中部の気温は約十五℃下がり、現在のポーランド地域でも、やはり約六～七℃下がった。[8] ヨーロッパ中部では千年以上もの間、亜北極の気候に逆戻りした。これは今日に至るまでの最後の気温低下であった。その結果、北ドイツでは再びバラ科の低木ドリアス・オクトペタラ（**Dryas Octopetala**　和名チョウノスケソウ）が進出した。植物相は動物相を変化させ、それに伴い人類の文明の進歩も阻害されたのである。生活基盤がこのように弱まると、存在できるのは狩猟民の文化だけで、トナカイの狩猟が決定的な食糧基盤になっていた。ここで、旧石器時代の末期、**後期旧石器時代**の文化に話を移そう。[9]

寒冷化の影響は地中海圏にまで及んだ。近東では**ナトゥフ文化**の居住地を、すべてまた放棄しなければならなくなった。遊牧狩猟民に戻ったことで、人口は再び劇的に減少したに相違ない。ここでは気候は文化の発展だけでなく、その内容にもかなりの影響を及ぼしたと思われる。罰を与える気候の神のイメージが、近東の神々の中で後に決定的な役割を持ったのは、理由のないことではない。この神々は、後に文字が発達して初めて具体的になるが、その根は遠い昔の、おそらく**ヤンガードリアス期**の楽園喪失にまで遡ることができるであろう。いずれにしろシュメールの嵐の神、イシュクルまたはアダドは地域の神々の長としてすでに最古の神々に名を連ねている。[10]

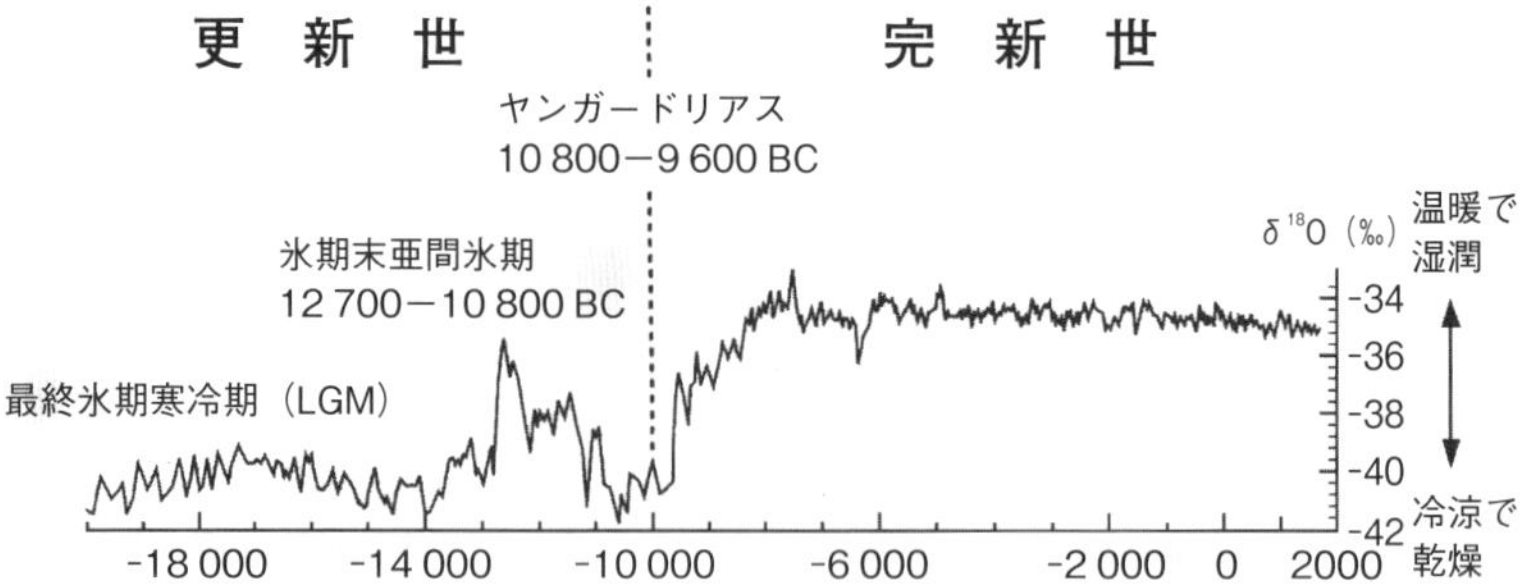

図14　完新世の地球温暖化。酸素同位体比は、約１万年前に劇的に気温が上昇し気候が安定したことを明らかにしている。

完新世の地球温暖化と自然の変化

ヤンガードリアス期はおよそ千年続いた後、始まったとき同様、突如終わりを告げた。**完新世**が始まると、年間平均気温はわずか数十年で七℃上昇した。嵐の激しさは和らぎ、降水量は倍増した。この急激な気候変動、地球温暖化がなぜ起こったか、それは結局不明のままである。議論の中では、太陽活動の活発化が第一の要因とされている。[11]温暖化が始まるとすぐに、可能な限りのフィードバックが起きた。それは**アルベド**の減少から、北方および南方での植生拡大による大気の組成変化にまで及んだ。**完新世**になって、初めて今日の私たちが「自然」だと思っている環境ができた。海面の上昇によって大陸は現在の形になり、植物相と動物相は新しい気候条件に適応していった。

聖書にある大洪水と、海岸線の変化

氷河が融けると、海岸線は変化し始めた。約八千四百年前（ＢＣ六四〇〇）のある日、ボスポラスではゴーゴーという轟音が轟いたに違いない。それは人類史上最大級の洪水の幕開けだったのだ。大氷期の間、海面ははるか下方にあり、ヨーロッパとアジアはボスポラスで一つにつながっていた。黒海はドナウ川、ドニエプル川、ドン川から水が流れ込み、大きな淡水湖になっていた。平地だったその沿岸地方には、何千年もの間、狩猟採集民の文化が息づいていた。漁をする者は新石器時代の村々に住んでいた。農耕をする者は樹木を切り倒して開墾し、畑を作り、住居と家畜用の囲いを築いた。地中海とつながっていなかった黒海の汀線《ていせん》は、地中海の海岸線より百メートル以上低かった。氷が融けるにつれ、地中海の海面は内陸湖の湖面より急速に上昇した。急上昇した海水により、海と内陸湖を分断していたボスポラスには次第に圧力が強く加わるようになり、ついにあるとき崩壊し、海峡ができた。塩水はナイアガラの滝の何百倍もの力で黒海に流れ込み始めた。轟く滝の音は、数百キロ離れていても聞こえたに違いない。何ヵ月間も塩水は盆地に流れ込み、海面の高さまで水を満たした。数百平方キロメートルの居住地がこの大洪水で消滅した。初期の黒海文明の遺跡はそれ以来海底に埋もれている[12]。

海面が上昇すると、海岸線は世界中で変化した。亜大陸の**ベーリンジア**は消え、アジア大陸と日本の間の陸橋およびインドネシアの大きな島々を結ぶ**スンダ陸橋**も消えた。オーストラリアとニューギニア、インドとセイロン、アフリカとマダガスカル間の陸地も永遠に沈んでしまった。世界の大部分の地域で、沿岸地帯が広範に水没したが、以前、そこは格好の狩猟、居住の場所だったのだ。そして新たな海路ができた。例えばベーリング海、スンダ海峡、あるいはマルマラ海、ペルシア湾、紅海のような新しい入り江である。新しい海は、バルト海やハドソン湾のように、それまで氷河があった場所にとって代わった。約九千五百年前（BC七五〇〇）にはドーバー海峡ができ、大ブリテン島とアイルランドは大陸から切り離された。およそ八千年前に大規模な自然災害が起こり、海がハドソン湾に侵入した。約七千年前には北海にあるドッガーバンクで洪水が始まった。シチリアはイタリアと切り離され、ギリシアの島々はアナトリア（小アジア）から切り離された。海によって沿岸文明は終わり、人類は内陸部へと移動していった。

中石器時代への移行

地球温暖化に伴い、人類の文化には根本的な変化が生じたと考えられる。すなわち**旧石器時代**から**中石器時代**への移行である。その文化はヨーロッパおよび後に高度文明が発達する地域に栄えた最後の狩猟採集民文化であり、繊細で多種多様な特徴をもっていた[13]。**完新世**の初期に地球温暖化が重要な役割を果たしていたことは、疑問の余地がない。すでに一九六〇年代に出版されたアルフレート・ホイスとゴロー・マンによる『世界史』には、次のように記されている。「旧石器時代後期から中石器時代にかけて、かなり急激に経済形態の大変革が起きた。それは気候大変動が原因である[14]」

地球温暖化は、人類のそれまでの生活形態の終了を意味した。大型動物相がなくなると、人類は定住し始める。以前は移動していた森林動物が、定住するようになったからだ。狩猟には新しい技術が必要になった。狩猟民は以前より小型の武器を開発する。それは大量に製造された精巧な作りの石器、つまり**細石器**で、**中石器時代**に特徴的なものだ。食習慣を維持するには、水のある場所の近くが最適だった。おそらくそのために中石器時代の貯蔵場や住居は大多数が水辺に密集し、その結果飲料水の供給、最低限の衛生、ゴミの処理も、同時に解決できた。人類が定住していたことは、おびただしい数の二枚貝の貝殻が教えてくれる。人々は狩猟採集民だったが、例えば液果や栄養豊かなハシバミの実などの果実が、食糧のかなりの部分を占めていた。ミュンヘンの古生物学者、ハンスヨルク・キュスターは、意図的にハシバミの灌木を保護し、栽培していたのではないかとすら、推測している。「これでハシバミの灌木がおよそ九千年前（BC七〇〇〇）に急激に広がっていった理由の説明がつく。このように人類は意図的に植生の構成に介入し、自然を人工の景観に変え始めたのである」。人口の推移は、ほとんどわからない。おそらく後氷期の森林の周辺には、氷期のツンドラに比べ、人類は少なかったろう。いずれにしろ、人口の増加はごく限られていた。[15]

「アトランティック期」の気候最良期と「新石器革命」

完新世の中期、およそ八千年前に湿度は上昇した。この「中期の温暖期」は一般に**アトランティック期**（BC約六〇〇〇～三〇〇〇）と呼ばれている。[16] 人類の歴史において、この時期は特別の役割を果たしている。この時期は人類が自然に強い影響を及ぼすようになるはるか以前なのだが、**完新世**の中でも飛び抜けて温暖で、同時に最も長い時期なのである。気温は、平均すると二十世紀末より二～三℃高かった。氷河は広い地域で融解し、膨大な量の水が融け出した。近東全域からインドや中国まで、湿潤な気候が支配した。海面と湖の水位は、世界的に今日より高かった。アフリカのチャド湖のような内陸湖は、内海の大きさを呈していた。ナイル川の氾濫期の水位は、アスワン・ダムが完成する以前よりおよそ七メートル高かった。湿度が高くなったために、北アフリカは繁栄する。中央サハラは降水の頻度が高く湖水と河川が多数あり、**完新世**の初期には大型獣狩猟民が集まって暮らしていた。彼らは次第にウシを飼う遊牧民に入

図15　中央サハラの堆積物は、完新世初期に巨大湖が複数存在していたことを物語っている。温暖期には地球上の水循環が盛んで、モンスーン地帯は移動する。

れ代わっていく。ウシが最初に家畜化されたのはここかもしれない[17]。

気候最良期という概念からわかるように、この湿潤な温暖期は人類の文化が発展するには、きわめて好都合だった。**アトランティック期**の間に、技能は格段に向上した。しかし、すでにほかの種類の素材も使われるようになってはいたものの、いまだに石器が主流だった。握斧に代わって最も重要な道具になったのは石斧だった。これが新石器時代への移行だった[18]。**新石器時代**は人類の歴史の中で決定的な時期である。つまり中石器時代の半遊牧の狩猟採集民文化から定住の農耕と家畜飼育の文化へと移行する時期なのである。第一に、食糧が手に入りやすくなったことが、定住への移行を後押ししたのかもしれない。しかし人口が増加した結果、意図的に開墾せざるを得なくなり、それが人類が生態系に影響を及ぼす余地を新たに広げることとなった。そして、今回はそれが長く続く。農耕への移行は、近東では約一万～九千年前（BC八〇〇〇～七〇〇〇）に、ヨーロッパでは地域によってBC約六〇〇〇年から起きている。

ここで私たちは「文化（Kultur）」の始まりという概念にたどり着く。なぜなら人間の文明と同義語のラテン語は「**cultura**」、つまり、「建築する、耕作する、居住する」を意味する「**colere,cultum**」の名詞形に由来しているからである。狩猟から農耕への移行は根本的に重要だったため、**産業革命**と比較される。オーストラリア生まれの考古学者、ゴードン・チャイルド（一八九二―一九五七）は**産業革命**をまねて、「**新石器革命**」という概念を一九三六年に作り出した。この移行は判然としないように今日思えるにせよ、[19]氷期の条件下ではこれに似た発展は起こらなかったといえよう。

新石器革命により人類は、狩猟、漁労、野生の果実の採集につきものの非常に不安定な状態から解放された。適した品種を選択し植物を意図的に栽培したことで、生物学上の種の発達ではみられない、生活様式の根本的な転換が生じた。このような変革能力こそが、ヒト属の典型的な特徴である。少なくとも種まきから収穫期まで大地と密接に関わる必要が生じたことが、定住化に拍車をかける原因になった。この定住化が耕作を最善の状態で行い、野生動物を飼い馴らして家畜や農耕用の使役動物にすることを可能にしたのだ。最初はヤギとヒツジだった。今日ではDNA分析に基づいて、動物の家畜化がどこで起きたか、穀物が採集によらず意図的に耕作され始めたのはどこかが、正確にわかっている。スティーブン・ミズンが大著『**氷期以後　地球の人類史、BC二〇〇〇〇～五〇〇〇年**』で述べているように、現代の小麦の遺伝型は、今日のトルコの南東部、**ギョベクリ・テペ**から三十キロも離れていない土地の野生品種に最も近い[20]。

明らかに、ここで**新石器革命**は始まったと思われる。この人類の文明の発祥地の重要性は、一九九〇年代にようやく認識されるようになったのだが、ここは**肥沃な三日月地帯**といわれてきた地域のやや北方にあたる。人類が自然に介入していたのは低地ではなく、そこより北部の中級山岳地帯で、トロス山脈やザグロス山脈の前山地帯だった。家畜の飼育もおそらくこの土地が起源だと思われる。人類の最も重要な家畜であるヒツジ、ヤギ、ブタ、ウシは約九千年前（ＢＣ七〇〇〇）に西アジアで初めて人間に馴らされ、それ以降利用され、飼育されてきた。今日のトルコの南東部、イラク、シリア、イスラエルは、人類の文明の揺籃の地である。農耕と牧畜はともに食糧に余裕をもたせ、確実に生き延びる可能性を高めたが、それは動物を耕作にも利用するようになった、遅くともＢＣ六〇〇〇年以降特に著しい[21]。

中国と米作による景観の変化

農耕を始めたことで、新石器時代の人類は自然環境に介入していった。すでに旧石器時代の狩猟民も狩猟に火を使用し、ユーラシア、オーストラリア、また北アメリカでも大幅に景観に影響を及ぼしていたのだろう。火を用いた開墾は、二酸化炭素を大量に放出する。もっとも、森林や灌木の「自然発生的」な火災と意図的に火を放った場合の比率を明らかにすることは不可能である。**新石器時代**に居住地、耕地、牧草地が整備されるようになると、景観への介入は新たな局面を迎える。こうして変化する地域は拡大し続けた。農耕の普及は植生の構成に影響を及ぼさずにはすまなかった。花粉分析によって判明するのは、イングランド南部の低地とアイルランドでは森林開墾はすでに**新石器時代**に終わり、中級山岳地帯およびスコットランドの高地ではようやく古代ローマ時代か中世に開墾されたことである[22]。

西アジア、ヨーロッパ、北インド、インダス流域では、農耕はなによりも穀物の栽培を意味し、収穫した穀物は水を用いて粥状にし、直接食べることができた。穀粒は発酵させてビールを作り、また粉にひいてパンを焼くことができた。パンは何千年もの昔から人類の基本的な食品であり、宗教的章句でも神聖なものとされている。「私たちの日ごとのパンを、今日もお与えください」。しかしコムギやオオムギが、あらゆる場所で基本的食糧として栽培されていたわけではないことから、**新石器革命**にいくつもの起源があることがわかる。アフリカと南インドではキビとモロコシが、アメリカではトウモロコシがその役を担っていた。元来野生だったこれらの穀類は、いずれも本来生えていた場所の近くで計画的に栽培されたため、最初は環境にそれほど大きな影響は及ぼさなかった。それが水田でのコメの栽培との根本的な違いである。

稲作では何ヵ月間も水を張っておく必要がある。稲作農民は栽培のために複雑な給排水システムを発達させたが、それは気候に影響を及ぼすガスを多量に放出する。そのガスにはメタンと、当然、水蒸気が含まれる。水田の整備は景観を平坦にし、著しく変化させた。稲作のこうした形態にはかなりの投資が必要で、社会の組織にも影響を及ぼした。稲作の起源は中国南部に求められ、最近の年代調査によれば、ほぼ**完新世**の初めにまで遡る。米粒は小さく、栄養価が高く、貯蔵にも適している。そのため、早くから輸出されていた。他の地域、例えば中国北部の考古学上の発掘物にコメがあることは、コメの輸入、あるいは独自の稲作を行っていたことを示している。BC三〇〇〇年頃には、稲作はタイ、ベトナム、台湾にまで達したが、これは森林の開墾、水田の整備と結び付いていた。BC二五〇〇年頃になると稲作はガンジス流域、インドネシア、マレーシアに達し、BC一〇〇〇年頃には朝鮮半島と日本に伝わった[23]。

計画的に稲作を行うことで、急激に人口は増加したが、それはさまざまな長所と短所を伴っていた。長所の中で最も重要なのは、文化の伝承が濃密に行われるようになったことで、その結果、高度文化が発達したのである。中国南部は**新石器時代**以来、世界で最も人口が密集している地域である。その高度文化の伝統は、いくつかある初期の王朝が伝説的とはいえ、BC約二八〇〇年まで遡ることができる。

古代の高度文明の基盤―安定した温暖期

もし「黄金時代」神話の元になっているものが実際にあるとすれば、新石器時代と青銅器時代に温暖な気候が続いたことが関係しているかもしれない。気候史学者は、この時代には暴風雨はほとんどなく、その安定した気候が物品の交換や文化の交流が急速に広範囲に広まるのに適していたと考えている。古代の水陸の交易路は、この時代に発達した。新しい山越えの道ができ、資源の鉱床も利用しやすくなった。イングランドの錫やバルト海沿岸地方の琥珀は、地中海圏でも流通していた。辺鄙《へんぴ》な地域に人間が居住していたことは、先史時代の巨石文化が示しており、それはストーンヘンジからアイルランドの数々の発掘地を経て、ヘブリディーズ諸島、オークニー諸島にまで及んでいる。当時の気候は、今日よりいくぶん過ごしやすかったに違いない。なぜなら冬至を観測する装置は、空を観測できなければ、ほとんど無意味だからである。雲の層は最近の千年間より薄かったに違いない。気候史学者は、新石器時代の気候最良期には高気圧域が北に移動していたと考えている。[24]

「都市革命」（**Urban Revolution**）は「新石器革命」と、同等に扱われることがよくある。それは都市革命が農耕文化から高度文化への移行を象徴しているからである。農耕社会では、居住地が密集するというこれまでにない形態がみられるようになる。それは次々と進む分業化を基盤にしており、経済、文化、行政、防衛など他の仕事のために、基本的生産からはますます多くの人々が離脱し、聖職者、王とその臣下、役人、職人、商人、兵士が登場した。基本的生産でも、より強い専業化が始まっただろうし（農民、猟師、漁師など）、さらに男女の分業も存在していた。女性はほとんどの文化で耕作に従事したが、市場で働く文化もあった。いずれにせよ都市の文化は、多くの人々が農作業から解放されたことに根ざしている。

　都市エリコにはＢＣ七〇〇〇～八〇〇〇年頃まで遡る幾重にも重なった遺構の層があるが、それを見て容易にわかるのは、町は最初大きな村として始まり、発展して都市の構造になったことである。居住地が密集する前提条件は人口の増加であり、その人口を養い続けられる収穫の多い農業経済の存在である。都市化によって中央集権的な機能が高まり、場合によっては都市と田舎を区別する新しい法体系が形成されたかもしれない。目に見える区別は壁で（エリコではＢＣ約七〇〇〇年）、これには軍事的な意味だけではなく法的な意味があり、そのため、近世に至るまでに町の実際のシンボルにまでなっている。都市の営みは支配階級、文化事業、各職業の代表者によって決定される。農業文化でも社会階層の形成は可能だが、社会が細分化された都市文化になってようやく、権力行使が制度化される。都市の高度文明は独自の符号を作り出し、文字により伝統を継承するようになる。こうした高度文明が、エジプト、メソポタミア、インド、中国、メキシコ、ペルーで起こり、今日知られている歴史は始まった。[25]

古くからいわれる気候決定論を繰り返すつもりはないが、古代の高度文化、すなわち地中海圏、メソポタミア、インド北部、中国北部が、おおむね同じ緯度に沿って存在しているのは確かである。それは北緯二十度と四十度の間にあり、北半球でも南半球でも気候が極端な熱帯および寒冷地は除かれる。この緯度の地域の本質的な長所は、確実に灌漑ができること、温暖で植物の栽培に適すこと、酷暑や長い厳冬がないこと、そして致命的な病気がないことである。[26]古代アメリカ文化のいくつかの中心地は、赤道に非常に近い地域ではあっても、やはり熱帯ではないか高地である。この文明は流域での農業には根ざしておらず、他の灌漑技術をもっていた。その技術の高さをみれば、農業の知識が高度に発達していたことがうかがえる。よくみると、高度文化はどれも特有な農作物の普及を前提にしており、それがもたらした急激な人口増加が、都市文化の拠り所となっている。[27]

サハラの干ばつとエジプトの興隆

後氷期の気候最良期の温かさと湿度の恩恵を受けたのは、前述の北緯二十〜四十度（南半球では南緯）の地域だけではなく、乾燥地域も同じだった。放射性炭素年代測定によれば、この状態はきわめて初期のエジプト王朝時代まで続いた。[28]およそＢＣ五〇〇〇年に始まったサハラ地域の乾燥化は、少なくとも地域的な気候変動を示唆している。北アフリカの居住可能な地域が減少したことと、ＢＣ五〇〇〇年からＢＣ四五〇〇年にかけてナイル流域に最初の農村が突如出現したことを、科学者の多くは直接関連づけている。ナイル川の氾濫地域で農業が始まったことが、やがて住民の増加を可能にした。これがエジプトの古代高度文明の歴史である。

農村は、最初は小規模で単純な構造だった。それが膨張するにつれ、小さな都市が形成され、そのいくつかが小王国の首都になり、小王国同士、熾烈な覇権争いを繰り広げるようになった。ＢＣ三二〇〇年頃、その中の一国の支配者がナイル流域のアスワン以北を政治的に統一した。続いて文化の特徴も一つにまとまり、古代エジプト文明は誕生した。(29) エジプトは、国の南部から北部へと広がっていたナカダⅡ文化およびナカダⅢ文化のときに、最初の興隆期を迎えた。この時代の土器の文様は、サハラの岩に描かれた古代のピクトグラム（絵文字）に驚くほど類似している。国が政治的に統一されると、文字も発達し始めたが、それは伝説の第一王朝期といわれる時代より約二百年前である。歴史的に存在が確実視されるのは、いわゆる第三王朝（ＢＣ約二六四〇〜二五七五）からであり、そこから**古王国時代**（ＢＣ約二六四〇〜二一三四）が始まるとされている。その二代目のジュセル王（在位ＢＣ二六二四―二六〇五）の時代に壮大なピラミッド建築が始まったという事実は、長い間にピラミッド建築を成し遂げるだけの経験を蓄積していたことを示している。(30)

エジプトが大国になった根底には、その比類のない農業がある。毎年ナイル流域で起きる氾濫はエチオピア高地での夏の降雨が原因で、エジプトでは川の流れは九月に岸を越え、十月にようやく川床に収まるのだった。農地は冠水するが、後に残ったナイルの泥は肥料になり、水が流れたことで土地の塩化が防げた。すでに第一王朝期からいわゆる**ナイロメーター**によって水位は予報されており、耕地への水の分配のために堤で囲んだ溜池《ためいけ》が整備されていた。古代エジプトが強大で文化が持続したのは、定期的にナイルの氾濫が起こり、それを中央王権が巧みに利用していたためといえよう。それは人口統計によって裏付けることができる。エジプトは古拙時代からプトレマイオスの時代に至るまで、治水によっておよそ百五十万から二百万の住民を養うことができたが、この数はそれ以前のあらゆる文化、あるいは同時期の大部分の文化と比べても驚異的である。人口の多さに支えられたファラオたちは、すでに古王国時代には巨大建造物を造る財源を手に入れ、また南、西、東へ、ヌビア、リビア、パレスチナに勢力を拡大することができた。[31]

エッツィと温暖期後期

何千年にも及ぶ新石器時代の間に、中央ヨーロッパの森林地帯は開墾と耕作によって、開拓地に変貌していった。ごく初期の定住地ですら、原始の状態とは全く異なる。鋭利な石の刃の付いた精巧な石斧は、木材の加工に適していた。動物の家畜化は進み、ウシ、ヤギ、ヒツジ、ブタの飼育で食糧にはかなり余裕ができた。[32]ヨーロッパ全域に及ぶかなり画一的なタイプの定住地の発掘結果をみると、開墾した土地は耕地と牧草地に整然と区別され、柵で居住地やゴミ捨て場と分けられている。人口の増加に伴い、絶えず新しい平地が開墾された。自然保護論者が保護する価値があると考える「自然」は、改修済み、あるいは未改修の河川の風景からアルプス山脈の高原の放牧地に至るまで、新石器時代以来の意図的な土地管理の産物なのである。

アトランティック期には、アルプス山脈はほとんど氷がなかった。その末期にようやく高地で再び結氷が始まったのである。「エッツィ」と名付けられた氷河のミイラの発見は気候の指標といえよう。五千三百年前に南アルプスの谷からやってきて、シミラウンシュピッツェ付近のティセンヨッホでアルプスの稜線を越えようとして、不意に吹雪に見舞われたこの狩人は、一九九一年の九月に氷河から解放された。ミイラの保存状態は、中世中期の温暖期には雪解けが起こらなかったことを物語っている。科学調査の責任者コンラート・シュピンドラーは、次のように記している。「氷河のミイラにはこの五千年間で初めて、一九九一年の秋の六日間に発見のチャンスが訪れたことを、私たちは認めなければならない」。この異常に暖かい年に、チロルの氷河はさらに五体のミイラを解放した。これはその前の四十年間の総数に等しい。しかしエッツィだけが死亡した**本来の場所**、峠近くの窪地で発見されており、氷河の流れの影響を受けていない(33)。

BC二一五〇年頃の高度文明の崩壊

最初の高度文明の興隆は気候変動に結び付いていたが、その崩壊はそれにもまして気候変動に直接関係があるとみて差支えない。BC二一五〇年頃のエジプト古王国時代の危機と「第一中間期」の開始は、ナイルの氾濫が起きなかったことと関連しているが、その時期は**サブボレアル期**の頂点の一つにあたる。気候の影響は、発展の方向を決定づけはしなかったが、「それまでの生活様式を続けられなくなった」のである。[34]長く続いたペピ二世（ＢＣ二二四六―二一五二）の治世が終わる頃、度重なる飢饉が起き、王国は厳しい貧困状態に陥った。王国は崩壊し、中央権力はもはや統制力をなくしていた。大地の豊かな実りを確保できなくなったファラオたちは、政治的権力を失っていった。その後、数代の王朝の間エジプトは分裂しており、再び統一されるのは百年以上後の中王国時代十一代王朝の時である。[35]

メソポタミアでも、大きな違いはないように見受けられる。この地の高度文明の興隆は、すでに気候変動の恩恵を受けている。ペルシア湾の海岸線は、氷期が終わり海面が百十メートル上昇したため、著しく変化した。ＢＣ三五〇〇年頃の**アトランティック期**末には、海はシュメール文明の中心地、ウル付近にまで達していた。ウルとエリドゥは高い岬の上にあった。**サブボレアル期**になって極度に乾燥すると海岸線は後退し、肥沃な沖積地に定住することが可能になった。[36]沼地の干拓に関する記述が世界文学最古の叙事詩の一つにみられるが、その中でウルクの国王は女神イナンナにこう語っている。「まことに、ウルクには沼がありました。…エリドゥの支配者エンキは、私に沼の『枯れたアシ』を抜かせ、そこの水を完全に排出させました。それに私は五十年を費やしました[37]」。メソポタミア文明では、興隆と同様に崩壊も極端な気候現象に結び付いている。すなわち**サブボレアル期**の頂点の干ばつである。サルゴン一世（在位ＢＣ約二三七一―二三一六）のもと、メソポタミアの地で政治的統一を成し遂げたアッカド王国は、エジプトの古王国時代が終わったのとほぼ同時期、ＢＣ二一五〇年頃に崩壊した。都市国家と遊牧民部族の反乱が原因だった。[38]

アッカド王国は精巧な治水設備と穀倉を生かし、年ごとに変化する降水量や収穫量に対処していた。それにもかかわらず、北メソポタミアは完全に放棄せざるを得ず、南部では一八〇キロメートルの長い防壁を築き北部の難民の侵入を防いでいた。そこでの発掘物には以後の約三百年間のものが欠けており、その後ようやく再度定住が始まっている。[39] ペルシア湾の海底のドリルコアにより、国の崩壊の時期には壊滅的な干ばつに見舞われていたことがわかるが、これが社会的、政治的諸問題を招いたことはほぼ間違いない。[40] 深刻な灌漑問題を抱えた乾燥地帯は、地中海圏から中国にまで達していただろう。「肥沃な三日月地帯」は、非常に乾燥した夏、雨期の短さ、あるいは雨期が全くない状態に苦しめられたはずである。[41]

気候が乱れ飢饉が起きると、それまで続いてきた社会では支配者の正当性に疑問が持たれるようになる。責任ある立場の国王あるいは聖職者は、生活状態の悪化に対しては文化の範囲内でしか対応できない。危機への彼らの対策が不十分な場合には、社会的、経済的危機以外に宗教的、政治的危機も生じ、それが一つの政体を失脚させ、一つの文明をも崩壊させるのである。[42] 農業に根ざしている社会にとって、水不足は最悪の事態である。アッカドとエジプトの二つの王国のみならず、メソポタミア文明がすべて崩壊したのも、驚くにはあたらない。[43] 干ばつと雨期が交互にあったため、メソポタミア、アッシリア、バビロニア、ミタンニ、ハットゥサ、ウガリットなどの広大な地域の諸文化の神々を率いるのは、天候の神々だと考えられたとしても、無理からぬことである。土地の塩化をもたらす長期の干ばつをいかに詳しく観察していたかは、次の**アトラ - ハシス神話**の引用が示しているが、この中で、天候の神アダドは人々に背を向けている。「天空でアダドはめったに雨を作らず、下界では水は乏しくなり、節約せざるを得なくなった。地下水は湧き出ることはなく、耕地の収穫は減った。ニサバ（穀物）は倒れ、黒々としていた耕地は、白くなった。耕されなくなった広い耕地には、硝石が生じた[44]」

流域文化の興隆と崩壊

ＢＣ二六〇〇年頃、ほとんどエジプトと同時期にインダス文明も栄え始めた。それに先立ったのは、ＢＣ三〇〇〇年頃の降水量と植生の増加だった。気温が高かったため、インドの流域文化は降水量に非常に左右されていた。決まって繰り返されるモンスーンは、初期の農業の収穫には好都合だった[45]。今日、インダス文明は**ハラッパー文化**という概念で要約されており、計画的な碁盤目状の都市設計が特徴で、堅固な城塞と頑丈なレンガ造りの家々がある、排水溝を備えた都市が広がっていた。

インダス文明が終わったのは、インド学者によれば、気候変動が招いた著しい環境異変のためである。考古学調査の結果、ＢＣ一七〇〇年頃にガッガル川流域で突然、干ばつが起きたことがわかるが、これが収穫の減少をもたらし、都市に壊滅的な影響を与えた。都市が消えると人間もいなくなり、**ハラッパー文化**は忘れ去られた[46]。それから約二百年後、ＢＣ一五〇〇年頃に、インド‐ヨーロッパ語族の移住によって南アジアにやってきた牛や馬を飼う遊牧民が新たに定住した[47]。

おそらくインダス文明は滅亡もまた、エジプトの場合と似通っているといえよう。エジプトでもＢＣ十八世紀に、**古王国時代**の終焉のときと同じような大災害が起きている。エジプトは第十一王朝（ＢＣ約二一三四～一九九一）の時代に再び繁栄している。第十二王朝は古代エジプト文明の絶頂期だった。**中王国**

時代（ＢＣ約二〇四〇〜一六五〇）は古王国時代に比べ、年ごとのナイル川氾濫の水位は高くはなかったが恒常的で、農業に豊かな実りをもたらすには十分だった。その絶頂期はアメンエムヘト三世（在位ＢＣ約一八四一―一七九七）の長い治世の時代である。しかしその後、古王国時代の終わりと同じような混乱に陥る。いわゆる第十三王朝のときにファラオは頻繁に代わり、その総数も順番も今日に至るまでわからないほどである。続く第十四王朝のときに王国は崩壊した。発掘調査に基づいて、バーバラ・ベルは、「この二度目の王国崩壊も、ＢＣ一七六八年以降ナイルの氾濫が起きなかったことと、飢饉が引き起こしたものであり、ファラオたちは第一**中間期**同様、統治困難に陥った」としている。ベルはファラオによる支配が崩壊したこの時代を、**小暗黒時代**と呼んでいる。[48]

ヨーロッパの幸福な青銅器時代

青銅器時代は一種の黄金時代で、この時期に新石器時代のヨーロッパ世界に立て続けに技術革新が起きた。それはＢＣ三〇〇〇年からＢＣ一〇〇〇年にかけての、エトルリア人、トラキア人、その他の民族の世界でのことである。高性能の水平刃付き鋤が使われるようになり、鉱業および遠隔地交易は盛んになり、新しい専門職（試掘者、鉱夫、精錬工、鋳物工、鍛冶屋、青銅商人など）が登場し、効率のよい金属製の道具ができて日常生活にも革命が起きたのである。金属製のハンマー、のこぎり、やすり、針などを使用することで、革製品、繊維製品など、数々の物品の製造は変化した。使いやすい車輪や車体、そして馬で引く戦車や船の製造によって、新しい工業が起きた。社会構造がより縦型になったことで地域文化は個々に発展を遂げた。青銅（約九〇％の銅と一〇％の錫の合金）の製造には、コストがかかったからである。[49]

後氷期の気候最良期に対し、ＢＣ三十世紀末は乾燥していた。**骨壷葬地（ウルネンフェルト）文化時代**は、おそらく最後の大氷期が終わってから、最も乾燥していた時代だろう。当時、その影響はアルプスの北部では地中海圏の北アフリカや近東ほど深刻ではなかった。灌漑が困難になったため、耕作可能な土地は限られたに違いない。高原を放棄し、人々は川や湖の近辺に移住した。また計画的に森林を開墾したが、既存の農地が乾燥したためかもしれない。地下水面は今日よりかなり低かった。そして、この青銅器時代を立証する品々は、後に文字どおり沈んでしまったのだ。[50]

ＢＣ一二〇〇年頃の文明崩壊と鉄器時代の始まり

現在ヨーロッパといわれている地域で、最初の高度文明が興隆したのは、ギリシアである。ミケーネには、青銅器時代初期（ＢＣ約二九〇〇～二五〇〇）以来の定住の痕跡がみられる。この青銅器時代文明はエジプトの新王国時代とほぼ同時期、ＢＣ十六世紀に繁栄し始め、ＢＣ十四世紀に頂点に達した。ミケーネ製の陶器は、例えばエジプトのファラオ、イクナートン（アメノフィス四世、在位ＢＣ一三六四―一三四三）のアマルナの宮殿から見つかっている。

ＢＣ十三世紀末から、ミケーネの高度文明は危機に陥る。この時期になると、ギリシア全土で宮殿建設は行われなくなっていた。ＢＣ約一二〇〇年にはミケーネの城塞およびギリシアの貴族の屋敷はほとんどが略奪にあい、放火された。町からは人が去り、その後数十年間、内陸地域はすべて放棄されていた。その後の数百年はギリシアの「暗黒時代」(**Dark Ages**)とされている。それは芸術、建築、文学が絶え、四百年後にホメロスの時代が訪れるまで、歴史の暗闇に光をあてる文字の記録は、存在していないからである。[51]

ミケーネ文明の滅亡は、これまでトロイ戦争に関連があるとされてきた。ホメロスの**イリアス**では、この戦争はミケーネの指揮下でアカイア人が仕掛けたとされている。しかし、この説はあたっているとは思えない。なぜなら周知のように、ギリシア人がトロイを破壊したのであり、逆ではないからである。ほかに地震説があるが、ミケーネの城塞からは、それを示すものは認められない。青銅の不足説もあるが、BC十二世紀は地中海圏全域が危機的な状態ではあったものの、青銅不足の痕跡はなかった。[52]アリストテレス(BC三八四—三二二)は「ミケーネはホメロスの時代よりかなり以前には乾燥していたに違いない。それは当時のエジプトと同じである。ミケーネはトロイ戦争の時代には実り豊かだったが、乾燥して砂漠になってしまい、逆にアルゴスでは当時は沼地で耕作できなかった土地が、いまやできるようになった。この狭い場所で起こったことが、広い地域でも、すべての国でも起こったと考えられる」と指摘している。[53]この主張は、十分信用できるように思える。しかし、ミケーネ文明における乾燥説がさらに推し進められるのは、ようやく一九七〇年代になってからのことである。それは、ギリシアを乾燥させた長期間の干ばつはミケーネ文明の生活基盤を奪い去った、というものである。[54]

水不足はヒッタイト帝国の衰退原因にもなり、繁栄が二百年続いた後、BC一二〇〇年頃この帝国は滅びた。アナトリアで壊滅的な飢饉が起きると、ヒッタイト人はエジプトにまで援助を請い、国の中心を高地からシリアの平原に移動させた。しかし、そこで別の困難に直面することとなる。[56] 地中海圏の飢饉は、**海の民の侵略**を誘発し、乱戦による大移動が起きていたのだ。それが**ウガリット**の文化を、そしておそらくヒッタイト帝国の文化をも滅亡させたのである。興味深い話をしよう。ヒッタイト人の考えでは、大地は天候神のものであり、天候神は王族にその管理を委ねているだけで、祭礼における大王の最も重要な務めはこの天候神と対話することであった。[57]

海の民の侵略によってパレスチナで古い都市国家が崩壊した後、イスラエルの民が生まれた。[58] イスラエルの民の神は自分以外の神は認めず、ユダヤの祭司は再三繰り返される**バアル神**の儀式を排撃した。**バアル・ハダド**は広い地域で古来の天候神だったが、その役割はユダヤの神が引き継いだ。「モーセが天に向かって杖を差し伸べると、主は雷と雹を下され、稲妻が大地に向かって走った」（出エジプト記、9、23新共同訳）。ヤーウェの名前が初めて登場するのはエジプトのファラオ、アメンホテプ三世（在位ＢＣ一四〇二——一三六四）の地名リストだが、牡牛、雷神の石矢、斧、稲妻といったそれまでの天候神を象徴するものはないものの、ヤーウェはセム人の天候神ハダドが形を変えたものである。[59] 人間を稲妻や雷、嵐や雹、洪水や干ばつで罰する古代オリエントの古来の天候神の中に、ユダヤの神も位置付けられる。[60] キリスト教はユダヤの一神教とともに天候神をも受け継いだのである。「神は威厳ある声を聞かせ、…打ち付ける雨と石のような雹とともに…」（イザヤ書　30、30）。**旧約聖書**にはこうした表現が散見される。[61]

サブボレアル期の乾燥は、ヨーロッパ、北アフリカ、西アジアだけでなく、世界の他の地域をも襲った。カリフォルニアのブリストルコーン松（イガゴヨウ）の年輪年代学による調査では、ＢＣ一二〇〇年頃、樹木の年ごとの成長は数百年間、著しく妨げられていたことがわかるが、それはモンスーンの移動を示唆しているのかもしれない。さらに南アジアにも乾燥が及んだ。モンスーンの雨量はBC一三〇〇年からBC九〇〇年までの間にラージャスターンで七〇％減少したに違いない。花粉分析の結果からは、古代インドの高度文化が終わったことがわかる。この時期にタール砂漠ができた[62]。中国では商王朝（BC約一七六六～一一二二）の最後の数十年間は気候が乱れ、「乾燥した霧」のために太陽が暗くなり、太陽が三重に見える現象が起き、異常な寒さが訪れ、七月にもかかわらず霜が降り、黄河流域では夜に氷が張った。そこは通常はるかに温暖な場所である。そして凶作になり、飢饉が起き、豪雨になり、洪水が起きたが、その後は七年間の乾燥に転じた。この気候の乱れは商王朝を崩壊させ、周王朝（BC約一一二二～一二四九）が始まることとなった[63]。

BC一二〇〇年前後の変革の時代には、大幅な文化の変化が起きた。近東で鉄器が発達してきたのは、青銅が不足したからではなく、おそらく武力紛争が増加したためである。銅や錫とは違い、鉄鉱床ははるかに広範囲に広がっていた。新しい技術を手中に収めた者は、軍隊を武装させて戦争で勝利を収め、廉価で頑丈な道具を、職人や農民のために生産できるようになった。鉄器時代が始まると新しい国が現れ、それがその後、多数の古い商業都市を吸収していった。しかし都市制度は全く意味を失うことはなく、新しい国の中で都市化は強まり、都市の経済はもはや遠隔地交易や周辺の農業ではなく、広域に及ぶ租税制度に根ざすようになった。青銅器時代から鉄器時代への移行は、ある意味ではBC三〇〇〇年頃の新石器革命と同じように重要だとみなされている[64]。そして数年前から、この文化の変化と気候変動を関連づけてみ

ることが提唱されているが、それ相応の理由があるのである。(65)

BC八〇〇年頃の気候急変と政情不安

多雨のヨーロッパでは、湿度の低下は解決できない問題ではなかった。ここでは青銅器時代の終わりに起きた気温の急激な低下が、紛争の原因になっている。そしてそれに合わせるように、まったく同じ時期にヨーロッパは文化的には**鉄器時代**に入る。青銅器時代に長く続いた温暖乾燥期は、およそ二千八百年前のBC約八〇〇年に、**サブアトランティック期**（「温暖期後」）の寒冷に向かう。大きく分けると、この時期は二つに分けられる。まず**サブアトランティック期Ⅰ**（**温暖期後の前半**、BC約八〇〇～AD一〇〇〇）。古典古代に小気候最良期はあったものの、この時期は今日よりわずかに冷涼で湿潤だった。そして**中世中期の温暖期**に分断された後のいわゆる**サブアトランティック期Ⅱ**（**温暖期後の後半**、AD約一三〇〇～二十世紀）。この**サブアトランティック期Ⅱ**は、最近まで続いていた。この**後期完新世**の時期は人類の文明史の時代と重なっているが、それはこれからの章で詳しくみていきたい。

BC約八〇〇年に「気候急変」が起きていたことは考古学上の発掘からわかるが、それは後に古生物学者によって立証されている。考古学者は、気候急変の前後で中部ヨーロッパの文化が違っていることにとりわけ興味を示している。気候急変の前には青銅器時代の**骨壷葬地文化**があるが、これは火葬にした遺灰を骨壷に入れる埋葬法により名付けられている。気候急変後は鉄器時代の**ハルシュタット文化**がみられる。気候の変化と文化の変化の関係は非常に顕著で、文献では鉄の使用へ移行したのは気候の悪化と因果関係があるのではないか、といった疑問が投げかけられている。なぜなら鉄製の鋤を使用すれば耕作の能率が上がり、収穫量の減少を埋め合わせることができたからである。そして紛争が増えた時代には、鉄製の武器を手にすることで生き残る機会は増した。これは技術と経済の革新（「進歩」）が気候条件の悪化によって呼び起された一例といえよう[66]。

骨壷葬地文化は冷涼で降水量が増えた時期に終わった。骨壷葬地文化時代の出土品は、ヨーロッパの広い地域で厚い泥土層の下に埋まっている。ハルシュタット文化の出土品はそれより上部の地層にあるが、同じ場所にあることはまれである。それが何を意味するかというと、主に使用された金属や埋葬の風習だけが変化したのではなく、居住形態と生活様式も変化したということである。古生物学者はさまざまな花粉を考古学上の地層にあてはめて分類し、自然も短期間に完全に変化したことを立証している[67]。**サブアトランティック期**が始まると平均気温は一〜二℃下がり、降水量は著しく増加した[68]。降雪量は増え、雪は広い地域で長期間残り、氷河が成長し、樹木限界はアルプスでは三〇〇〜四〇〇メートル下降し、二十世紀末と同じ高さになった。青銅器時代の高地の牧草地は放棄せねばならず、アルプスの山間の居住地も衰退した。湖面は上昇した。本来は最適の居住地だった水辺には、住めなくなった。川が増水し、以前は通行できた山道が通れなくなると、交通システムも変化せざるを得なくなった。

居住地は安全な高台に移った。その例が、ハルシュタット近郊の**マグダレンスベルク**である。かつては水の乏しかったシュヴァーベン高地のような中級山岳地帯に、初めて移住が盛んに行われた。この高地に埋葬場所が集まっているのは、以前より湿潤になった結果と解釈できる。同時に食糧も変化したに違いな

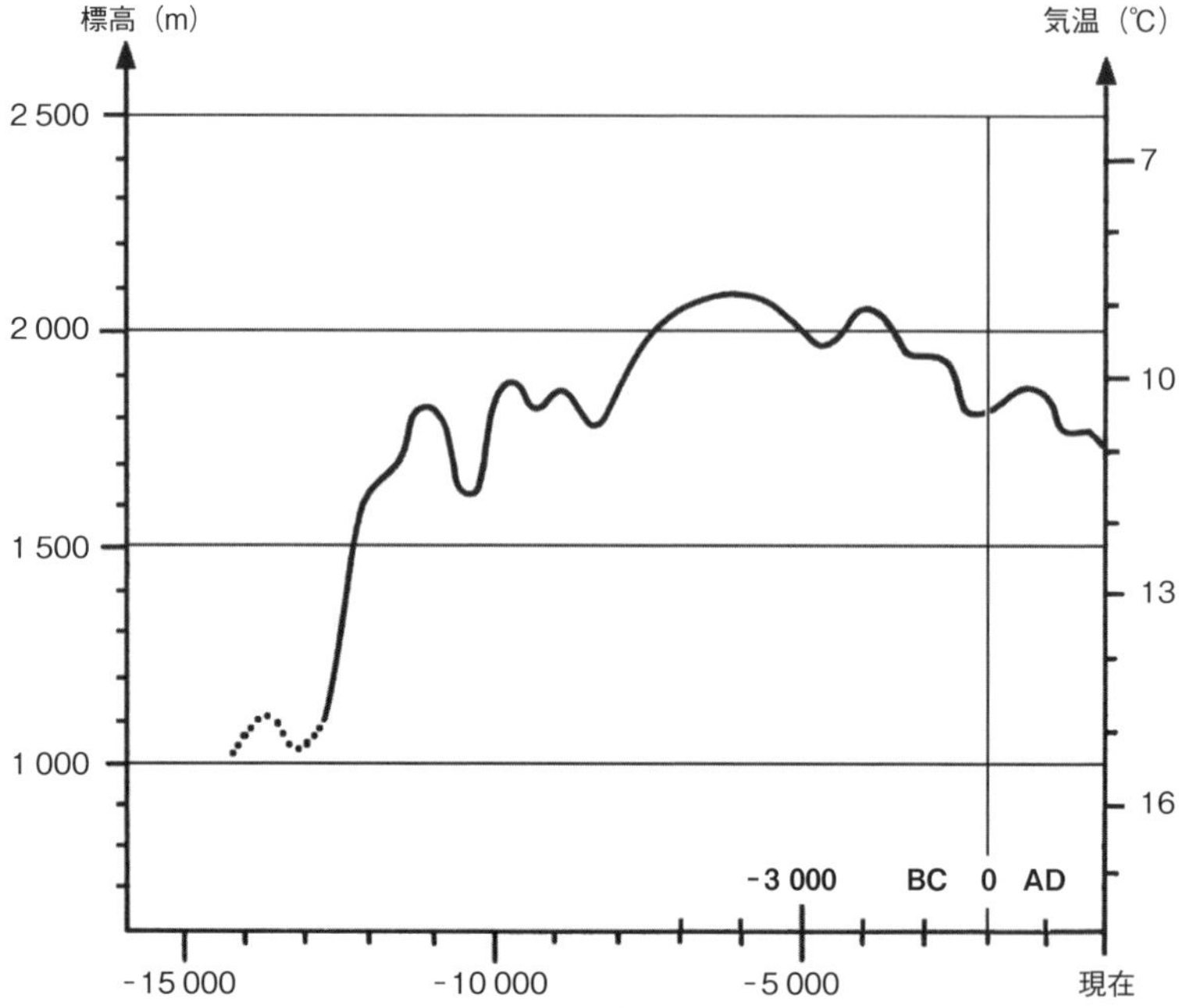

図16　中部ヨーロッパにおける樹木限界の変化。完新世の最温暖期の最高値と BC800年頃および小氷期の寒冷がはっきりわかる。

い。青銅器時代に栽培された穀物に代わり、栽培しやすいエンバクやライ麦が作られた。例えば、シュヴァーベン地方のフェーデル湖の湿原の花粉分析からは、同種の穀物が連続して栽培された形跡は認められない。作物が切り替わる時期は、食糧が不足し、病気の罹患率と死亡率が高まっていたと想像して差支えないだろう。収穫があてにできなくなったため、農耕に比べ家畜の飼育の重要性が高まったようだ。

岩塩鉱業の躍進は気候変動と関連づけて考えられる。なぜなら食糧を自然に乾燥させて保存することはもはや不可能だったからである。肉は塩水に漬け、長持ちさせるしかなかった。丈夫な鋤、鍬、斧によって農業における栽培技術が向上し、鉄器時代の始まり以来人口が再び増加していたため、食糧保存の必要性はますます増していた。オーストリアのザルツカンマーグート（ザルツブルク州）のハライン‐デュルンベルク、あるいはハルシュタットなどの岩塩鉱山は好景気になり、文化の中心になった。その地名にちなみ、中部ヨーロッパの前期鉄器時代（ＢＣ五世紀まで）は**ハルシュタット時代**と呼ばれている。[69]

先に述べたように、文献では**ハルシュタット災害**とも呼ばれるＢＣ八〇〇年頃の気候異変が引き金となり、新しい生態系の条件に適応するように人口の大移動が起きたことは明らかである。[70]集落が密集していなかった時期でも、新しい土地を占有しようとすれば摩擦が起きずには済まなかった。さらに、鉄鉱業や岩塩採掘の重要性が増し、交通路が整備されたことが、居住地の移動につながった。

世界の他の地域でも、ＢＣ八〇〇年頃の気候急変は人口移動と武力紛争を招いた。エジプトではタケロット二世（ＢＣ八六〇—八三五）のとき以来、政治は衰退し、国は崩壊して、絶え間ない内戦へと進んでいた。これまでこの無政府状態は、気候変動と関連付けて考えられてはこなかった。ＢＣ七世紀に経済の躍進が始まったときに作られた碑文では、ナイルの氾濫が恵みをもたらすことを願っているが、これは、以前は何が問題だったかを示しているといえよう。[71]

3　ローマ時代の気候最良期から中世の温暖期へ

サブアトランティック期の湿潤で冷涼な気候は、涼しい夏と穏やかで降水量の多い冬が特徴で、ほぼキリスト生誕の時代まで続いた。つまり、都市国家だった王政ローマと共和政ローマの全時代である。おそらく地下水位は今日より高く、北アフリカのオアシスは十分な生活基盤となっていた。このことから、なぜ北アフリカがローマ帝国の「穀倉地帯」となり得たか説明がつく。[1] 快適な気候のもとで、ギリシアとエトルリアの都市国家および共和政ローマの文明は発展していった。[2]

おそらく気候は初代ローマ皇帝アウグストゥス（BC六三—AD一四、在位BC三〇—AD一四）の治世の間に、温暖になっていったのだろう。当時は今日と似たような気温だったらしく、アルプスの北部ではむしろ今日より概して気温が高かったようだ。近東と北アフリカは比較的湿度が高い状態が続いた。エジプトの学者クラウディオス・プトレマイオス（AD約一〇〇—一六〇）は一二〇年頃に一冊の気象日誌をつけ、規則的に降雨量を報告しているが、それは八月以外、どの月も今日とは気候が著しく異なったことを示している。四世紀になってようやく、北アフリカは乾燥する。[3] この時代の居住地の多くは、後にシリアとヨルダンの砂漠に飲み込まれてしまった。キリスト生誕当時は世界の総人口は三億人ほどだったろう。当時そのうちの約半数がすでにアジアの二つの古代高度文明地域、つまり中国（八千万人）とインド（七千五百万人）に住んでいた。西アジアとヨーロッパはそれぞれ三千五百万人で、北アフリカは千五百万人だった。そしてローマの気候最良期にはかつてない数の人間がこの地球に住むようになった。再びこの水準に達するのは千年後、ようやく中世中期の温暖期になってからである。(4)

ローマ帝国の全盛期

ローマがイタリアの一都市国家から世界的強国へと発展していった歴史的経過は、もちろん気候変動の結果ととらえることはできない。その理由としては、第一に、その経過が非常に長期間に及ぶものであったこと、第二に、他の数々の要因が関係していたこと、第三に、ローマの興隆は、本質的にはローマと同じ気候条件で暮らしていたエトルリア人、ギリシア人、フェニキア人の犠牲のうえに成り立っていたことがあげられる。カルタゴと比較してみれば、地中海の南に位置する大国カルタゴは、より寒冷な時期に絶頂期に達し、逆にローマは政治の重心を地中海の北側に移した温暖化後に全盛期を迎えていることに、おそらく気付くだろう。しかしBC一四六年にカルタゴが滅亡した後も、ローマ属州**アフリカ**は、何百年間も**ローマ帝国**にとって経済的に最も重要な属州だった。ローマが最初に南方に勢力を拡大し、温暖化とともに初めて北方に拡大していったのはおそらく意味深いことであろう。

オクタヴィアヌスが**アウグストゥス**（尊厳者）と称されるようになり、大国への道を歩みつつあったローマは組織変革を考える君主をもつことになる。なぜなら法を統一し、征服した地域を組織的に開発し、計画的に外交を行うことになったからである。トラヤヌス帝（AD約五三―一一七、在位AD九八―一一七）のもとで、**ローマ帝国**は最大規模に拡大し、スコットランドとの境界からカスピ海、ペルシア湾にまで達した。ローマ帝国が最も拡大したのは比較的温暖だが乾燥しすぎてはいない時期と一致し、気候史では**ローマの気候最良期**と称されている。[5]温暖化は一世紀からほぼＡＤ四〇〇年まで続き、氷河の溶解が原因で海面の上昇が同時に起こっている。この温暖化は地中海地方北部に最初に誕生したこの大国を強化し、いずれにせよ北方への進出を促したのだろう。年間を通してアルプスの山越えが可能になったことで、アルプス北方の領域のガリア、ベルギカ、ゲルマニア、ラエティア、ノリクムを征服し、支配することが容易になったのだった。

高地アルプスの一部では鉱業が可能だったが、その地帯は二十世紀末になってもまだ永久凍土に覆われていた。[6]ガイウス・プリニウス・セクンドゥスの著した果樹栽培に関する記述によれば、ブドウとオリーブはそれ以前の世紀に比べ、イタリア内のはるか北部でも栽培されていた。ドミティアヌス帝（ＡＤ五一—九六、在位ＡＤ八一—九六）は勅令で、アルプス以北の属州にブドウ栽培が広まるのを禁じているが、これはブドウ栽培が試みられていたことを意味している。プロブス帝（ＡＤ二三二—二八二、在位ＡＤ二七六—二八二）の勅令ではＡＤ二八〇年にこの禁止が撤回され、その結果ドイツとイギリスではおよそＡＤ三〇〇年以降、南方からのワイン輸入の報告はほとんどないほどになった。[7]

ユーラシアにおける大国の成立

古代の最良気候は、ヨーロッパから中東を経て東アジアにかけて大国の成立を助長した。政治が安定したことで、遠隔地交易が盛んになった。中国の文明は、専制君主、秦の始皇帝（在位ＢＣ二四六—ＢＣ二一〇）のもとで最初の大国を作り出した。この皇帝は有名な等身大の兵士の俑の軍勢に死後の世界での護衛をさせたのだが、秦の国は民衆の蜂起で崩壊したものの、新たな王朝によって再建され、現実的な政治によって安定した。中国の漢王朝（ＢＣ二〇二～ＡＤ二二〇）の全盛期がローマ帝国の全盛期と全く同時期なのは既知のことである。西洋同様、中国の古典古代も創造的な時代だった。漢民族は今日でも中華人民共和国の人口の九〇％（台湾では九八％）以上を占める。漢王朝の時代に、軍事費が原因で財政危機に陥っていたにもかかわらず、中国は無比の経済的発展を遂げている。人口調査では、ＡＤ二年の住民は約六千万人だったとされている(8)。

気候はもちろん大国を繁栄させただけでなく、北方の民族をもこれまで以上に行動的にさせた。新しい居住地を開拓するにつれ、北方地域の民族の人口は増え、勢力も増した。二、三世紀の間にゴート人、ゲピーデ人、ヴァンダル人の大移動が始まり、ロシア南部やカルパート山脈へと進んでいった。北ヨーロッパは動き始めた。ローマ帝国は巨大な堡塁《ほうるい》を築き、ゲルマニアでは辺境防壁、ブリタニアではハドリアヌス長城によって、北方民族の侵入を阻もうとした。

今日のモンゴル地域では「匈奴」が中国に侵入し始めていた。防衛のために建造された万里の長城により、匈奴は二世紀には西方に進路を変えた。匈奴はインドに向かい、ついには黒海地域にまで進出していった。ヨーロッパで最初に匈奴に関する記述をしているのは地理学者のプトレマイオスで、「クーノイ」と呼んでいる。これがフン族で、フン族はＡＤ三七六年に南ロシアのエルマナリック王の東ゴートを打ち砕き、引き続き西ゴートの族長アタナリックの軍勢を壊滅させ、ブルグント人とヴァンダル人を東ヨーロッパから追い払った。フン族の勝利はいわゆる民族大移動を引き起こし、ゲルマン民族はローマ帝国に侵入していった。[9]

大国の滅亡

ローマ帝国と中国の漢で起きた危機を、気候の移り変わりと関連付けたい気持ちに駆られるが、それができるのは例えば外部からの攻撃に対するもろさ、社会の武装化の必要性、税負担の増大といった多くの他の原因がない場合である。そこで、ここではまず国家の構造上の危機で生じる要因をあげる。ただし、ローマではマルクス・アウレリウス・アントニウス帝（一二一—一八〇、在位一六一—一八〇）のような有能な皇帝は、その要因を克服している。しかし、コンモドゥス帝（一六一—一九二、在位一八〇—一九二）のもとではさらに飢饉、伝染病、徒党を組んでの悪事、謀反の企てが起きており、一八九年には側近が飢餓に抗議する人々に殺害されている。[10]その後百年間の皇帝の数は、四十人を下らない。歴代の**軍人皇帝**（二三五〜二八五）のもとで、国は破滅の淵にまで行き着き、デキウス帝とヴァレリアヌス帝の時代には、最初の組織的なキリスト教徒迫害が行われた。ローマ千年祭の後、デキウス帝（約一九〇—二五一、在位二四九—二五一）はゴート族との戦いで戦死し、ヴァレリアヌス帝（約二〇〇—二六二、在位二五三—二六〇）にいたっては、ペルシアの捕囚になった。次のガリエヌス帝の時代に国は分裂し、飢饉やペストの流行で人口は減少し、部分的に物々交換経済への後退が起きた。アウレリアヌス帝（約二一四—二七五、在位二七〇—二七五）は「無敵の太陽神」（**Sol invictus**）を国の神とした。**三世紀の危機**がどの程度気候の影響と対応しているか、検討する必要があろう[11]。

ローマ帝国の政治、経済が回復すると、テオドシウス大帝（三四七—三九五、在位三七九—三九五）は再び国を統一した。当時の気候は快適だったと気候史学者が判断していることを、申し添えておこう。ここで再び、温暖だが乾燥しすぎてはいない**ローマの気候最良期**が登場する。三九五年に、テオドシウスは国を西ローマと東ローマ（ビザンツ）に分割することで、国を安定させようと考えた。しかし五世紀に気候は悪化し、より冷涼になり、以前からのローマの穀倉である北アフリカは非常に乾燥した。四一〇年、ローマは西ゴート族の侵略を受けた。また、ヴァンダル族は西のあらゆる属州を通り抜け、四二九年にローマ属州の北アフリカに定住し、ブルグント族は四四三年にサヴォアに定住した。下部ラインにはフランク族が、上部ラインにはアレマン人が移り住んだ。五世紀には帝国は危機的状況にあり、最後の西ローマ皇帝ロムルス・アウグストゥルス（在位四七五—四七六）がゲルマンの傭兵隊長に退位させられたのも、驚くにはあたらなかった。

ローマ帝国の崩壊をエウギッピウス（約四六五—五三三）は、ノリクムの聖セウェリーヌス（四八二没）伝の中で描写している。禁欲主義者セウェリーヌスは国の崩壊を人間の罪に対する神の罰と解釈していた[12]。戦争が続き、追放、暴力の絶えない世界では、悪天候はさほど災いとはみなされないが、このセウェリーヌス伝には寒冷、飢餓、病気を示唆する記述が絶えずみられる。セウェリーヌスは救援の手はずを整えたが、物資を積んだ船がイン川で氷に閉じ込められてしまう。彼の祈りと信者たちの悔悛が通じ、神は雪解けの陽気をもたらし、餓えていた人々は十分な食料を手に入れることができた、とされている。その際、聖セウェリーヌスは罪を犯さなかったのみならず、断食と鞭打ちの苦行をしていた。試練の中でも特に厳しかったのは、身にまとったものである。「靴は決して履かない。凍てつく寒さがあたり一面に広がっている冬のさなかにも、彼はいつも裸足で歩き、比類ない毅然とした態度を示していた。そのあたりの寒さの凄まじさは、ドナウ川が酷寒のためにしばしば固く凍りつき、荷車さえもその上を確実に渡れたことからもわかる[13]」

北ヨーロッパでは寒さが最大の問題だったが、近東、北アフリカ、アジアの一部では干ばつが問題になっていた。乾燥期にはカスピ海の海水準は最低になった。南イタリア、ギリシア、アナトリア、パレスチナでは居住地は海岸に移り、内陸では大幅に過疎化が進んだ。この時期に小アジアのエフェソス、アンティオキア、パルミラなどの大都市は衰退した。アラビアでは、以前は高度な灌漑システムが農業に利用されていた六百もの居住地が放棄された。アラブ人は、気候条件が悪い時期にイスラム教を広めながら、彼らの伝統的居住地となる場所に広がっていった[14]。

中国の大国、漢はローマ帝国と時を同じくして滅亡した。それには皇帝一族の確執、継承争いのみならず、宗教に触発された民衆の蜂起も関わっている。ローマの軍人皇帝時代のように、中国でも軍人が政権を引き継いだ。二二〇年、軍の指導者たちは国を分割した（「三国時代」）。深刻な気温低下、干ばつ、凶作、飢饉が国の崩壊に拍車をかけた。長江は幾度も氷結し、干ばつの年には何度も大河が干上がりそうになった。三〇九年には黄河と長江の川床を、足を濡らすことなく、徒歩で渡ることもできた。生命を脅かす厳しい自然と無能な政治のために、暴動と反乱が起きた[15]。内部が弱体化した中国には、北方民族からの圧力が増していく。中国の民族移動が始まり、国が分裂していた時代（二二〇～五八九）に国は衰退する。この内部混乱と権力不在の時代に、西洋同様、救済の宗教が現れる。それは、道教や、国の崩壊とともに足場を失った儒教の哲学を背後に押しやってしまった。その後五百年間、**仏教**は精神的影響力を及ぼす中心的な存在になっていく。仏教は、来世に気持ちを向けさせることで、厳しい時代に人々に慰めを与え、現状を受け入れさせた。寺院では同時に新しい書の文化が花開いた。この二つが同時に現れたことにより、漢王朝の滅亡は「中国の中世」の始まりともいわれる[16]。

中世初期の大災害

時期について見解の相違はあるものの、多くの専門家は古代末期には気候が悪化したとみている。ヘルムート・イエーガーによれば以前より寒い冬と湿潤な気候はすでにAD二五〇年頃に始まり、北欧では約七五〇年まで、ヨーロッパ中心部では九世紀まで続いた。そして、この**中世初期の気候最悪期**に年間平均気温は一～一・五℃低下したとしている。氷河は成長し、中部ヨーロッパの樹木限界は約二〇〇メートル低下した。高地および北部ではブドウと穀物の栽培条件は悪化した。凶作が多くなり、病気の罹患率も上がった。乳児、幼児、老人の死亡率は上昇する[17]。シェーンヴィーゼは、**中世初期の気候最悪期**を四五〇～七五〇年であるとし、イングランド中部で気温が一～二℃上昇した状態が持続するようになるのはようやく一〇〇〇年頃からであると指摘した[18]。ヒューバート・ホーラス・ラム（一九一三―一九九七）は、「気候はAD四〇〇年頃までは夏季には温暖で、乾燥する傾向があったが、五世紀になって初めて寒冷で変わりやすい気候の時期が認められる」と述べている。

北部地中海地域および北部、西部、中部ヨーロッパの寒冷期は、かなりの湿気を伴っていた。さらに、北海および南イングランドの海岸線に変化をもたらした暴風雨や洪水に関する報告もある。イタリアでは六世紀後半に、洪水が急増している[19]。スイスの氷河は、グリンデルヴァルト下氷河のように、小氷期の後期に匹敵するほどの規模だった。この氷河は、スイスの**バニュ渓谷**を抜ける古くからのローマ街道を通行不能にした。このことから、西ローマ帝国が崩壊した時期に行政機関を脅かしていたのは政治的脅威だけではなかった、とラムは結論付けている[20]。

旧来の考え方では、西ローマ帝国の終焉をもたらした「**民族大移動**」の原因は気候にあるとされている。そのため古代末期および中世初期の気候の悪化は、「**民族大移動期の最悪期**」と呼ばれている[21]。気候との因果関係を覆す簡単な方法がある。民族大移動が何百年も続いたことを指摘すればいいのだ。時期が異なれば、移動の原因も違ってくる。実際、民族移動は快適な気候条件の時期に始まっており、北欧の人口の大増加が原因かもしれない。民族大移動は、フン族がアジアのステップから三七五年に侵入して来たことで起きた。これがゲルマン民族の西への移動を引き起こし、ゲルマン民族はローマ帝国の領土に進出した。ゲルマン民族が領土を占拠したことで、西ローマ帝国は崩壊した。ビザンチン帝国はイタリアを東ゴート人から、北アフリカをヴァンダル人から奪還することができた。しかしスペインには西ゴート人（「カタロニア」）とヴァンダル人（「アンダルシア」）、ガリアにはフランク人（「フランク王国」）、ブリタニアにはアングル人（「イングランド」）、ラエティアにはアレマン人（「アレマーニュ」）がとどまった。

民族移動は五六八年にイタリアをランゴバルド人が征服したときに終わった。ランゴバルド人は多数、その地に定住した（「ロンバルディア」）[22]。

帝国が崩壊すると、同時に人口が激減した。千五百万人以上いた住人は、六世紀には半分以下になった。特にかつてのローマ帝国の属州のパンノニア、ゲルマニア、ガリア、ヒスパニア、ブリタニアなどの地域、そして北アフリカでも、襲撃、戦争、凶作、疫病、住民の移動によって人口は激減した。人口減少は、居住地、道路、耕地の荒廃をもたらした。開墾地は元の自然に戻っていった。

かつての居住地を完全に放棄したことは、考古学的にも古植物学的にも証明できるが、その理由は戦争だけでは説明がつかない。居住地として良好な場所は、住民が完全に入れ替わった場合でさえも、維持されていく。しかし古代末期には、アルプス北部の居住地はほとんど放棄されており、わずかな中心地だけが中世まで細々と居住地として続いている。花粉分析からは、全般的に農業が衰退していたことが裏付けられている。森林は進出し、数十年のうちに居住地に生い茂っていった。新たな入植者は、そこは手つかずの自然だと感じていた。六〜七世紀に新たに村が整備され新しいタイプの開墾地が広がっていったことは、気候条件の変化が必然的に文化崩壊を招いたことを暗示している[23]。

五三六年三月のラバウルにおける火山噴火とユスティニアヌスのペスト

ビザンチン帝国の歴史家でローマ在住だったカエサレアのプロコピオス（約五〇〇―五六二以降）は、

ユスティニアヌス帝（四八二—五六五、在位五二七—五六五）の在位十周年の年について、次のように記している。「その年は一年を通して太陽の光は明るさを欠き、あたかも月のように見えた」。コンスタンチノープルの歴史家リドゥスも同じ年について、「ベリサリウス将軍が栄誉の頂点にあった年には、太陽は一年中くすんでいて、農作物は例年とは全く違うときに枯れてしまった」と書いている。ミュティレネのザカリアスは「昼の間は太陽が暗くなり、夜には月が暗い。それは十五年紀の十四年の三月二十四日から翌年の六月二十四日まで続いた」と記している。小アジアのエフェソスのヨハネスは、「薄暗い状態は十八ヵ月続き、太陽は日中せいぜい四時間見えただけだ。そのため果物は熟さず、ブドウも酸っぱかった」としている。彼は教会史の中で、次のように付け加えている。「五三六年から翌年にかけての冬は、いつになく厳しく、メソポタミアは激しい降雪に襲われた」。おそらく、近東とヨーロッパは、この特殊な気候条件に見舞われたようだ。

このような大気現象に関する記述を見て、火山学者たちは気候資料を調べることにした。そして実際、グリーンランドの氷床コアには、強い酸性の徴候を示している部分があった。個々に行った二ヵ所のボーリング調査で、一方は約五四〇年（前後十年）、他方は約五三五年と算出された。その付近一帯からは比較の対象となるような火山灰の徴候は認められないため、この徴候と結び付くと考えられるのはプロコピオスの記述にある火山爆発だけである。リチャード・B・シュトザースは、この謎の霧をもたらしたのは地球の南半球にある火山で、パプアニューギニアのラバウルの火山の可能性がかなり高い、としている。現地の放射性炭素の測定により、この火山爆発の年代は五四〇年（前後九十年）頃とされるが、それに近い時期には世界のどこでも匹敵するような大噴火は起きていない。火山灰による雲とエアロゾルが、インドネシアのタンボラ火山が爆発したときと同様に広がっていったとすると、火山はその二～三週間前、つまり五三六年三月の初めに爆発したことになる。グリーンランドの氷床に残ったラバウルの酸性徴候は、一八一五年のタンボラ爆発の二倍も高い。そのことから、世界全体に及んだ影響もそれだけ強かったと推測できる。[24]五三〇年代末期の飢饉や**ユスティニアヌスのペスト**は空の暗さと、関係づけて考えねばならないかもしれない。

ヨーロッパの不安定期

中世初期は、ヨーロッパが非常に不安定だった時代である。人口はその後例をみないほど落ち込んだ。農作物の収穫はわずかで、備蓄量も乏しかった。そしてしばしば凶作や飢饉に見舞われている。年代記には、寒波の襲来、洪水、凶作、飢饉、疫病、壊滅的な家畜の伝染病が詳細に列挙されている。ツールのグレゴリウス司教（約五三八—五九四）が自分の体験を報告している記録文書をみると、五八〇年代にはフランク人のガリアや西ゴート人のアクイタニアでは、絶えず豪雨や雷雨が起こり、激しい降雪や遅霜に見舞われて鳥も死ぬほどで、大洪水、落石、家畜の伝染病、極度の凶作、飢饉、既知の、あるいは未知の疫病が起きた様子が描写されている。[25]地域全体で住民は減少し、生き残っている者も、あらゆる社会的経済的基盤が崩壊し、苦しんでいた。フランスの中世研究家ジョルジュ・デュビーは中世初期について「寒冷と多湿が長期間続いた敵対的な環境」と称している。[26]

凶作、飢饉、疫病の脅威は、戦争よりも深刻だった。アルプスでは氷河が五世紀初頭から八世紀半ばにかけて進出したが、これは全体的に寒冷化が進んだことを確かに示している。[27] 自然は人間を恐怖に陥れ、その荒々しさはカオスそのものだった。狼が家畜の群れや旅人を襲った。飢饉の年の八四三年には、サンスで餓えた狼が日曜のミサを行っている教会に侵入してきた。襲いかかる狼との戦いは、わな、毒餌、駆り立て猟など総力をあげて行われた。カール大帝（七四七―八一四、在位七六八―八一四）は自国の伯爵領すべてに狼猟師を配置するよう命じている。[28] 冬の酷寒、春の洪水、乾燥した夏は、凶作と飢餓をもたらした。七八四年の飢饉では、住民の三分の一が死亡したといわれている。人々はパンには適さない材料もすべて使ってパンを焼き、ザクセンでは馬肉も食べ、時には人肉さえも食べるに至った。慢性的な栄養不足は死亡率の高さの一因である。ピエール・リシェは乏しい資料ながら、七九三年から八八〇年の間に飢餓の年が十三年、洪水の年が十三年あり、九年ごとに悪疫が起き、さらに極度に寒い冬が九年あったことを突き止めた。[29]

湿度の高い夏と雹害は穀物栽培には特に不利である。不測の事態に対して何ら備えをもっていない社会では、災難は人の仕業とされる。リヨンの大司教、アゴバルト（七六九―八四〇）は西ゴート出身の聖職者だが「**De grandine et tonitrus**」（雹と雷）という説教でこう書いている。「当地では、貴族であれ、大衆であれ、町でも田舎でも、老いも若きもほとんどの人が、雹も雷も人間が作り出せると信じている。…『**マゴニア**という名の国がある。そこから船が雲を抜けてやって来るが、船には雹がたたき落とした果物や雷雨で傷んだ果物が積まれ、それをこの国に持ち帰るのだ。つまり飛行船の船乗りは天候を司る者に報酬を与えており、その代わりに穀物やその他の果物を手に入れているのだ』といった気違いじみた、馬鹿げた考えにほとんどの人が取りつかれているのを、私たちは見聞きしてきた[30]」

ヨーロッパでは気候の悪化によって年間の収穫量が減っただけではなく、家畜の生育にも影響が及んだ。豚および牛の屠殺後の正味重量は、現在やローマ時代と比較して、はるかに少ない。洪水は家畜の伝染病を誘発し、このことで農民はよそ者に対する極度の敵意を募らせた。リヨンのアゴバルト大司教は、八一〇年にフランク王国で家畜の疫病が流行った時期のことを次のように記している。「家畜の死が引き金になって、馬鹿げた考えが波のように広がったのは、ほんの数年前のことである。『ベネヴェント公グリマルディが粉薬を使用人にもたせて送りこみ、その薬を畑、山、草原、泉にまかせたのだ。それというのもベネヴェント公が信仰に篤いカール大帝と不仲だったためで、散布した薬のために家畜は死んでしまったのだ』。こうした理由で多数の人々が逮捕され、何人かが殺された。そのほとんどが板に縛り付けられ、川に投げ込まれて殺されたのだ。それを私たちは見聞きしてきた[31]」

冬が長ければ、家畜に餌を与えることはもはやできず、穀物は夏に乾燥が続けば干からび、湿気が多すぎれば腐ってしまう。凶作は飢饉をもたらした。ルートヴィヒ一世（敬虔王、七七八―八四〇、在位八一四―八四〇）の治世当時のフランク王国年代記では、八二〇年について次のように記されている。「この年には土砂降りの雨が続き、極度の湿気が大きな災いを招いた。どこもかしこも、人々や家畜の間で悪疫が猛威をふるい、フランク王国のどの地域もその猛威を免れないほどだった。穀物と野菜も絶え間ない雨のために壊滅状態で、収穫できないか、納屋に蓄えても腐ってしまった。ブドウもそれより良い状態ではなく、この年の収穫は極端に乏しく、加えて温度が上がらなかったために渋みと酸味が強かった。そのうえいくつかの地方では、氾濫した川の水が平地から引かなかったため、秋の種まきができず、春になる前に穀物は一粒もなくなっていた」[32]。この時期、ハンセン病が猛威を奮い始める。これは中世ヨーロッパの典型的な欠乏症疾患である[33]。

マヤの文明の隆盛と崩壊

中世には、世界の異なる地域で同時期に、どの程度気候変動が起こっていたのだろうか。中国と日本の記録文書では、六五〇年から八五〇年までは温暖な時期であったことがわかる[34]。ヨーロッパとは逆に発展を遂げていた典型的な例としては、中央アメリカのマヤ文明の興隆があげられる。そこではＡＤ三〇〇年頃からインディオによる高度文明が現れており、ヨーロッパの気候が最悪だった時期に最盛期だった。古典期マヤの文明で特徴的なのは都市国家で、巨大建築複合と高いピラミッドがあり、人口密度が高く、高度に発達した祭司の特権階級が存在し、独自の文字、天文学と数学の驚くべき知識があった。文明の基盤は優れた農業で、その重要な栽培作物のいくつか（ジャガイモ、トウモロコシ、トマト、アボカド、タバコ）は、今日の世界文化に恩恵をもたらしている。しかしこの高度文明は突然崩壊する。九〇〇年以降は新しい建造物も、石碑も造られてはいない。劇的な人口減少が起こり、都市と集落に人はいなくなり、文化的な知識も失われてしまった[35]。

戦争と並び衰退の原因として指摘されるのは、慢性的人口過剰である。自然を利用しすぎ、開墾を続けたことで自然環境が損なわれ、結果として凶作、飢饉、疫病、上層階級に対する暴動が起きたのだ。マヤは種族として絶えたのではなく、貴族と祭司の階層が抹殺されたのである。[36] 人口が激減した後、居住形態は変わった。古典期マヤが終わった後は、居住地はもはや高地ではなく、海辺、川辺、湖畔になった。そのため、**チチェン・イツァ**、**パレンケ**、**ティカル**のような古典期の都市国家の崩壊を招いたのは給水の問題である、という解釈が優勢となった。考古学者のリチャードソン・ギルは、過去七千年間で最も水不足だった時代は、AD八〇〇年からAD一〇〇〇年にかけてであることを証明している。この干ばつは文明から生活基盤を奪い、飢饉で人口は激減した。戦争と暴動はそれに拍車をかけた。[37] ベネズエラの海岸付近で海洋ボーリングに従事していた地質学者のグループは、**ヴァーブ**（氷縞粘土）を手掛かりに、マヤ文明が崩壊に至る数百年間は夏のモンスーンの範囲が南方に移動した状態が続いており、そのためメキシコには必要な雨が降らなかったと証明している。[38]

マヤ文明が干ばつにより危機にさらされていたことは、雨神**チャック**を非常に崇拝していたことから推測される。崩壊の時期を考えたとき、とりわけ著しい四回の干ばつ期が、危機の誘因として考えられる。すなわち七六〇年頃の数年間、八一〇年頃の九年間、八六〇年頃の三年間、九一〇年頃の六年間の干ばつである。このデータは、石に刻まれたマヤの文字の内容と一致している。それによれば西部の低地**パレンケ**付近の最初の都市群は八一〇年頃崩壊したが、そこには地下の貯水池を利用する術がなかったのだ。五十年後に南東の低地**コパン**付近の都市文化は崩壊する。九一〇年頃には中部および北部の低地、**ティカル**、**ウシュマル**、**チチェン・イツァ**付近の都市が同じ運命をたどる。[39] 低地にはカルストの窪み、**セノーテ**（石灰岩台地の窪みに地下水がたまった自然の井戸）が長い水系となって伸びていた。半島の地誌があれば、マヤ文明崩壊を気候変動により時間を追って段階的に解き明かすことができよう。そうすればマヤ文明の衰退を気候モデルに沿っても、跡付けることができるだろう。(40)

低地と高地——交替するペルーの高度文化

南アメリカでマヤ文明と対をなしているのは、ペルーの**モチェ**の高度文化である。モチェ文化の興隆はBC一〇〇年頃から始まり、六世紀に絶頂期になった。七世紀初めには建造物が壊され、内戦が起きた。その後、間もなく、**モチェ文化**は崩壊する。

沿岸地帯は今日乾燥しているが、降水量の増加で文化が繁栄していたことが、多くのことからわかる。貯水槽、運河、送水路は農業を強化し、環境によるリスクを最小限に抑えるのに役立った。**モチェ**川河口にある、日干しレンガ造りの巨大ピラミッド（**ワカ・デル・ソル**、**ワカ・デラ・ルナ**）は、国の主要な聖域となっていた。

この国の崩壊の理由としては、ごく一般的なことが論じられている。外部からの侵略、内戦、人口過剰、凶作、飢饉、あるいは気候の変化である。発掘調査によれば、六〇〇年頃にノアの洪水のような降雨が起きた形跡がみられ、それが居住地を破壊し、最も重要な聖域を壊し、おそらくは農業に利用できる平野も損なってしまったことがわかる。壊滅的な洪水に続く数十年間は、著しく降水量が減少している。長期の干ばつは収穫量を減少させ、飢餓、争乱を招き、農業に利用されていた平地を荒廃させ、植物相、動物相を急激に変化させた。聖域を発掘すると、天変地異が起こり、文化が衰退した時期に、何百人もの人々が神の怒りを鎮めるため、儀式で生け贄《いにえ》にされたことがわかる。この資料とアンデスのクエルカヤ氷帽の雪氷コアを結び付けて総合的に判断すると、数十年間ペルー沿岸は著しい干ばつに見舞われていたことが明らかになる。大洪水をもたらす降雨は、最近は大**エル・ニーニョ現象**によるとされている。[41]

すでに一九七〇年代に考古学者のアリソン・C・パウルセンは、今日のペルーからエクアドルにかけての地域で、沿岸文化と高地文化が交互に興隆していた、と断言している。モチェ文化が崩壊した後、今日のエクアドルの沿岸地域には著しい干ばつのために人がいなくなり、逆に南部のアンデス高地には高度文化が花開いた。**ワリ・ティアワナコ国**である。この国が九世紀に崩壊すると、ペルーの南部と北部の沿岸地帯に新しい高度文化が起こり、ヨーロッパの中世中期の間、栄えていた。そして十四世紀に再び雨が降らなくなり、この文化が消えると、最も有名なアンデスの高度文明、インカ文明が興隆してくる。[42]残された遺物は放射性炭素年代測定で年代が推定されたが、クエルカヤ氷帽の雪氷コアの年縞からも同様に劇的な気候変化の情報が得られた。例えば五六三年から五九四年にかけて南部の高地では長期の干ばつが続いたことが判明したが、そこの住民の生活条件に多大な影響を及ぼしたことは間違いない。この時期、高地の高度文化が消滅してしまったのは、不思議ではない。そのためある気候学者のグループは、高度文化の発生時期と、雪氷コアの調査結果からわかる降水量が多い時期とが一致していると述べている。[43]

「幼児キリスト（エル・ニーニョ）」の遠方まで及ぶ影響

南部高地の干ばつと北部低地の豪雨が交互に起こることから、気候学者は以下のことに気付いた。つまり、この独特な気候の交替こそが、短期の気候変動の際の地域特有の気候現象、「**エル・ニーニョ**」の特徴である、と。「**エル・ニーニョ**」（「幼児キリスト」）はクリスマスの頃起きるのでこの名前でよばれ、それが起こると、温かい海水がフンボルト海流の冷たい下層水を覆い、漁獲量は減少する。ペルー沿岸の乾燥地帯は豪雨に襲われ、ペルー南部の高地では一九七五～一九七六年と一九八二～一九八三年の大規模な**エル・ニーニョ**のときのように降水がない。**エル・ニーニョ**現象は三～七年ごとに強く現れ、それに伴い南太平洋の海流および大気の条件が全体的に変化する。この海流の変化を海洋学者は「**エル・ニーニョ南方振動**—Southern Oscillation」（ＥＮＳＯ）と呼んでいる。時として十二月ではなく夏のうちに起こり、長期間続くこともある。こうした「スーパー・エル・ニーニョ」のときに、海流は気圧や風と相互に強く影響を及ぼしあう。そして世界的に熱帯地方で、降水量が変化する。通常は乾燥している地帯が豪雨に見舞われ、通常は湿潤な地域が森林火災の危険を伴うほどの乾燥期になる。ＥＮＳＯ現象は、全世界に対し自然が発する最も重要な気候警告である。何人かの気候学者の見解によれば、一種の「**メガ・エル・ニーニョ**」までもが存在し、この場合にはこうした異常気候が何十年間も続く。そしてペルーおよびエクアドル北部沿岸では、数十年間、平均以上の降水量が記録され、一方、南部の高地は非常に乾燥する。

「**スーパー・エル・ニーニョ**」の注目すべき点は、南アメリカの西海岸だけでなく、南半球全域と北半球の一部にも関わることである。ＥＮＳＯ現象の結果、至る所で地域の気候は通常と逆転する。南アメリカ西海岸沿いに温かい海水が流れると、大陸の広い範囲で通常より暖かくなり、加えて多くの地域で湿度が高くなる。それに対し熱帯の北オーストラリア、オセアニア、インドネシア、フィリピン、インド亜大陸は乾燥する。農業に必要なモンスーンの風は遅れて吹くか、または吹かない。マダガスカルと東アフリカでは通常より乾燥し、温かくなる。それに対し、赤道付近のアフリカと北アメリカ南部では湿度が高くなり、冬には寒さが増す。北アメリカ北部と日本では冬はより暖かくなる。**メガ・エル・ニーニョ**さえもペルーの雪氷コアで証明できる、と考える気候学者もある。遠方にまで影響が及んでいるため、南アメリカのデータはアジアの雪氷コアのデータと関連付けることができる。これはチベットの**ドゥンデ氷帽**のボーリングによって試みられた。異常が同時期に起きれば、共通の原因が関係していると考えられよう。

ペルーと中国の雪氷コアの比較研究からは、**ドゥンデ氷帽**が赤道の北側、**クエルカヤ氷帽**が南側にあるにせよ、一六一〇年から一九八〇年の間の氷河の成長率は、ほぼ四百年にわたり似た傾向であったことが明らかになった[44]。

ＥＮＳＯ現象とナイル川の水位が関係していることは、七世紀にまで遡って証明されている。ナイル川の洪水は東アフリカの降水量に左右されているため、ＥＮＳＯ現象と結び付いている。インドとオーストラリアが干ばつの年にはエジプトでも降水量は少なくなり、モンスーンが激しい年にはナイルでも大規模な氾濫が観察されることは、すでに二十世紀初頭に知られていた。したがって、カイロにある**ナイロメーター**記録文書は、**エル・ニーニョ**の影響を受けるすべての地方にとって、意味があるかもしれない。この記録文書は五千年前まで遡って存在し、古代末期以来非常に精確に伝えられてきた。この文書から、ＥＮ

ＳＯ現象が中世初期に最も頻繁に起こり、八〇〇年頃が頂点だったことが判明した。また、ＥＮＳＯ現象が同じように頻繁に強く起きていたのは、いわゆる**小氷期**（約一三〇〇～一九〇〇）の間である。これに対し、**中世中期の温暖期**にはほとんど起きていない。この事実の重要性と、ＥＮＳＯ現象が世界的にどのような環境の諸条件をもたらすかは、これまで議論を尽くされてはいない。[45]

中世中期の温暖期（約一〇〇〇～一三〇〇年）

中世温暖期は、一九六五年にヒューバート・ラムが、歴史上の伝承や物理的な気候データを基に導き出した概念である。温暖期の頂点は一〇〇〇年から一三〇〇年の間、つまり**中世中期**にある、とラムは考えた。[46]この時代には暖かく乾燥した夏と穏やかな冬が続いていた。ラムは一九三一年から一九六〇年までの「標準期」の平均値に比べて一～二℃温暖であったと推定した。さらに極北の地域では四℃も暖かかった。アイスランドとグリーンランド間の流氷についての記録はほとんど見当たらない。グリーンランドの土葬墓があった場所は二十世紀末にはまだ永久凍土に覆われていた。[47]

ホッケースティック理論（図2を参照）の支持者たちは、**中世温暖期**に不快感を抱く。それは中世温暖期という概念のために、二十世紀末の人為的温暖化が過小評価されるのではないか、と懸念するからである。工業化の頂点の現在より、人為的影響のなかった十二世紀にさらに温暖であったとすれば、今日の温暖化も「自然」に起因しないと言い切れるだろうか。**プロキシデータ**に基づいてラムが単純に二℃と想定した温暖化は、こうして批難を招く事態となった。なぜなら二十世紀の〇・六℃という温暖化の測定値を

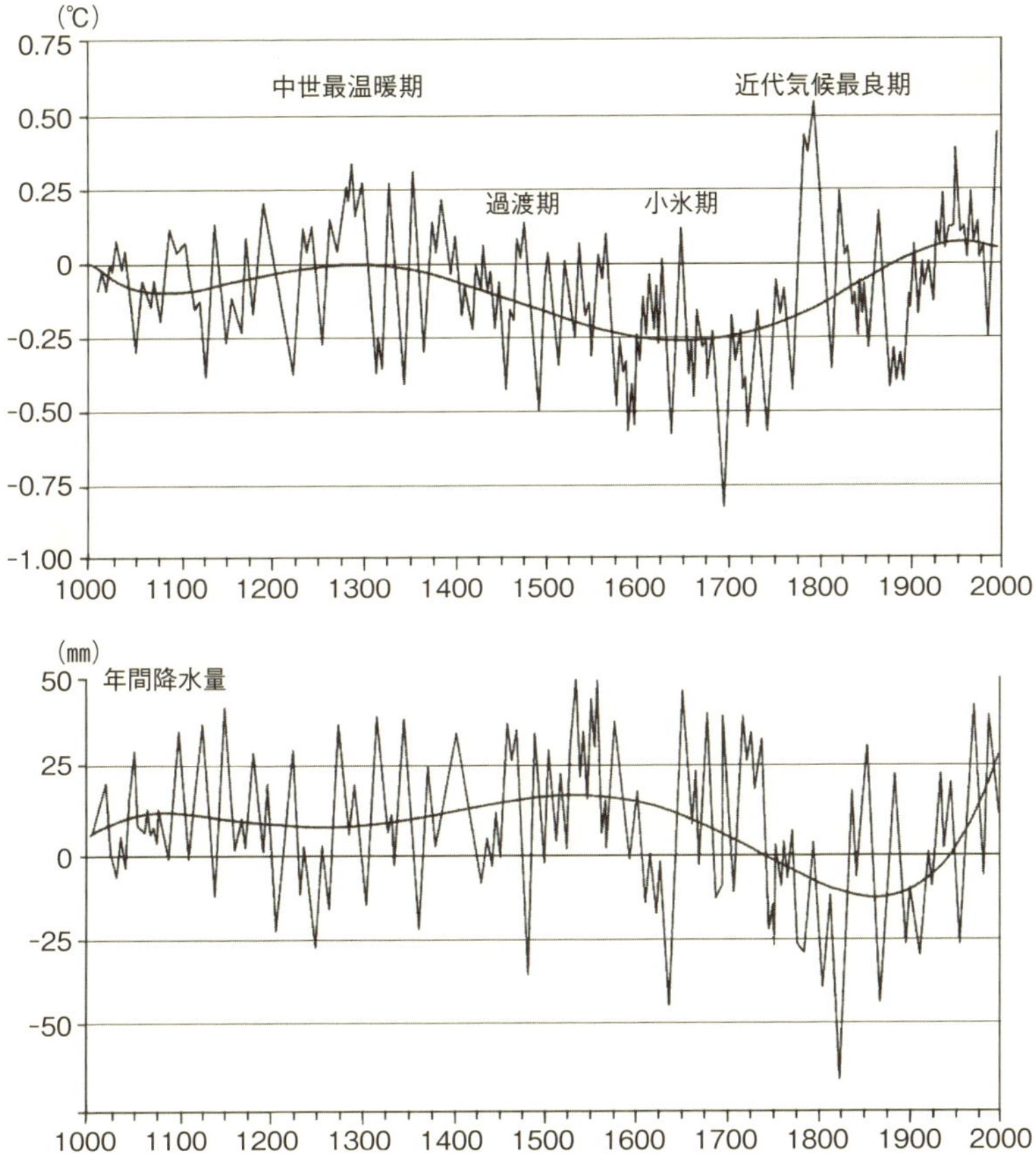

図17　中部ヨーロッパの過去1 000年間における気温と降水量の短期および長期の変動。地理学者リューディガー・グラーザーの詳細な調査による。

はるかに超えていたからだった。そのために**中世温暖期**の信憑性そのものに揺さぶりをかけよう、と試みられた[48]。レイモンド・ブラッドレーや**ホッケースティック理論**の提唱者マイケル・マンなどは、**中世温暖期**は討論から外したいと考え、その代わりに、北アメリカには水文学上の異常（訳者註＝水文学は地球上の水循環を対象とする地球科学の一分野）があるという理由で、単なる**中世の気候異常**にすぎない、とした。[49]

もっとも、**中世中期の温暖期**に反論の余地などほとんどないことは、当時の気候データを中世初期の気象の乱れやそれに続く小氷期と比べてみればわかる。それは、約九〇〇年から一二五〇／一三〇〇年という期間は大氷河の後退期にあたっているためで、時が経つにつれこれは、ヨーロッパや北アメリカのみならず世界中で立証されてきた。[50]ラムのこの中世温暖期という用語とは距離を置くフランスの気候史学者ピエール・アレクサンドルは、ヨーロッパの数々の資料から、信用のおける証拠資料が登場するのは、ようやく一一七〇年頃以降だと結論づけた。そして一般的に気候には、アルプスの北方にある国々と地中海圏のように、大きな地域差があることを立証した。中世中期には、温暖期によくあるように降水量の多さが目立っており、季節の違いは気温の変化によってわかる、と彼は考える。冬はむしろ寒かったが、それに対して植物の生育に大切な春の気温は、一一七〇年から一三一〇年の間については、同様に氷河後退期にあたる一八九一年から一九六〇年の春よりさらに三℃ほど高い。温暖期が終わると寒冷化が始まり、一三四〇年代にはピークに達した。地中海圏においては一二〇〇年から一三一〇年までの大乾燥期が際立っている。[51]

中世中期の温暖期をめぐる論争には、太陽光の強度を研究している、アメリカのアイソトープ専門家二人により新たな解釈が示された。現今の人為的温暖化の理論を損なうことなく、**中世中期の温暖期**を立証したのだ。二十世紀に活発化した太陽活動でも、わずか〇・二〜〇・四℃の温暖化しか引き起こさないとみられ、したがって残り〇・二〜〇・四℃の温暖化は、**人間によって引き起こされたもの**にちがいない、と想定した。そして二人は、この中世温暖期はむしろ現在の人為的温暖化を証明するものだ、という考えに至る。[52]

ヨーロッパにおける高温年と気まぐれ気候

中世中期温暖期にも、例えば一〇一〇年から翌年にかけての冬のような厳しい気候異常があり、ボスポラス海峡が氷結し、ナイル川に氷が張った。[53]一一一八年冬にはアイスランド沖で流氷が認められ、ザクセン州では霜が六月まで続き、ヴェネチア潟湖は凍結し、ヴェネチア共和国の中心部まで氷上を馬で乗りつけることができた。次の夏は飢餓と高い死亡率が特徴的であった。潟湖とポー川が再び氷結したのは、百年以上も後の一二三四年であった。[54]一一八〇年代は一〇年にわたる格別の暖冬で特に有名である。一一八七年の一月にはシュトラースブルクで木々に花が咲いた。それ以前の、例えば一〇二一年から一〇四〇年の間にも人々はさらに長い高温期に直面している。ニュルンベルクの文献は一〇二二年について、人々は「路上で猛暑にあえぎ、息も詰まりそうだった」こと、そして大小の河川、湖、泉も干上がり水不足に陥ったことを報告している。一一三〇年夏の乾燥はすさまじく、ライン川を徒渡りすることができた。一一三五年はドナウ川にもほとんど水がなく、歩いて川を渡ることもできた。そしてこの水量の少なさを巧みに利用して、レーゲンスブルクのあの**石橋**の土台が築かれたのは、まさにこの年のことであった。

一一八〇年代以降の著しく長い温暖期には温暖、高温の夏が優勢であったが、ついに一二五一年の荒天の冷夏が凶作、物価高騰、飢餓、重病を引き起こし、長い夏を終結させた。ところで、温暖な年が必ずしも都合がよいとは限らない。乾燥の著しい年には中部ヨーロッパで干ばつや森林火災が起こったからだ。一二六一年から一三一〇年、さらに一三二一年から一四〇〇年は、中部ヨーロッパにおいて夏の高温期間が最長となった。また、いなごの大群という聖書にも登場する災厄は、はるか北方にも広がり、一三三八年八月にはオーストリア、ボヘミア、バイエルン、シュヴァーベンを経て、チューリンゲンやヘッセンにまでも達した。収穫を上げるには夏だけでなく、多くの農作物の場合、春と秋がより重要な時期であった。意外なことに、**中世中期の温暖期**の春は一様ではない。冷涼もしくは寒冷から、温暖もしくは高温へと様相を変え、一貫した傾向が見極められない。小氷期に比べ稀にではあるが、四月に寒気が入り込んだり五月に遅霜が降りることもあった。記録者の視点がどの程度まで認識をゆがめるのか、なお疑問が残る。というのは、通例好ましくない出来事が記録されるからだ。これは秋の時期にもあてはまり、温暖で時に乾燥した天候が続いた十三世紀後半においても、むしろ数少ない報告がその時代の代表とされることもある。また一方、例えば一三〇二年アルザス地方でブドウの木が九月九日にはすでに早霜の被害を受けた、という悪天候の収穫期がとりわけ際立っている。気温は平均して過去百年を下まわっていたようだ。十四世紀初めには不作の収穫期がはっきりと増加している印象を受けるが、これがすなわち、小氷期の始まりの時期にあたる[55]。

南方の植物と昆虫の北方移動

中世中期の農作物の耕作限界に関する調査結果には、疑問の余地がないように思われる。それによると、樹木限界はアルプスでは二千メートルを越え、これは青銅器時代の気候最良期の高度には及ばないものの、二十世紀の数値をはるかに越えている[56]。樹木限界は生態系全体の移動についての指標となる。つまり、樹木より先に地衣類、苔類、草花類が上方へ移動すると、それに応じて昆虫、小型哺乳動物、鳥類も動いていく。中世中期、ドイツにおいてブドウは、マイン川、ライン川、モーゼル川沿いにある古代ローマの栽培地、つまり今日のブドウ畑より二百メートル高い丘陵地にとどまらず、そのはるか北のポンメルン地方、東プロイセン、さらにイングランド、スコットランド南部、ノルウェー南部においても栽培されていたことが、耕地の名前から判明している[57]。ブドウ栽培が可能であったことは、夜間の霜もほとんど降りず、夏の日照時間も十分であったことを示している[58]。二十世紀末まではザーレ川とウンストルート川沿いが、ドイツにおけるワイン生産の北限で、この地のワインはつい最近まで、ある種のワイン通好みのものであった。これに対して二十一世紀初めにはメクレンブルク地方やベルギーが上級ワインの新たな栽培地となった。それでもなお、中世のブドウ栽培地の北限にはまだ及びもつかない。

花粉調査により明らかになったのは、寒冷化の始まりとともに栽培が中止されたものの、中世中期のノルウェーにおいては種々の穀物が作付けされていたことである。小麦ははるかトロンヘイムまで植えられ、大麦類もほぼ北緯七〇度まで栽培されていた。定住農家の農地の拡張は九世紀から十世紀にかけて始まった。温暖期の頂点においては近世と比べ、谷から平均して百ないし二百メートル高い地点まで農地が広がっていた。この開墾地の大部分が一三〇〇年以降再び姿を消すことになる[59]。グレートブリテンの多くの地域では、後にも先にもないほど高所にまで耕地が広がっていた。またスコットランドとの境界に接するノーサンバーランド州の荒涼とした谷間には、標高三二〇メートルまで農地が延びていた。
またアジアにおいても植生の北方移動は顕著だった。中国の古い記録から読み取れるように、柑橘類や草本類**Boehmeria nivea**（**ナンバンカラムシ**）の栽培限界が十三世紀ほど北に延びていたことはかつてない。両者とも亜熱帯植物であり、その収穫量は十分な暖かさと密接に結び付いている。一二六四年の栽培限界は二十世紀よりさらに数百キロ北方であった。[60]
ローマ時代にはエボラカムとよばれていた北イングランドの都市ヨークは、考古学的発掘をした際の動物相調査からも、より快適な気温であったことが明らかになっている。ヨークはモスクワとほぼ同緯度に位置するが、メキシコ湾流により比較的温暖な気候に恵まれている。ここでは学名**Heterogaster urticae**（**ナガカメムシ**）という、寒さに弱い甲虫類が気候の指標の役割を果たす。つまりヨークでは、ローマの気候最良期とノルマンの中世中期に、この甲虫類が生存していた考古学的証拠が認められる。ところがアングロサクソン時代、ヴァイキング時代そして小氷期を通して、この気候の指標は完全に姿を消す。二十世紀においては昨今の温暖化にも関わらず、この**Heterogaster urticae**（**ナガカメムシ**）は、わずかにイングランド南部の日当たりのよい場所にしか生息していない。また、中世ヨークのたてこんだ中心部で、**Aglenus brunneus**（**チビキカワムシ**）という甲虫が生息していたことも、**中世中期の温暖期**が高温であったことを物語っている。[61] 温暖を好む昆虫類の生息域が広がることは病気の蔓延にも影響を及ぼした。**Anopheles-Müucke**（**ハマダラカ**）はヨーロッパの広い範囲に広がり、それにつれて中世中期にはマラリアがイングランドに至るまでの風土病となった。イナゴの大群は、二十世紀の私達にはむしろアフリカを連想させるが、中世中期、そして十四世紀においてもなお、中部ヨーロッパでは繰り返し収穫に甚大な被害を及ぼしたのだ[62]。

飢餓の終息とヨーロッパ高度文明の開花

中世中期からは飢餓も沈静化し、社会は長期にわたる好況へと移行した。すでに九世紀にはヨーロッパの人口は増加し始め、倍増したといってもよいほどになる[63]。しかもこの増加は凶作に見舞われても後戻りすることはなかった。農耕技術の改良も中世初期のみならず、ローマ古典期と比べても著しかった。十一世紀に農耕馬用の胸懸や犂を引かせる牛の額帯が導入され、それにより動物の力をさらに有効利用できるようになった。重い車輪付きの犂は急速に広まり、さらに馬鍬を取り入れたことで効率のよい耕作が可能になった。蹄鉄を打つことで馬が事故に遭うことも少なくなった。穀物の種類の多様化により凶作時のリスクも減り、マメ科植物（エンドウマメ、ソラマメ、レンズマメ）が栽培されるようになって一般庶民へのたんぱく質や炭水化物の供給が飛躍的に向上した。さらに三圃式農法は土壌の劣化を防いだ[64]。

現代風にいえば、経済ブームとでもいえるのではなかろうか。これは工業と農業への新技術導入に表れていて、両者は緊密に組み合わされていることが多かった。例えば、亜麻や染料植物の栽培は、町の新しい産業部門である機織りに原料を提供することであった。新たに始まった町の紡織手工業は、紡ぎ車や水平足踏み織機によって、能率的な技術を取り入れた。また、製紙業のような全く新しい産業が起こり、その効率を高めるために、やがて製紙工場が建てられた。水車に続いて十二世紀には風車も登場した。教会や貴族階級は農奴や納税者の増加で利益をあげ、城塞、城館の建造や教会、修道院施設に出資した。これは是非とも必要なことであった。小規模なロマネスク様式の教会などは、増え続ける人々をそれ以上収容することは不可能だったからだ。

新時代の幕開けとともに新しい建築様式が現れた。中世初期の教会に典型的だったのは、堅牢な壁と小さな窓であり、内部はカビ臭く薄暗かった。これに対して新しいゴシック様式は、明るく軽やかな印象を与えた。真新しく建てられたばかりの壮大な大聖堂の大きな窓から、中世中期の温暖期の陽光が降り注いでいた。このような巨大な教会建築を完成させるため、手押し車、ねじジャッキ、水力鋸などの新しい発明品が使われた。材料の木材は森林伐採により豊富に手に入った。建築の足場や広い教会身廊の屋根を支える骨組みのためだけでも、おびただしい数の太い丸太が使われた。このような建造物のためには新しい採石場を開き、輸送力を拡大させる必要があった。それに加えて道具や機械のための鉄の需要が高まり、騎士の甲冑《かっちゅう》、武器の需要と相まって、地域の枠を越えた鉄取引、鉄工業、そして鉄の採掘を促進することとなった。(65) ヨーロッパは初めて、他の大文明と肩を並べることのできる高度文明の域に到達したのだった。

人口増加、開墾、都市化

ヨーロッパの人口増加はブレーキがかかることなく、かつてない規模にまで達した。入植の勢いは政治や文化の境界で止まることもなかった。つまりこの中世中期は辺鄙《へんぴ》な地域や国境地帯、また中級山岳地帯、高地アルプスの峡谷やフィヨルドにおいても、開墾や村落成立の時期となった。さらに十二世紀には**シトー**

会修道士によって、開墾、農業や手工業の振興を地方で専門に行う修道会ができた。中世中期の開墾は自然を無駄なく十分に利用する形態をとっていた。中世初期からの森も広範囲に姿を消した。概算によれば、中部ヨーロッパにおいて国土の九〇％あった森林面積は、わずか二〇％強にまで減少してしまった（これに対し今日では約三〇％）[66]。温暖化により、家畜を高地で長期間放牧することも可能になったために、山岳の放牧地が開発された。湿原も開発され、北海沿岸では堤防の建造が始まったが、これは陸地拡張のためだけではなく、陸地消失を防止するためでもあった。温暖化と氷河の溶解によって、海面は明らかに上昇していたからだ。**ハリゲン諸島**の一部は暴風の高潮により削られた。一二一九年にはヤーデ湾、一二七七年から一二八七年にかけてドラート湾ができた。もっともこのような陸地消失は、耕作地の拡張に比べれば取るに足りなかった[67]。

ヨーロッパに典型的な集落風景はその頃出来上がった。そこはほぼ完全に農業用に開墾され、小さめの耕牧地に整然と区分けされ、残った森がところどころ島のように点在している。中世中期からの地名にすでに数多く認められるものとして、森Wälderに関係するもの（-grün, -wald, -hain, -schwanden, -schwendi）、開墾Rodungに関係するもの（-scheid, -schlag, -au, -stock, -reut, -roth, -rode, -rade）、また焼畑Niederbrennungに関係するもの（-loh, -brand -bronn）があげられる。これに対応する語形がヨーロッパの他の国々にもみられる。開墾を表す典型的な語尾は、イギリスでは-thwaiteもしくは-toft、フランスでは -tuitもしくは -tot である。ほとんどすべての新しい土地に共通しているのは、以前の集落より条件の悪い場所にある点である。シュヴァルツヴァルトの測量地図から判明するのは、九～十二世紀の居住地の多くは人里離れた深い谷間や、海抜の非常に高い辺鄙《へんぴ》な土地にあったことだ(68)。中世中期の温暖期の終わりには、これが不都合であると実証されることになる。

とはいえ、差しあたって人口は急増していた。この時期の役立つ統計などもちろん全くないが、ヨーロッパの人口増加に関して人口統計学の専門家たちは、多くの状況証拠から同じ概算値を算出している。それによれば、ヨーロッパには一〇五〇年頃には約四六〇〇万人、一〇〇年後にはすでに五〇〇〇万人、一二〇〇年頃には六一〇〇万人、そして人口増加期の終わりの一三〇〇年頃には、少なくとも七三〇〇万人は居住していた。したがって、二五〇年間にこの人口の三分の一が増加したことになる。人々には食糧、衣服、住居、そして精神面の支えも必要になったが、これはすでに村レベルではとうてい対処できなくなっていた(69)。このために中世中期は都市建設の重要な時代となった。ドイツ語圏における都市の数は、中世初期の文化衰退期を生き延びてきたわずか百ばかりから、三千を超えるまでに増加した。この数の増加は他のヨーロッパ諸国にもみられる。この**都市化の進行**の中で、今日まで存続するヨーロッパの数々の中心都市の基盤が固まったのだ。ベルリン、ハンブルク、ミュンヘンなどのような、後に繁栄する大都市はこの時代に建設された。その後の数世紀間に新たにできた都市は大した数ではない。たとえヨーロッパの都市の根源が古典期にあるとしても、今日の都市分布は、この中世中期の気候最良期に端を発している(70)。

ヨーロッパの勢力拡大の始まり

勢力を広げようというヨーロッパ人としての意識が強まったのは、ようやく中世中期に入ってからのことである。このヨーロッパの勢力拡大は、もちろん気候変動の作用のみならず、文化的な動機にもよるものだった。イスラム側と同様、こちらもまた自らの神のための戦いであった。

温暖期が始まった後、アラブ人侵入者からイベリア半島を奪還することが勢力拡大の第一歩であった。スペインにおける**レコンキスタ**（**国土回復運動**）の成功に奮い立った教皇ウルバヌス二世（約一〇三五―一〇九九、在位一〇八八―一〇九九）は一〇九五年クレルモンにおいて、イスラムに対する「聖戦」、十字軍を招集した。フランス人とノルマン人の第一次十字軍従軍騎士団は、小アジアにおける数年に及ぶ戦いの末、一〇九九年七月、エルサレム制圧に成功した。(71)

ヴァイキングの進出と北ヨーロッパの国家形成

中世中期はとりわけヴァイキングの時代であった。彼らは九世紀半ばにはイングランドの一部を征服し、ノルウェーのヴァイキングはシェトランド諸島、オークニー諸島、ヘブリディーズ諸島に移住し、またケルト人の王国であるスコットランド、アイルランド、ウェールズにも毎年攻撃を加えた。このはアイルランドにいくつかの国を建設し、九一一年には西フランク王国の地を征服したが、この地は彼らにちなんで、北の人間の土地「ノルマンディー」と名付けられた。さらにシチリアにも王国建設を成し遂げた。ヴァイキングはまた、スラヴ人を治める王たちも任命したが、その最初がリューリク（在位八六二―八七九）、すなわちキエフ大公国の始祖であり、この王たちの子孫がイヴァン雷帝（一五三〇―一五八四）の時代からロシア帝国を支配することになる。

とりわけスカンジナビア半島においては、強大な王国が建設された。ノルウェーは美髪王ハーラル一世（約八五〇―九三三、在位八六〇年代―約九三三）のもとで統一された。これに続いて連鎖反応のようにスウェーデンは老王ビョーン（在位約九〇〇―九五〇）のもと、またデンマークは青歯王ハーラル一世（約九一〇―九八六、在位九五〇―九八六）のもとで統治された。中世中期の好気候により、北欧においても今日ある諸国家の建設が可能となった。八六五年頃ノルウェーの農場主フローキ・ビリガルズンは北海にある大きな島への入植を敢行した。しかしある極寒の冬、自分の家畜がすべて死に絶えてしまったので、失望した彼は島を去った。その際、この島に**アイスランド**「氷の地」という怖ろしい名前を付けた。ところがわずか九年後、インゴルフル・アルトナソンが入植に成功した。極北の地では中部ヨーロッパより早くから中世中期の温暖期が始まっていたのだ。十世紀にはここでさえ農業や牧畜を営むことができたので、この「氷の地」はいまや魅力的な定住地ということが実証された。八七〇年から九三〇年までのわずか二世代でアイスランドの「土地獲得」は完了し、人口は六万人になっていた。他のヨーロッパの農民が封建領主に支配されていた間も、アイスランド人は自由を保ち続けた。アイスランド人のキリスト教への改宗は、一〇〇〇年に民主議会**アルシング**で決議されたが、それ以前にも人々は島の北部の極寒地帯に定住していた。そのことは、アイスランドの植民の書「**ランドナーマボーク**」の記載と、多数の異教徒の墓から明らかになっている。[72]

中世中期の温暖期はアイスランドの最良期であった。しかしその最良の時代においても、アイスランドへの入植は決して容易ではなかった。国土の広い部分はすべて海抜五〇〇メートル以上で、大氷河に覆われたままであり、それが海岸や峡谷にある集落を互いに隔てていた。それに加えて活発な火山活動があるが、これがもたらしたものは温泉の利点だけではなかった。最も大きな火山災害の一つは、一一〇四年のヘクラ火山の噴火であり、島の南部にある最も人口の密集したスヨウルサオ峡谷は廃墟と化した。その後のアイスランドは、凶作、飢餓、疾病、そして人口や家畜数の劇的減少で特徴づけられる「千年の悲惨」を経験することになる。十一世紀に八万人を数えた人口が回復したのは、ようやく二十世紀に入ってからのことであった。十八世紀末ラキ火山の噴火後は、デンマーク当局によって、全島避難が討議された。(73)

グリーンランドへの入植

ヴァイキングは、アイスランドから赤毛のエイリーク（約九五〇―一〇〇五）に率いられて、さらに西方の荒涼とした巨大な島へ向け船を帆走させた。三年後、移住民を募るため帰郷したときに、エイリークはその島を「緑の地」と名付けた。彼は九八五年、土地獲得のために、二五隻の船団に移住民、植物の種子、家畜を乗せて出帆した。後の年代記作者にとって「**グリーンランド**」という名称はそぐわないと思われたので、エイリークは言葉巧みなオプティミストか詐欺師だと非難された。極北は十二世紀には再び寒冷化に入っていたからである。しかしエイリークの生きていた時代には、この島の名前は事実に合致していたかも知れない。極北の地で温暖期がピークに達したとき、グリーンランドでは穀物栽培さえ可能だったからだ。当時ノルウェーからアイスランド、グリーンランドを経由する航路は、年間を通じて氷が張っていなかった。気候史学者たちの見解では、羅針盤の発明以前で船に満足な装備もなかったが、この時代は嵐もほとんどなかったので、とりわけこの好気候によってあの伝説的なヴァイキングの航海術が可能になったのだ[74]。

エイリークはグリーンランドに定住可能な集落群を二つ設立した。一つはこのリーダーが自ら自分の農場を建設した南端近くの「東部入植地」で、そこは島の政治の中心地になった。最近の発掘によれば、農家の数は資料の記録よりはるかに多く、およそ四五〇軒にも達している。もう一つの「西部入植地」は西側にあったが、実際ははるか北方に位置し、アメリカに向かい合っていた。ノルウェーとグリーンランドのこの二箇所の入植地との間には、中世中期を通して定期的に船の行き来があった。アイスランドがキリスト教に改宗した後、十二世紀初期になるとグリーンランドはローマ司教区に含まれるまでになった。島には一人の司教が配属され、その司教座は**エイリークスフィヨルド**に面したガーダーに置かれていた。グリーンランドのヴァイキングの墓は、二十世紀には永久凍土に覆われた場所であるが、埋葬された時代には明らかにそうではなかった。もし二十一世紀に再び地表の氷が解けることがあれば、**中世中期の温暖期**の状態が再現されるであろう。

北欧の伝承文学サガの記述が伝えているように、グリーンランドの西方に新しい陸地が発見されたのは、嵐に遭遇して船が押し流されたときだった。これを機に、計画的な探検航海が始まることになった。この西方の陸地とは、今日のカナダのラブラドルであり、「**マルクランド**」（「森の地」）とよばれていたが、この陸地は発見者たちを熱狂させた。グリーンランドやアイスランドでは過酷な気候のために木々が育たなかったので、材木をはるかノルウェーから運びこまなくてはならなかったからである。赤毛のエイリークの息子、幸運男レイフ（約九七五—一〇二〇）は、今日のバッフィン島である「**ヘルランド**」を発見し、ここから南へ向けて帆走し、後に彼が「**ヴィンランド**」（「葡萄の地」）と名付けた島に到着した。ヴァイキングは一〇〇五年頃に、ソルフィン・カルルセフニに率いられて北アメリカ入植に乗り出した。サガの伝承だけでなく、ニューファンドランド島の**ランス・オ・メドー**近くで一九六〇年代以降に掘り出された出土品もこのことを伝えている。百人を超える住民がいたこの集落からは南へ向け探検調査が試みられた。しかしながら、ヴァイキングが「**スクレリング**」と呼んでいた**アメリカ先住民**の攻撃にあい、アメリカにおける最初のヨーロッパ人のコロニーは頓挫した。かれらの入植を支援するには、アイスランドやノルウェーはいうに及ばず、グリーンランドからの航路もあまりに遠かったからだ。[75]

第3章

地球寒冷化——小氷期

1　「小氷期」の概念

「小氷期」という概念は一九三〇年代の終わりにアメリカの氷河研究者フランソワ・マッテス（一八七五—一九四九）によって導き出された。この概念はまず北米における氷河の新たな進出についての報告書に登場し、[1]その後**ヨセミテ渓谷**の氷堆石（モレーン）についての地質学の解説論文では表題となった。マッテスは後氷期の気候最良期後における寒冷化に関心をもっていた。つまり現在に至る過去三千年に、そして特に中世の温暖期後の寒冷化に、である。マッテスによれば北米で今日までなお残存している氷河の大部分は最後の大氷期のものではなく、この比較的最近の時期の産物なのだ。十三世紀から十九世紀にはアルプス、スカンジナビア、北米において氷河の進出があったが、彼はこの時期を大氷期に対して「小氷期」と名付けた。[2]

この概念を一九五五年にスウェーデンの経済史学者グスタフ・ウタ—シュトローム（一九一一—一九八五）が取り上げ、スカンジナビアにおける十六世紀から十七世紀の経済的、人口学的な困難は気候悪化の時期であったためだとした。[3]彼の論文は、社会的要因にのみ注目していたフェルナンド・ブローデルのような当時の指導的社会史学者たちの論証が不十分だと指摘していた。イギリスの社会史学者エリック・J・ホブスボームは経済的要因を用いて、イギリス革命に至るまでの政治的危機も階級闘争史として解釈した。[4]いずれにせよ「十七世紀の危機」への視線は新たに近世初期に向かったが、その焦点はもはや宗教改革、あるいはフランス革命にあるのではなく、危機的だった中間の時期に求められた[5]。

当時の社会史学者は社会を社会現象のみから説明するデュルケムの原則を重んじていたが[6]、ウターシュトロームはそれを退けて、外部から社会システムに作用する要因を強調した。すなわち気候を、である。彼のこの説はフランスの歴史家、エマニュエル・ル・ロワ・ラドュリに、歴史学の「伝統的手法」の中では極論としか表現のしようがないとのレッテルを貼られた[7]。しかしラドュリは自分がウターシュトロームを批評した際、気候論はアナール学派の構造重視の歴史学にはうまく調和しており[8]、彼自身それに影響されていると述べた。ラドュリはブドウの収穫日の時系列分析を続け、数年をおかずに気候史の規範となる論文を執筆したが、それは基本的にウターシュトロームによる十七世紀の危機を解明しようとする提言に基づき、膨大な量の自然科学の文献を統合し、小氷期の概念を一般に知らせたのだった[9]。

それ以来この概念への注目は増した。ヨーロッパ史における気候の変動は、イギリスのヒューバート・ホーラス・ラム[10]（一九一三―一九九七）やスイスのクリスチャン・プフィスター[11]、チェコのルドルフ・ブラッディル[12]やドイツのリュディガー・グラーザー[13]による大規模な研究プロジェクトによって、疑いなくその存在が認められた[14]。中世中期の温暖期のように小氷期の場合にも前もって述べておかねばならないが、ここで重要なのは寒冷が持続的なことではなく、むしろその傾向が強いことである。寒冷で湿潤な年が多くても、やはり「普通の」天候の期間も存在したし、極度に暑い年さえもあったのだ。多くの気候史学者は今日、小氷期を気候変動と異常現象の多発の時期と慎重に定義している[15]。

一五〇八年から一五三一年までのバイエルン（インゴルシュタットとアイヒシュタット）の二冊の天候

日誌から明らかになったことは、宗教改革期の冬の気温は一九七〇年代と似通っていることだ。一方、チューリヒでは一五六三年から数十年間、平均気温が二℃ほど明らかに低下していることがわかる。ここに小氷期の典型的な寒冷化現象をみることができる。[16] 中世をみれば、一三〇〇年頃に温暖な中世中期とは程遠い全く異なった気候の時期が出現し、一三一〇年代に小氷期が始まっている。[17]

地球寒冷化の原因

小氷期の原因はわかっていない。それはまず情報が乏しいことに関連している。[18] 地球寒冷化を説明する最も重要な説は**太陽活動のわずかな衰え**によるというものだ。中国、日本、韓国の研究者たちは古代後期にまで遡る自国の記録を手掛かりに、十七世紀後半における太陽黒点の消滅に注目した。ほぼ同時期にヨーロッパでは望遠鏡の発明、天文台の施設、自然観察のシステム化によって、寒冷化についてのいくつもの学説が登場した。太陽黒点の減少は太陽活動の低下と解釈され、一六七五年からの寒波と関連づけられた。当時の観察をまとめた天文学者のエドワード・ワルター・マウンダー（一八五一―一九二八）にちなんで、一六七五年から一七一五年までの寒冷期は**マウンダー極小期**と呼ばれる。[19] ジョージ・C・リードがある気候モデルを用いて計算したように、中心星である太陽の活動低下説は、小氷期全般についても極端な年についても、巧みな説明とみなされたのだった。[20]

一九七〇年代にはクラウス・U・ハンマーを中心とするデンマークの地球物理学者グループが氷から二回の強い**火山活動期**を証明し、それは小氷期の頂点とも一致すると指摘した。中世温暖期の硫酸塩の徴候がわずかであるのに対し、一二五〇年から一五〇〇年まで、および一五五〇年から一七〇〇年までの期間には古代後期以後の最も活発な火山活動の痕跡が認められる[21]。個々の爆発がようやく次第に理解されてきたのだ。バヌアツのクワエ火山の噴火は一四五〇年代の「地球寒冷化」の先駆けとされるが、それはグリーンランドと南極での三十三の氷床コア調査によって一四五二年末から一四五三年初頭にかけてと判明した[22]。その噴火はタンボラ火山の噴火以上に壊滅的であったに違いないものの、南半球にだけ強い寒冷化をもたらした[23]。

一五八〇年から一六〇〇年までの判断材料に乏しい二十年間に五回の火山噴火が確認されており、歴史家が耳にしていなかったとしても、ヨーロッパ史にも影響を及ぼした。それは一五八〇年のブーゲンビル島（メラネシア）のビリーミッチェル火山、一五八六年のジャワ島のケルート火山、一五九三年のジャワ島のラウング火山（共に現在のインドネシア）、一五九三年のコロンビアのルイス火山、そして一六〇〇年の南ペルーのワイナプチナ火山の噴火である[24]。この最後の南ペルーの火山噴火だけはスペイン植民地時代の記録からも知られている。したがって一六〇〇年二月十九日という正確な日付が判明した。この噴火は周辺二十キロメートルの地域を直接荒廃させ、火山灰はペルー、ボリビア、チリに降り注いだり[25]、成層圏に達してその後数ヵ月間、地球的規模で日光をさえぎった[26]。この噴火の結果、世界的な不作と飢饉が生じた。八回の特に寒い夏が八回の火山大噴火と関連していることが全体的に明らかになってきたのである[27]。

2　環境の変化

地球規模の氷河進出と乾燥の進行

氷河研究の権威であるジーン・グローブ（一九二七―二〇〇一）は小氷期に関する本を最初に刊行した人物であり、我々の研究も彼女に負うところが大きい。[1] グローブが世界全体での数多くの氷床コアについての概説で強調していることは、中世中期の気候最良期後の数世紀間に、寒冷化の波は常に新しい氷河の進出を伴ったということだ。そしてそれは常に同時期ではないにしても世界的な規模に及んだ。グローブは地球規模の寒冷化の始まりを十四世紀初頭、極北地ではその数十年前からと見積もった。[2] この氷河の進出の状態は程度の差はあれ、十九世紀末まで続いた。[3]

地球寒冷化といってももちろん、至る所で氷河の形成があったわけではなく、氷河研究から得られた「小氷期」という概念は熱帯乾燥地域には必ずしも適合しない。西アフリカならびに類似の赤道沿いの地域では寒冷化よりも不規則な降雨が脅威となった。地中海沿岸の一部の地域と同じく乾燥が主要問題となったのだ。耕作可能な気候帯は近世初期には著しく縮小した。なぜならサハラ砂漠とサヘル地域が数百キロメートル南下したからだ。ニジェール川上流のかつての中心地トンブクトゥは一六〇〇年頃にはサバンナの北端にあり、まだ農業が可能だったが、二〇〇〇年後にはサヘル地域の端に位置することになった。[4]

同様にインドや熱帯の中央アメリカでは雨期の変化が最大の問題だった。**乾燥**の進行は地球寒冷化の典型的指標とみてよかろう。スペインは非常に乾燥した[5]。クレタ島では一五四八年から一六四八年までの間に長い乾燥期間があったと、ヴェネツィアの士官たちが報告している。その間、四分の一の時期は冬の間中、あるいは春に一滴の雨も降らなかった。それは畑、ブドウとオリーブの収穫には致命的だった。二十世紀には雨が全く降らないという例は皆無である。しかしその代わりこの間の冬の五分の一は「異常な大雪、長期間の異常な寒さ、極端な降雨で春遅くまで種まき不可能」という特徴がある[6]。

地質学者や氷河学者にとってはわかりきった調査結果であっても、歴史家にとってはもちろん、方法論的問題が生じる。その一つは気候悪化を証明するのは非常に困難であるのに対し、歴史家ははるかに細部を扱っているからだ。年や月のレベルで気候悪化を証明するのは非常に困難である。氷河形成や堆積は数十年、数百年という時間の経過で進行するために、地質学的見解では寒冷化の画一的なプロセスとみなされるようなことが日常のレベルでは証明されにくい。当時の人々にとってはその時々の短期間の変化のほうが中期や長期の変化よりも重要だった。そのため記録の中では気候よりも天候についての観察が多くみられる。厳寒、長い冬、大雪、解けない氷などは人々に注意深く書きとめられた[7]。地方の年代記編者は専ら長期の比較をし、聖職者は異常な豪雪を宗教的な警告に利用した[8]。一六二四年の長い冬の後、チューリンゲンの聖職者であるマルティン・ペツォルド（一六三三年没）は『**雪への想い**』という著作の中でヨーロッパの厳冬についての年代記をまとめている[9]。

氷河の成長は注意深く記録されている。一六〇一年にシャモニーの農民たちはサヴォイの政府に、氷河がみるみる巨大化してすでに二つの村を呑み込み、まさに三つめの村を破壊するところだとパニック状態

図18　小氷期を描いたマットホイス・メリアンの銅版画。グリンデルヴァルト下氷河は成長して旧来の居住地を脅かしているが、旅行客には観光名所を提供している。

で訴えた。その氷河は今日、**メール・ド・グラス**の名で知られている。[10] マルティン・ツァイラー（一五八九―一六六一）はメリアンの**『ヘルヴェチアのトポグラフィー（地誌）』**の中でベルン高地のインターラーケン近くにあるグリンデルヴァルト氷河の成長について次のように記している。「その地から遠くない所に聖ペトロネラの礼拝堂があり、かつては人が巡礼していた。山のその場所を巨大化する氷河がこれまでに覆ってしまった。地元の人々が観察して証言したところでは、以前はきれいな牧場や草地であった所が、消滅して荒涼とした山になるほどの変化があり、その土台あるいは地面は移動した。確かに数箇所の土地では氷河の山が成長したために、そこに建っていた農家や小屋は消滅した。荒々しい氷塊や氷は、石や岩とともに、その地にあった家々、木々、その他諸々を脇へ押しやり、高く押し上げていった」。氷河の移動や氷塊が溶解する際に響きわたる轟音の記述の後、著者はこの氷河の山は「巨大化によって農民たちから牧草地、共有地、家々を奪った。それはまさに驚異の山だ」と締めくくっている[11]。

湖、河川、海の凍結

中国では広大な湖が全面凍結したことから一四七〇年から一八五〇年までの平均気温が、二十世紀後半と比べて一℃低かったと推測される[12]。アルプスの大きな湖の凍結を指す**湖の凍結**（**ゼークフレーネ**）というスイスの概念は国際的に認められているが、その数はヨーロッパにおいて十五、十六世紀中はそれ以前、あるいはそれ以後に比べて明らかに多かった。ボーデン湖は長期に気温が零下二十℃以下に低下したときだけ凍結する。**凍結**に関する年代記の報告は九世紀（八七五年と八九五年の冬に**凍結**）から残っている。それによるとボーデン湖はその後二百年近く凍っていない。十一世紀には二回の**湖の凍結**があり、十二世紀には一一〇八年だけ凍り、十三世紀には三回の全面凍結があった。

しかし、小氷期の最初の寒波とともに**湖の凍結**の回数は増加する。十四世紀には一三二三年、一三二五年、一三七八年、一三七九年、一三八三年に凍ったと報告されている。十五世紀と十六世紀には七回ずつの全面凍結という頂点に達する。一四〇九年から一五七三年までの間、ボーデン湖は平均して十二年ごとに完全凍結し、小氷期の中心的時期である一五六〇年から一五七五年には五年ごとであり、一五七二年から翌年にかけての冬には凍結期間が最長だったと推測される。このときボーデン湖は十二月に凍り、一月六日の主の公現の祝日に一時的に解けたので、数人が命を落としたが、それから再びより固く凍結した。復活祭の月曜日、三月二四日に氷はようやく解けた。完全凍結の間、湖は近隣住民たちに利用された。散歩、測量、密輸、そり遊びやカーニバルの娯楽などが通常の物品交換とともに行われた。湖上を走る六頭立て馬車さえ出現したのだ。

一五七三年二月一七日に「**氷上行進**」の伝統行事が始まり、今日に至るまで続いている。最初の行進では聖ヨハネの胸像がスイスのミュンスターリンゲンからシュヴァーベンのハグナウまで運ばれ、次の**湖の凍結**までとどまる。それから行進は反対の行路をたどって戻っていく。十七世紀にはボーデン湖は一六八四年と一六九五年の二回凍結した。両年ともこの千年間で最も寒い年だった。啓蒙思想の時代である十八世紀にはこの**湖の凍結**は一七八八年のみで、十九世紀には一八三〇年と一八八〇年であった。数多くのリトグラフや写真がそれを物語っている。二十世紀に入ると一九六三年にだけ全面的な湖面凍結があった。砕氷船すら航行できず、小氷期の最悪期のように、凍りついた鳥を大量に集めねばならなかった[13]。よく知られているようにこの年、気候学者は次の氷期が近づいていると考えた。ところがそれ以後、聖ヨハネの胸像はミュンスターリンゲンで次回の凍結を待ったままである。

レマン湖やフィアヴァルトシュテッテ湖やチューリヒ湖のような他の大きなアルプスの湖は、気候に地域的相違があるために、必ずしも同じ年に凍結するとは限らない。状況はしかしながら前述の傾向を裏づけている。

同様のことはライン川やテムズ川のようなヨーロッパの大河川にもあてはまる。ケルンでは一五六〇年代以降、ライン川が表面だけでなく川床まで凍りついたと何度も報告されている。十六世紀から十八世紀の**テムズ縁日（フロストフェア）**は有名だった。川の氷が十分な厚さになるや否や大都市ロンドンの活気は売店やウインタースポーツも含め氷上に移った。直火を使う屋台まで開店していた。その景観は実に見ものだったので、数多くの木版画、銅版画、油絵に残っている。イギリスのように温暖な冬で知られているオランダでも同様に、小氷期には運河、水路、河川がすぐに凍結するためにスケートやアイスホッケーを描いた、数え切れないほどの冬の絵画が存在している。地中海地方の河川でさえも凍結を繰り返すことがあった。ヴェネツィアのポー川、フィレンツェのアルノ川、南フランスのローヌ川、南スペインのグアダルキビル川などである。一七〇九年の一月にリヨン近くのソーヌ川では川底まで凍ってしまい、直前に降った大雨のために大地がおよそ一メートルの深さまで凍結したと伝えられる。この冬に南フランスで凍ったのはオリーブ、ブドウ、栗の木だけではない。ワインは地下室で、インクはインク壺で凍りつき、家畜は小屋で、獣は森で凍えた。鳥は凍死して地面に落下した。マルセイユの湾では地中海が凍った[14]。このような厳冬が小氷期の特徴であった[15]。

持続的な変化に見舞われたのは北の海だった。そこでは流氷群がはるかに南下してきていた。現在や中世中期には一年を通して凍結しないアイスランド北部は、半年にも及ぶ長い冬の間、氷に閉ざされた。レイキャビクのようなアイスランド南部の港はわずか数ヵ月だけ氷から解放された。スピッツベルゲン港は今日、中世中期のように一年のうち九ヵ月は航行可能であるが、小氷期には夏場の三ヵ月のみ、船の寄港が可能だった。一三一五年から翌年にかけての冬は非常に寒さが厳しくバルト海が凍結したが、それはそ

図19　小氷期にはテムズ川がしばしば凍結し、ロンドンでは氷上で市場やスポーツの催しが開かれた。1895年、テムズ川が最後に凍ったときには川面が氷塊で埋め尽くされた。

の後の数百年間にはしばしば繰り返される景観となった。流氷は十五世紀に大きく南下したので、グリーンランドへの航行ルートが遮断され、アイスランドへの航行さえも時々不可能になった。氷山はノルウェーやさらにはデンマーク、ブリテン諸島への航行までも妨げた(16)。

ヴェネツィアのラグーン（潟湖）は二十世紀には二回凍結した。一回は一九二九年の二月十日から十三日までの四日間、零下一〇℃の冷風ボラが続いたためで、もう一回は一九五六年二月十日から二一日までの十一日間で、零下八℃の冷風ボラのためだった。中世中期の温暖期は十分な資料があるにもかかわらず四百年間に二回しか凍結が確認されていない。当時よりも、二十世紀のほうが寒かったということだ。しかしそれに対して一三〇〇年から一八〇〇年までの小氷期には少なくとも三十回は凍結があった。百年に六回、ラグーンは完全に凍結したことになる。一三一一年と一三二三年の凍結は小氷期の到来を意味していた。凍結は時として壮観だった。一四三二年には一月六日から二月二二日まで七週間近くも凍結したので、ヴェネツィアから大陸側のメストレへ行く荷車が氷上を往来した。一四九一年の冬には大運河の氷上で騎士の競技大会が行われた。一五六九年にラグーンはかつてないほど遅くまで三月に入っても凍結していた。一六八四年と一七〇九年の厳冬には氷上を重い荷物が輸送された。ヴェネツィアに残る記録は一七一六年、一七四〇年、一七四七年、そして一七五五年には二回の凍結を伝えている。一七八九年の凍結については多くの絵画が残っている。[17]

植物相と動物相の変化

十六世紀末にプロテスタントの牧師であったダニエル・シャラーは次のように記している。「野や畑では土地がやせて実りが乏しくなってしまったので、町や村では農民たちの嘆きや苦しみの声がしきりに聞こえてくる。そして物価の高騰と飢餓の原因となっているのだ[18]」このような声は、気候変動が植物相と動物相へ及ぼした影響についての当時の人々の感想として、真摯に受け取るべきであろう。というのも良質な穀物は鉄器時代初期のように、湿気や冬の寒さに弱いことが判明していた。北ヨーロッパのいくつもの地域、例えばアイスランドでは穀類の栽培を完全に放棄しなければならず、別の地域では小麦をあきらめ

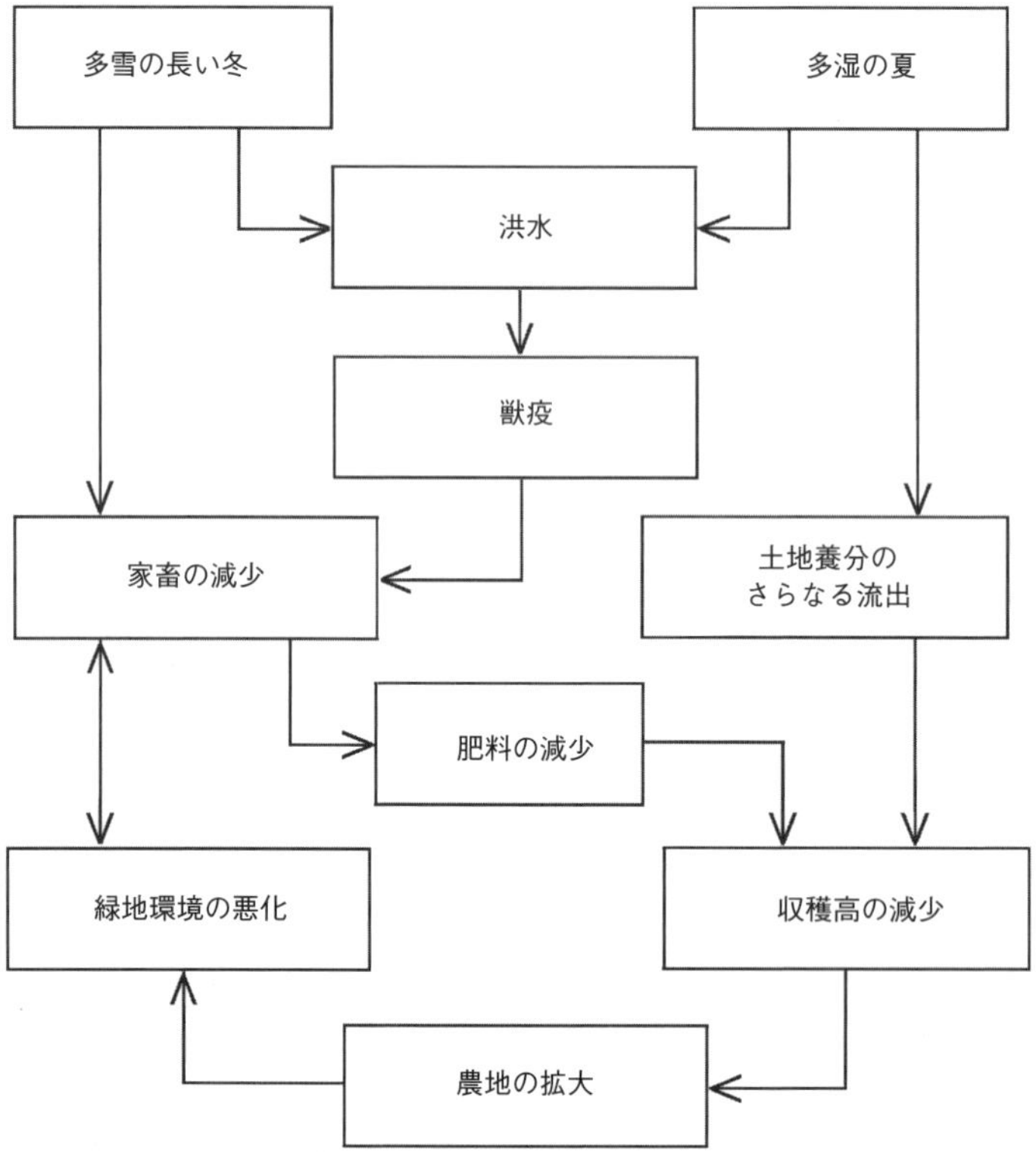

図20　小氷期が農業に与える影響。クリスチャン・プフィスター（ベルン）による仮説モデル。

てカラス麦やライ麦で間に合わせた。収穫期の観察記録から果樹の開花、干草の刈り入れ、ブドウの成熟期などが天候悪化のために遅れていることがわかる。何年もの間、アルプスの北部ではブドウの成熟には夏が短すぎて、酸味の強いワインしかできなかった。[19]

小麦とブドウといったヨーロッパ農業の中心作物にも生育限界の移動が影響していた。中世中期には南ノルウェーやイングランドでさえブドウ栽培が行われていたが、十四世紀とさらに十六世紀にもブドウ栽培の境界線は明らかに南下した。シャラーの時代にはバルト海沿岸でのブドウ栽培はすで

図21　1570年から翌年にかけての厳冬では森から狼が出てきた。チューリヒ市民のヨハン・ヤコブ・ヴィックによるコレクションの中の雪害のイラスト。

に全くみられなくなっていた。二十世紀の温暖化に続く今日でも、その境界は中世中期の終わりより五百キロメートルほど南下したままである。[20]ドイツのブドウ栽培地であるライン川やモーゼル川沿いの適した地域でさえ数年間はブドウの品質が劣悪だった。[21]ケルンの都市貴族であるヘルマン・ワインスベルク（一五一八―一五九七）は一五八八年の十月、自分でも驚いたことに十三年来の品質悪化で新しいワインを補充できないため、ワインの在庫が切れてしまったのを知った。自分の名前にあてこすって彼は冗談を飛ばした。「ワインスベルクはもうワインなしでお祝いしなくては[22]」

　有用植物の全体はまだ調査されていないが、すでにフェルナン・ブローデルはオリーブの生育限界も大幅に南下したことを確認している。[23] 生態系の変化についての我々の知識はとりわけ、この時代における野生植物の体系的な観察に欠けていることが難点である。唯一、高地アルプスについては樹木限界が下がり、アルプス高原の放牧地を放棄しなければならなかったことがわかっている。同時に放牧地の牧草が減少したと推測され、その結果、牛の健康状態、牛乳の量、乳製品の質に影響が及んだようだ。[24] 異常な天候の年、深い谷や中級山岳地帯などの不利な地形では植物の多様性は限られていただろう。樹木の構成がどこまで変化したのかについてはさらなる調査が必要であろう。[25]

動物界に及ぼす気候変動の影響についてはすでに当時の人々も気づいていた。「水中にはかつてと比べて、もはや魚は多くなく、森や平原には野生動物もあまり群れておらず、空にも鳥は多くない」[26]。魚の減少という指摘は現実に相応したものであろう。海の魚についてはより多く知られている。なぜなら北大西洋の漁獲高については記録が残されているからだ。この資料からアイスランドやノルウェー近海のタラが中世後期以降、激減していることがわかる。それは魚類の生理学によって説明がつく。タラの肝臓は二℃以下では機能しないため、気温指標として役に立つ。マウンダー極小期の期間と同様に十七世紀の極端に寒い年、例えば一六二五年や一六二九年には漁業の水域が著しく南下した。このような年にはフェロー諸島近海でもタラ漁はできなかった。[27]

陸上ではさらに印象的である。十六世紀後半、**Gypaetusbarbatus**（ヒゲワシ）が絶滅したことはアルプスの熱上昇気流が発生しなかったことと関連づけられる。[28] ヨハン・ヤコブ・ヴィック（一五二二―一五八八）は一五七〇年から翌年の冬の「言語に絶するひどい寒さ」とアルプスの大湖の凍結に関して「大量の深い積雪でどれほどの人々が凍えたか、雪の中で窒息して死に至ったか」と記している。中世初期のように狼たちが森から出てきて飢えから人々を襲うようになり、クールの牧師トビアス・エグリ（一五三四―一五七四）は、ツィツァース付近のラインの谷で三人のお針子が襲われた事件をスイスの宗教改革家であるハインリヒ・ブリンガー（一五〇四―一五七五）に報告している。[29] 不作で飢饉の時期は野生動物にとって二重の危険を意味した。一方では植物生育期の短縮による餌不足に苦しみ、他方ではより激しい狩猟の的にされるからだった。危機の時代には密猟の訴訟が急増した。一六〇〇年頃にはベルン高地で多くの種類の鳥が狩猟禁止になった。なぜならその数が激減したからだ。[30] 会計簿からは寒さ、乾燥、洪水に見舞われた年にモグラの数が激減し、捕獲の賞金を支払わずにすんだことが見て取れる。[31]

動物相についても野生動物より家畜のほうがよく知られている。グリーンランド、アイスランド、スカンジナビアとブリテンの一部などの北ヨーロッパ諸国では牛の飼育が不可能になり羊に代わった。中級山岳地帯とアルプスでは放牧地が消失したため、家畜の飼育が困難になった。最も大きな危険は雪解け後の洪水が牧場を汚染して獣疫をもたらすことだった。資料でわかるように獣疫は近世初期の農業社会にとって大きな問題だった。

気候変動は昆虫や微生物にも影響を及ぼした。[32] アルプス北部の寒冷化は**ハマダラカ**にとって不利だったためにマラリアの問題は消滅した。マラリアは中世中期にはイングランドまで蔓延していたが、小氷期には北アフリカまで後退した（現在その感染地域はイラクおよびサハラ南部から始まる）。その一方で北部は多くの寄生虫の生息に有利になった。**ノミ**と**シラミ**は**コロモジラミ**という名称が示すように、衣服の重

図22　保険会社の統計は過去の自然災害について何の情報も与えられない。1612年から翌年にかけての「チューリンゲンの大洪水」の木版画。

ね着と不十分な衛生状態のもとでは格別に有利なのだ。シラミの被害にあうと、チフスの危険種である**発疹チフス**の病原体、**Rickettsia prowazekli**（**リケッチア**）に感染し、それは今日でも治療しなければ一〇～二〇％の死亡率がある。[33] ノミはペストの媒介をするが、この病気は十四世紀半ば以降ヨーロッパの流行病となった。ペストの病原体**Yersinia Pestis**（**エルシニアペスティス**）にとって寒冷化は好都合だった。裸体、性のタブー視の結果、十六世紀に入浴習慣がすたれ、ノミの生息に有利になった。それはノミへの文学的関心の高まりをみればわかる。ヨハン・フィッシャルト（一五四六―一五九〇）の風刺的作品である『ノミのハッツ、**女たちのトラッツ**[34]』や、無名の駄洒落屋が怪しげなラテン語と自国語を混ぜ合わせた詩の中で、自分を**クニッククナッキウス**とよび、低地ドイツの自分の故郷を「**ノミの土地**」とちゃかしているのがその例である。(35)

グリーンランドのヴァイキング滅亡

寒冷化に最も激しくさらされたのは北の国々だった。グリーンランドでは気候がさらに悪化したため、ヨーロッパ人の居住が終わった。植物生育期間は劇的に短くなって穀物栽培が不可能になり、家畜用の牧草地帯は縮小し、北アメリカやノルウェーからの木材輸入は次第に困難になってついには完全に停止した。母国との交易も途絶えた。そのため発掘した骨や歯から推測する限りでは、人々の栄養状態が急激に悪化し、専門的医療もないまま病気に感染しやすくなっている。一三五〇年頃に視察旅行をしたあるノルウェーの神父が**西部入植地**に人の気配がないと報告している。彼はうろついている家畜は目にしたものの、人影は見当たらなかった。移住者はどこに消えてしまったのか。死体さえも発見されなかった。永久凍土ではヴァイキングの風習である土葬は不可能である。以前は遺伝的要因説が有力であったが、現在では十四世紀の気候悪化の知識に基づいて、不作と飢えと病気の連鎖がグリーンランド人の滅亡の原因とみなされている。(36) 南グリーンランドの主要居住地である**東部入植地**の最後のニュースは一四一〇年頃にノルウェーのベルゲンに届いたが、それはある魔法使いの火刑についてであり、差し迫った危機の兆候でもあった。というのも以前にはその地からの魔女の火刑についての報告はないからだ。(37)

これまでに歴史的資料と自然科学の両面から詳細に研究されたヴァイキングの例が示していることは、

人間の文化と関連している場合、気候的要因だけでは十分に説明できないということだ。グリーンランドの気候はもちろん寒冷化していったが、北部から生活圏を広げてきた**イヌイット**（エスキモー）にとっては何ら問題にはならなかった。彼らの文化の基盤は狩猟と漁業であり、畑作や牧畜ではなかった。**新石器革命**を受け継いだヴァイキングは穀物栽培と牧畜のみに基づいた文化をヨーロッパから持ち出したものの、それは滅亡することとなった。[38] 転覆船のミイラ化したイヌイット一家の遺体からわかるように、当時すでに毛皮を身に着けていた一家と違って、[39] ヨーロッパ系のグリーンランド人は最後まで北極地方の条件に合わない素材の衣服に固執していた。そしてその生活形態は自分たちの生活基盤を破壊することとなった。彼らはやせた大地で過度に家畜を放牧して土地を荒廃させた。家畜は開拓者自身のようにますます小型化し、病気にかかりやすくなった。しかしながらヴァイキングたちは頑固に旧来の農民の生活様式を守り続けた。彼らのごみ捨て場からは魚や野生動物の利用の跡がほとんどないことが明らかになっている。[40]

この頑迷さの理由については多くの議論がなされた。おそらく寒冷化そのものが、例えば海洋凍結や魚の生息数減少などにより漁業への生活習慣の転換を阻害したのかもしれない。しかしながらより確かなのは文化的要因と考えられる。教会はキリスト教徒がイヌイットのような異教徒の暮らし方をすることを禁じていたかもしれない。物々交換の痕跡がないことは異教徒との交流が実際に行われなかったことを示している。適応力を欠いていたために赤毛のエイリークの子孫は滅亡するに至ったのだ。[41]

アイスランドとノルウェーの衰退

農業の不振を漁業の強化で補おうとしなかったのはアイスランドでも同様であった。デンマーク政府から自らの船団編成を禁止されていたにせよ、遠洋漁業が全く発展しなかったのは結局ノルウェー系農民に進取の気性が欠如していたためだった。大地の豊かさが失われていくのに加えて、水温が低下し続けるフィヨルドからタラが消えてしまったので、伝統的漁業に出口はなかった。アイスランドのいくつもの地域で漁業は完全に放棄された。農民たちには投資する資本もなかった。[42] 移住以来順調だった多くの農場も放棄しなければならなかった。特に厳しかったのは島の北部で、そこの肥沃な谷は氷河の前進と流氷群のために何ヵ月も島の他の地域から孤立した。[43] 農場や村の放棄はしばしば十四世紀の人口減少のためとされるが、それはむしろ近世初期に入るまでの長いプロセスの中で犠牲を強いてきた気候変動の結果であった。[44]

スカンジナビアでは一九六九年から一九八二年まで、北方諸国における**廃村**の学際的研究プロジェクトが進められた。居住地発展の調査では、デンマークでさえ中世中期に入るまでしばしば入植地を替えねばならず、定住に至ったのは一二〇〇年頃であることがわかった。気候が快適だった中世中期にようやく農民文化はスカンジナビア全体に定着したのだった。農家が点在する入植形態のノルウェーでは二回の破局的時期があったことが注目される。二回とも農場のおよそ四〇％が放棄された。一度は民族大移動のあった六世紀の最悪期、そして一三〇〇年からの小氷期である。農場は同じ経過をたどって放棄された。海抜三百メートル以上では植物生育期が大幅に短縮し、穀物栽培のリスクは高まった。辺鄙《へんぴ》なフィヨルドで自らの生活基盤が脅かされるならば、生き延びるのは不可能である。人口学的な結果は明白である。一三〇

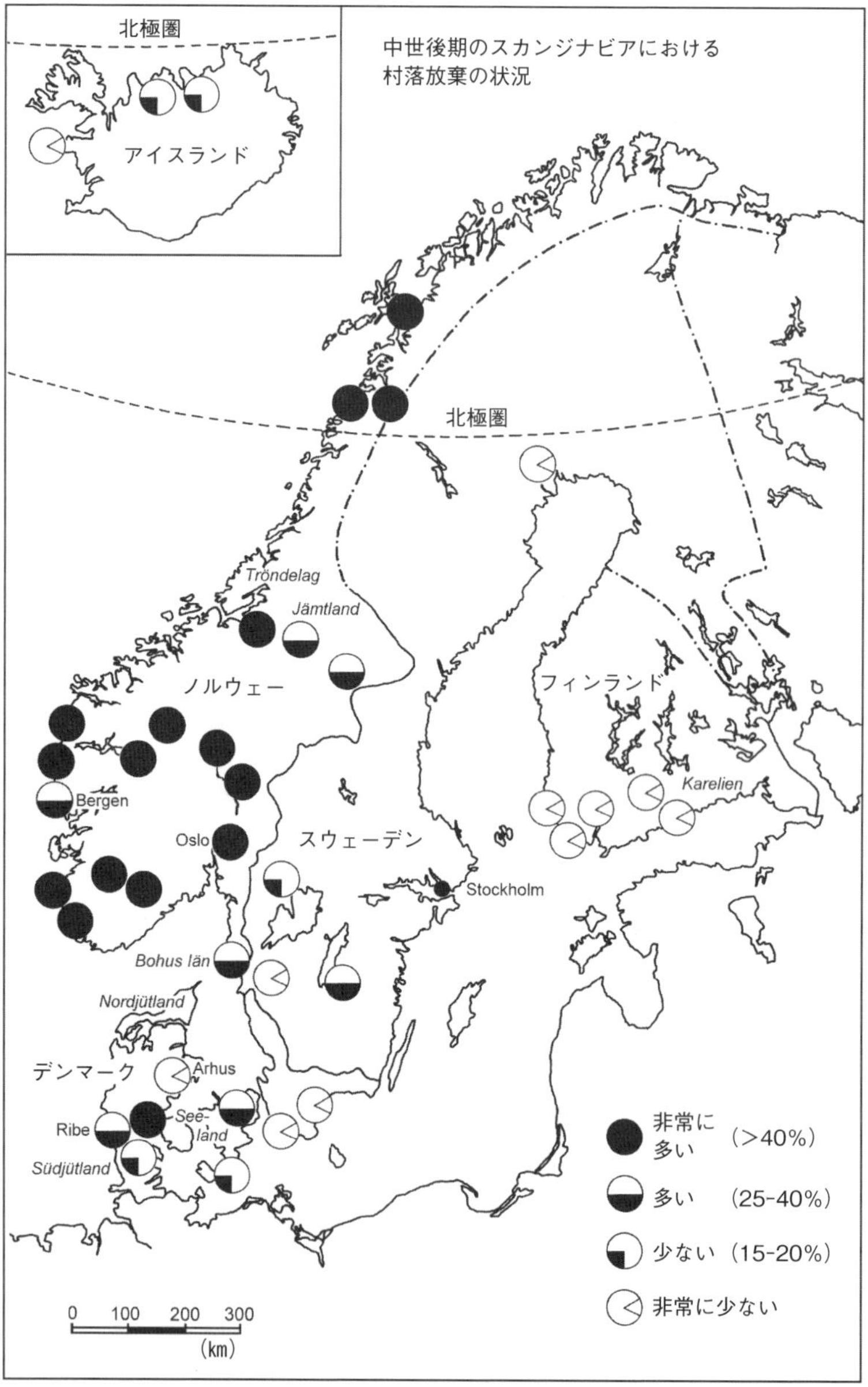

図23　小氷期の気候悪化は北ヨーロッパ全体で居住地分布を変化させた。スカンジナビアにおける農場や村落の放棄については現在、十分な統計が存在する。

〇年頃最大だった人口は十四世紀初めの飢饉でまず激減し、その後は持続的に減少し、一七〇〇年頃に最小となった[45]。

当局の文書によって十七世紀以降の寒冷化については詳細にわかる。農民たちにできるのは根拠ある理由を持ち出して税の軽減を望むことだけだった。しかし不作だけでは税の引き下げは許可されなかった。度重なる被害報告によって当時の状況が明らかになる。北フィヨルドに注ぎ込む河川は一六五〇年から一七五〇年まで毎年のように氾濫した。同時期に氷河の被害、雪崩、山崩れについての報告は頂点に達している。一六八七年には特に多くの農場が地滑りによって破壊された。一六九三年と一七〇二年には牧場が冠水し、農民たちは逃げるのが精一杯だった。その後、牧草地は砂、砂利、岩石などに覆われて利用不可能になった。落石の危険があるため、多くの農民は作男や手伝いを見つけることすら困難になった。明白なことは家畜（牛、羊、山羊）の数が十七世紀にいかに地区ごとに減少していったかである。谷では被害はむしろ洪水や、大雨後あるいは雪解け期の地滑りによるものだった[46]。

ウェアラム・パーシーとイギリスの消えた村々

「**中世の廃村研究グループ**」は居住地だけでなく農地の拡大や農業耕作の形態まで考慮した調査を行い、それによって農業の集約化に伴いもはや何の痕跡も発見されなくても[47]、空中写真考古学によって多くの廃村の存在が確実なものになった。二、三年もしないうちにイングランドだけで四千以上の放棄された村々が発見されたのだが、中世温暖期に築かれて数百年繁栄していた居住地が一三〇〇年以降再び放棄されていた。それらが「イギリスの消えた村々」である[48]。

ドイツにおける研究では廃村のほとんどがペスト大流行によるものとされる一方で、より進んだイギリスの研究例ではその原因は複合的であり、小氷期の気候変動と関連づけられている。人口はペスト到来以前に一三一五年から一三二二年の大飢饉以来、すでに減少し始めていた。マートンカレッジ（オックスフォード）は、一二九〇年代に多額の費用をかけて作られた風車が一三三〇年代には借り手がいなかったことを突き止めた。そこで粉をひく農民がもはやほとんどいないからだった。ウスターの司教はアプトン（グロスターシャー）の自分の畑を耕作する農民がもういないのに気づいた。そのため彼がその畑を羊牧場に転用したことは興味深い事例である。なぜなら農民数の減少はしばしば資本主義的な羊飼育業者による追い出しが原因とされるからだ。十四世紀の危機ではしかしながら逆であった。羊の飼育は人口減少と大地の豊かさが衰えたために導入されたのだ。転用のもう一つの形態もまたイギリスでは典型的である。それは農地を景観公園に転換することで、十五世紀から始まった[49]。

最もよく研究された廃村の例は北ヨークシャーの**ウェアラム・パーシー**である。ここは一九五〇年から一九九〇年の夏期に発掘された。発掘の季節が限定されることがすでにこの村が放棄された理由を物語っている。夏以外の期間、ヨークシャー高地の地域気候の特徴は不快な湿気と寒さである。特にウェアラム・パーシーの谷間には、たとえ周囲の谷や今日も存在する姉妹地区の**ウェアラム・ル・ストリート**から雪が消えても、なおも残雪がある。調査で明らかになったのはウェアラム・パーシーがそもそも十四世紀初めに放棄されたのではないことだ。ペスト大流行後もそこでは一三六八年にまだ三十世帯が生活していた。厳しい気候はさらなる人口減少を招き、ついには居住地の放棄をもたらした。一四五八年にはまだ十六世帯が残っていたが、一五〇〇年頃には一農場があるのみだった。ウェアラム・パーシーは中世中期には素晴らしい開拓地だったが、小氷期にはもはやそうではなかったのだ[50]。

人為的変化

ドイツにおける廃村研究は長くヴィルヘルム・アーベルの農業危機説によっていた。その説では危機の原因は人々を養う農業生産力の低下ではなく、むしろ人口減少が食料需要の低下を招き、土地からの収益を減少させたためであるとされた。十四世紀以来土地価格は下落し、荘園領主たちは放棄された農場を占有することにもはや関心をもたなかった。小貴族は没落し、盗賊騎士は農村集落をさらに荒廃させていったとされる[51]。しかし今日、イギリスとスカンジナビアの廃村研究の進展によって我々はそのような見方を取ることはできない。というのも小氷期の気候悪化が環境と農業に、そして最終的には人々の生活状況にどのような結果をもたらしたかをよりはっきりと見て取れるからである。

中世中期からの村々、農場、高原放牧地、畑地の放棄は人口が再び増加に転じた後でも部分的に続いた。十六世紀末に人口は少なくとも三百年前と同じ水準まで増加したとみられる。居住地の減少によって、より多くの人々をより狭い土地で養わねばならなくなった。それは都市化によって可能になった。ロンドン、パリ、ミラノ、ナポリ、イスタンブールなどは中心都市へと成長して、人口は二十五万人に近づいた。他の都市、例えばヴェネツィア、フィレンツェ、ウィーン、アムステルダムなどは人口十万を超えた。しかしながらさらに重要なのは小都市が中部ヨーロッパだけで四千を数えるおびただしい数となり、その人口も数倍に増加していることである。それは食料、飲み水、建築と燃料用木材の調達、ごみと排水の処理という難題を投げかける。そのため明らかにより良い耕作方法、生産方法、細かい商業網が必要とされた。

そしてそれには犠牲もつきものだ。自然からの収奪である。進行する工業化と鉱業、暖房や鉄の精錬や製塩の際のエネルギー需要、大軍隊の維持、船団の編成は改めて森林の乱伐を招いてすでに当時の人々の目にもとまり、批判もされていた[52]。いくつかの地域、例えば自由都市のニュルンベルクやヴェネツィア共和国では森林保護法が公布されたが、他の地域では予防のための環境政策が欠けていた。ブリテン諸島、スペイン、イタリア、ダルマチア（ユーゴ）、ギリシア、小アジア、北アフリカではもはや森林はほとんど残っていなかった。伐採は衆知の結果をもたらす。特に地中海諸国で乾燥の問題を深刻化させる地下水面の低下、耕作地における土地浸食や洪水の危険の増加などである[53]。

3　死の舞踏

一三一五年から一三二二年の大飢饉

十四世紀の初頭にヨーロッパは、当時の人々からすると以前には決してなかったと思われる大飢饉という災いに見舞われた。それは聖書の**創世記**（第四一章三〇節）にあるような、あの有名な七年にも及ぶ

「飢饉の年」という災害だった。十四世紀初めにヨーロッパを襲ったこの飢饉は、多くの地域で一三一五年から一三二二年まで、まさに七年間続いたといわれる。十六世紀初めの年代記編者もこの聖書にあるような災いを記していた。現代の歴史家でさえこのように長期間にわたり、地理的にも広範囲に及んだヨーロッパの飢饉をほかに知らないのだ。大飢饉はブリテン諸島からロシアまで、そしてスカンジナビアから地中海沿岸にまで及んだ。[1]

現代の研究ではこの類をみない飢饉勃発の原因について四つの可能性を論じている。

(一)　中世中期の温暖期に人口が増加し、農業生産力を上回った人口圧力のため
(二)　食糧備蓄が不十分であるのに収穫期の天候不順が続き、在庫を早く食べ尽くしたため
(三)　戦争や内乱により食料分配が困難になり、地域の不作が大飢饉に直結したため
(四)　新しい環境条件への適応を阻む農民の保守性のため[2]

その時代の年代記編者にとっては飢饉の原因はしかしながら明らかだった。それは形而上学的には神の罰であり、実際には自然災害の連続の結果であったが、その中でも特に顕著なものが異常気象であった。長期の厳冬は植物の生育期間を短縮させ、長雨は収穫を阻害し、特に「日々のパン」の原料となる穀類を害した。フランスの中世研究者ピエール・アレクサンドルは当時の報告を比較して断言している。ヨーロッパ史において一三一〇年から一三三〇年までの連続した厳冬は類をみない。同時に一三一〇年代は過去千年間で最も多雨の時期でもあったと。[3]

一三一〇年から多湿の冷夏の年が続いた。不作であったもののまずは何とか生き延びられる状況ではあ

った。しかし一三一四年には変化があり、イギリスとドイツでは夏の大雨に続いて長い厳冬が訪れ、春先には河川が氾濫した。「バイエルン公」のルートヴィヒ四世（在位一三一四―一三四七）の治世は全く悪い星の下にあった。王は反対派の推す対立国王や法王と争っただけでなく、気候とも闘わねばならなかった。一三一五年は長雨の年だった。雨はフランスでは四月半ばに、五月一日にはオランダ、聖霊降臨祭にはイギリスで始まり、そして中部ヨーロッパ全域に夏中降り続いたのだ。空は曇ったままで太陽はほとんど見えず、気温は異常に低いままだった。バート＝ヴィンツハイムの年代記は人々が犬や馬を食べ始めたと報告し、聖書の「ノアの洪水」を引き合いに出した。というのも多くの場所で大規模に冠水していたからだ。(4)

一三一五年から翌年にかけては厳冬のためバルト海は何週間も凍ったままだった。一三一六年は一年中低温多湿で、洪水が水車小屋や橋を壊し、その当時の産業やインフラを損なった。ドナウ川はバイエルンとオーストリアでそれぞれ三回氾濫し、ムール川（シュタイアーマルク州）だけでも洪水によって十四の橋が流された。(5) この十年で最も寒い冬は一三一七年から翌年にかけてだった。寒さは十一月末から復活祭まで続き、ケルンでは六月三十日になお雪が降った。(6) この例外的状況を除くと一三一八年の夏は全体的にいくらか穏やかであった。しかし、一三一九年から一三二二年までは破局的連鎖の初めの三年間と同様にすさまじいものだった。北海沿岸、ノルマンディー、フランドル地方に壊滅的な嵐と洪水が襲い、大陸では干ばつと異常な多雨が交互に起きた。

戦争が一般国民の不幸を大きくしたのは当然である。フランスではフィリップ四世（在位一二八五―一三一四）の華やかな治世の後、カペー王朝最後の三人の王、ルイ十世（在位一三一四―一三一六）、フィリップ五世（在位一三一六―一三二二）、シャルル四世（在位一三二二―一三二八）の危機の時代が続いた。バイエルン公ルートヴィヒは対立国王のオーストリアのフリードリヒと戦った。しかし今日、我々はこの窮乏が戦乱のためばかりではないことを知っている。兵士以上に国民は飢餓に苦しんでいた。不満が反乱を引き起こした。スイス国民は一三一五年、モルガルテンで支配者のハプスブルク家から独立を戦い取った。スコットランド人は一三一四年のバノックバーンの戦いでイングランドからの独立を勝ち取った。戦乱はアイルランドに拡大して、ウェールズではイングランドの覇権に対する反乱が起こった。世界は大変革に巻き込まれたようにみえた。スカンジナビアではノルウェー、デンマーク、スウェーデンが入り組んだ王朝間の戦争を展開していた。事件史の面から歴史家が解説するように、至る所で戦争だった。大飢饉時代の食糧不足にその共通の原因があるのではないだろうか。

一三一五年にすでに「恐ろしい疫病」は広まっていたが、まだ黒死病ではなかった。ヘルダーラント、オランダ、神聖ローマ帝国では「大量死」とよばれ、多くの土地で人口の三分の一が死亡したとされている。イギリス、フランス、オランダ、スカンジナビア、神聖ローマ帝国、ポーランドなどの諸都市では死亡率が非常に高かったので、新しい埋葬方法が導入された。元来、墓地は市内にあったのだが、高死亡率のために市外にも埋葬を始めたのだ。メッツでは住民がせいぜい二万を数えるほどだったが、五十万人が死んだとされた。誇張は恐怖のサインだった。一三一六年だけで住民の死亡率はほぼ五～一〇％にのぼったと見積もられている。私たちには信用できる数字ではないとしても次のことは確実である。一三一五年から一三二一年の大飢饉で大量死がもたらされたのだ。大量死とともに数々のおぞましい状況が生じた。イギリス、バルト海沿岸地方、ポーランドからは困窮下の両親が子供たちを殺した、人々が人食い人種のように死者を食べたといった報告が伝わっている。(7)

「死の勝利」

ペスト研究のシンボルの一つはピサの**カンポサント**にあるトスカナ派の大きなフレスコ画、「**死の勝利**」であるが、この絵はジョバンニ・ボッカチオ（一三一三―一三七五）の『**デカメロン**』序章を思い出させる。若者のグループが美しい森で遊びと歌に夢中になっている。しかし、彼らは思いがけず人生のはかなさと対峙させられる。岩の上方では天使と悪魔が足元に横たわっている死んだばかりの者の魂を巡って争う。フレスコ画の左部分は陽気な狩りの集団と棺に安置された三人の死者との出会いが描かれているが、その棺からは蛇がちょろちょろと舌を出している。絵の側を飾るのは最後の審判と地獄の場面である。墓地へ向かう弔いの行列が死を想起させるのは、黒死病に対する最も印象的な反応の一つとして、誰でもいつでも遭遇する死の可能性に対する戦慄の表現と解釈されていた。

しかしながら今日、我々は会計簿からこのフレスコ画がイタリアに黒死病が出現するおよそ十年前の一三三八年にすでに描かれていることを知っている。死者たちはペストの特徴を示していないし、またペスト文学の中で記述されている死の付随症状はどこにも暗示されていないのだ。同様に今日知られていることだが、以前にはペスト大流行と関連づけられていた他のいくつもの死の絵画もそれ以前にすでに描かれていたものなのだ。例えば、ボルツァーノのドミニコ教会の「**メメント・モリ（死を忘れるな）**」であるが、この絵ではギャロップで駆ける馬に乗った死神が生きている人々を大量になぎ倒していく。死神との対決、大鎌をもつ死神、「ペストの矢」のアレゴリー（寓意）など、すべてはもう存在していた。[8] 死は常にあるものだと人々は自らをなぐさめ、納得させていたのではないだろうか。しかしことはそれほど簡単ではない。西洋絵画の父、ジョット・ディ・ボンドーネ（一二六七頃―一三三七）の画風には一三〇五年に描いたパドバのアレーナ礼拝堂の絵のように、ピサの**カンポサント**の画家である謎めいたブファルマッコなどの次世代画家にある陰鬱さがほとんどみられない。

謎解きすれば、一三三〇年代とさらに一三四〇年代初めには死を特別に恐れる然るべき理由があったのだ。中部ヨーロッパの気候史をみると、人々に温暖期への回帰を夢見させるような快適な数年間の後で一三三〇年代半ばには困難な年月が続いた。一三三五年の夏は寒くて雨が多く、ブドウは酸味が強く、作物の収穫は思わしくなかった。そしてその翌年も非常に多湿だった。一三三八年に人々は聖書にあるような災害に直面した。春には大洪水に見舞われ、夏にはハンガリー、オーストリア、ボヘミア、ドイツのチューリンゲンやヘッセンに至るまでイナゴの大被害にあったのだ。イナゴは収穫の大部分を食い尽くした。早めに降った雪がこの被害をようやく終息させた。しかし多くの木々が雪折れにあい、イナゴの被害を免れたブドウに雪害を与えた。一三三九年と一三四〇年には再びイナゴの大群に見舞われ、そのイナゴは八月に長雨に追い払われたが、その代わり洪水と収穫被害がもたらされた。[9] 一三四一年の春は冬のように寒かった。イギリスでは一三四一年と一三四二年に小麦の収穫が壊滅的だったため、税の軽減を認めざるを得なかった[10]。

一三四二年の夏には過去千年で最も大きな自然災害の一つがもたらされた。七月に集中豪雨が川を氾濫させ、大波がレーゲンスブルク（ドナウ川）、バンベルク、ヴュルツブルク、フランクフルト（マイン川）、ドレスデン（エルベ川）、エルフルトの大橋を破壊したのだ。洪水は深い峡谷を削り、土地の景観を長期にわたって変化させた。広い地域で作物は壊滅し、物価高騰と飢饉が襲った。一三四三年には再び長雨が夏期の七月、八月、九月と続いた。ボーデン湖は三回氾濫してリンダウとコンスタンツの町は水浸しになった。ライン川沿いではバーゼルとシュトラスブルクの間で多くの橋や建物が破壊された。降雨と洪水で収穫も損なわれた。寒くて湿った春には嵐が大きな損害をもたらし、木々の開花を遅らせた。一三四四年には大規模な乾燥と干ばつによって収穫は減少したが、気温は高いためにブドウだけは良い出来だった[11]。イタリアでは大規模な飢饉が起こり、ルネサンスの中心地であるフィレンツェで数千人の命を奪った。大々的な倒産が物語るように、都市経済は危機に陥った[12]。これらがペスト大流行以前に「**死の勝利**」などのフレスコ画が発注された背景であった。

一三四六年から一三五二年の黒死病

ヨーロッパ史において黒死病は最大の災難に数えられる。わずか数年間に人口の半分が死亡したとされる[13]。それは二十世紀の二度の世界大戦を合わせたよりも悪い影響を与えたであろう。何人かの歴史家は黒死病到来が西欧文化の変遷に決定的意味をもたらしたとみている[14]。しかしながら最近までにペストの影響はより詳細にわかってきている。ペスト流行初期の死亡率は比較的低かったらしい[15]。そして一三四六年から一三五二年のペスト大流行によるものとされる鞭打ち苦行者の列、死の舞踏などの信仰の表現の多くはすでに以前から存在していたし、聖セバスチャン信仰、ロクス信仰などは十五、十六世紀に初めて広がりをみせ、最盛期となったのだ[16]。

黒死病がなぜヨーロッパでそれほど猛威を振るったのかという問いの答えは、それ以前の数十年間に民衆の体力が落ち、抵抗力が衰えていたことにある。一三一五年から一三二二年の大飢饉は「あらゆる危機の母」としての役割を演じた可能性がある。なぜなら子供時代の飢えのストレスは生涯にわたって罹患率を高めるからだ[17]。一三三〇年代の気候の悪化は北半球全体を襲った。この時期、モンゴル族の間に大きな騒乱があった。彼らは中国に侵攻し、ペスト拡大を助長した。中国西部の大量埋葬はペスト大流行が中国で始まり、そこからシルクロードに沿って広がっていったことを示している。そしてこの新しい疫病が根付く下地がヨーロッパにはあったのだ。一三四六年は格別に寒い年で六月まで全く暖かくならなかった。そして九月二二日にはすでに再び異常な寒さが襲ってきて、マイン川、ライン川、モーゼル川などの川沿いではブドウが熟さないまま凍りついた。一三四七年は降水量が多く、木々の開花と収穫は遅くなった。カラス麦でさえ収穫できず、この年のワインは飲むに適さず、すでに十月には雪が降った[18]。

ヨーロッパでペストが大流行したときの状況はこのようであった。この疫病はまずタタール人の間で広がった。彼らは一三四六年にクリミヤ半島にあるジェノバ領の都市カッファを包囲したとき、投石機でペストの死体を市内に投げ込んだ。生物兵器戦略の初期の例である。ペストは一三四七年にジェノバの船でカッファからイタリアに達した。マルセイユ経由で一三四八年一月に法王クレメンス六世（一二九二—一三五二、在位一三四二—一三五二）の居住地であるアヴィニヨンに至り、その侍医であったガイ・デ・ショーリヤック（一三六八没）によって初めて専門的に記述された。この疫病は六月にボルドーからいくつもの港を経由してイギリスと北フランスに拡大した。一三四八年八月にパリに達し、まだその年のうちにノルウェーのベルゲンに至った。そして陸路か、あるいは北海の港を通ってドイツに入った。ハンブルクや他の沿岸都市では一三五〇年に最大の犠牲を出すに至った。ただし、南ドイツとボヘミアはこの疫病から免れていたらしい。それはスウェーデンとフィンランドの一部、アイスランドとグリーンランドにもいえる。

イタリアの都市では反対にあらゆる場所で多くの犠牲者が出た。一三四八年三月からこの疫病が猛威を振るったヴェネツィアは住民の半分以上を失い、フィレンツェでもほぼそれに近い状況だった。この疫病は医師のジェンティーレ・ダ・フォリーニョが論文で強調したように、感染した人々にとって全く新型だった。この新型であることと免疫システムの弱体化が相まって、ヨーロッパに数百年存在しなかったペストにこのような大きな破壊力を与えたのだ。最新の推計では人口の三〇％が犠牲となり、その際の地域別の死亡率は一〇％から六〇％と見積もられている。ヨーロッパ史においてこのような結果をもたらした出来事はほかにない(19)。

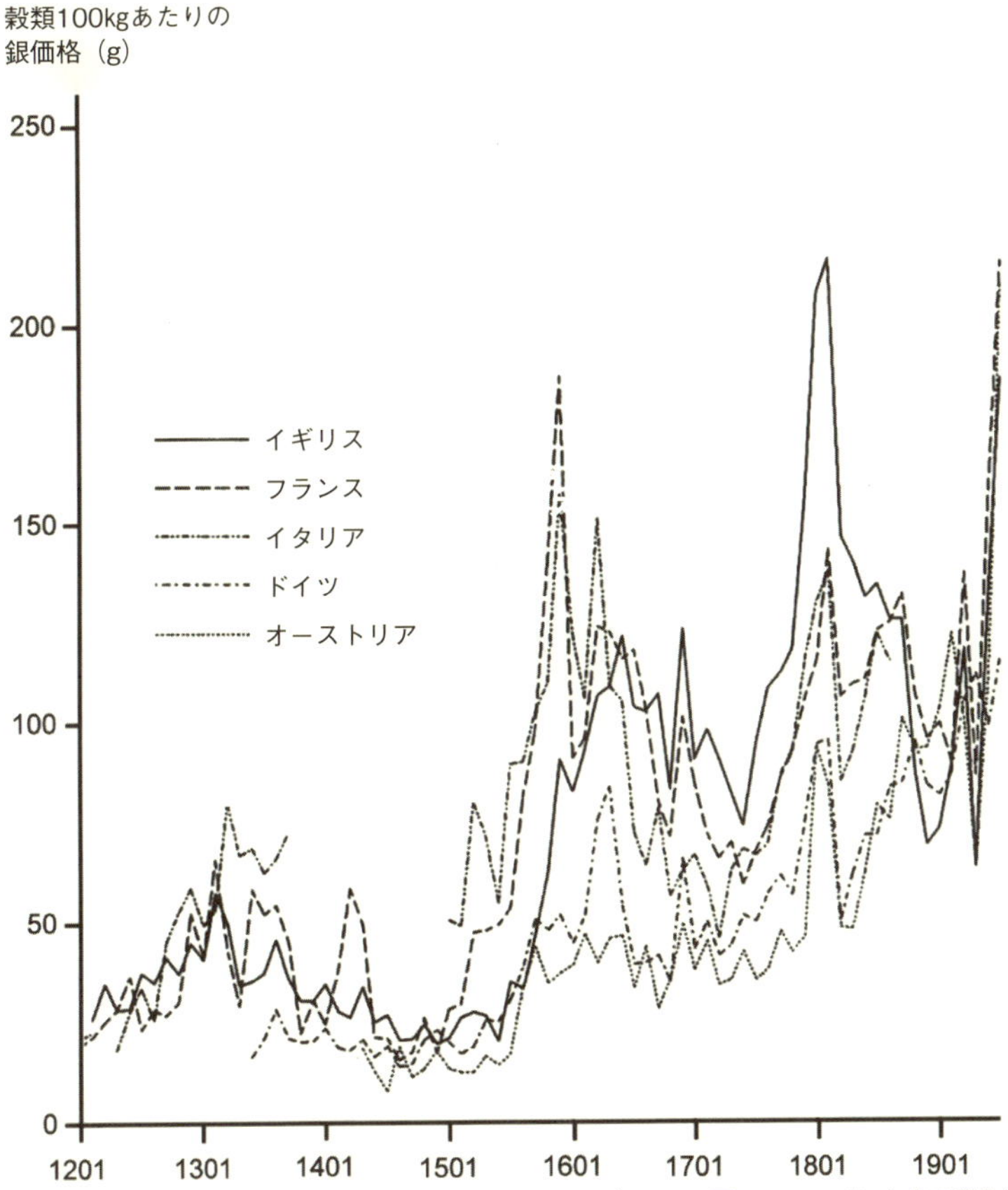

図24　社会の発展に伴う景気変動。1201年から1960年までの西ヨーロッパにおける穀物価格。

景気の変動

経済史研究の大きな成果の中に長期にわたる価格の時系列表がある。それはモリッツ・ジョン・エルザスが一九二〇年代にハイリヒガイスト救済院の会計簿を用いて行ったような、膨大な数に及ぶ地域の価格の分析評価に基づいている[20]。一二〇〇年以前についてはその種のまとまった時系列的な価格の記録は残っていない。なぜなら自給経済から市場経済へ、つまり交換経済から貨幣経済へ移行していないうえに、整った会計報告がまだどこにも存在していなかったからである。基準は「日々のパン」を焼く材料である穀物の価格であった。パンは中世後期から近世初期までは最も重要な基本食品であり、その価格の動向は他の価格全体に影響した。中世中期以降、四回の景気の大変動期が判明しているが、ここではその最初の三回について述べることにする。なぜならそれらは同一のメカニズムに基づいているからだ。つまりパンの価格は長期的に上昇しており、経済史家はなぜかわからないが**価格革命**と称している。その背後にあるのは貨幣価値の下落ではなく、パンの需要の長期的拡大である。人口の増加は穀物生産の増大よりも速かった。十六世紀末に農業はすでに中世中期の温暖期末のように限界に達しており、貧しい人々は自らが支払える価格で食物を得ることがもはや不可能だった。

この状況をイギリスの経済学者、トマス・ロバート・マルサス（一七六六—一八三四）は有名な『**人口論**』（一七九八）の中で次のように述べている。人口は供給可能な食糧よりも常に速く増加する傾向をもつ。その結果、危機が訪れ、病気や戦争によって死亡率が著しく上昇し、人口は大きく減少する。この種の危機はこの人口学の創始者にちなんで**マルサスの危機**と呼ばれる。ヨーロッパにおける穀物価格の長期的変動から、工業化以前には三回の危機的時期があったことがわかる。一三〇〇年頃、十六世紀後半、そして一八〇〇年頃である。危機の厳密な時期はしかしながら社会内部の変動ばかりではなく、気候によっても決定される。

十六世紀の半ば、一五三〇年から一五六〇年までは温暖な気候のため、人口は順調に増加した。一五六〇年頃、人口は一三〇〇年当時のレベルに再び到達したと考えられる。その後、小氷期は特別に厳しい段階に入り、度重なる厳冬、多湿の夏、それによる不作に見舞われた。物価はかつてないほどに上昇した。実際にその時々の物価は経済史家の図表にあるよりもはるかに高かった。というのも図表では、頂点は長期の平均を作成することによって計算上ならされるからだ。十五世紀末から十七世紀半ばまでに、穀物価格は最初の数倍に達した[21]。人口増加が限界になったことから**十七世紀の危機**と称される。多くの戦争、内戦、革命は人口を減少させたが、しかし現実には**マルサスの危機**であるといえよう。

ところがヨーロッパはその当時、すでに成長した社会だった。物資の欠乏や物価高騰は一般的な貧困には向かわず、代わりに社会および政治の均衡を拒むことへ向かった。一般的にパンの原料となる穀類の所有者と仲買人は高価格によって利益を得ていた。例えば東エルベの地主、中部や西部ヨーロッパの一部封建貴族である。特にイマニュエル・ウォーラーステインがヨーロッパ史に**従属理論**を取り入れて強調したように[22]、あらゆる社会変革はこのプロセスと関連付けられる。ヨーロッパの周辺、つまり東ヨーロッパやスペインの植民地には、穀類増産のために「第二の農奴制」が導入される一方で、「**ヨーロッパ世界経済**」の中核では商人階級が政治の中心勢力へと台頭したのである。オランダの**黄金時代**が、大陸の他の国々が周期的飢餓に苦しんでいたまさにその時点に出現したことは偶然ではなかった。至る所で、**神聖ローマ帝国**やイタリアにおいても、穀物所有者とそれ以外の人々の間には極端な格差が生まれた。北ドイツのヴェーザー川沿いに花開いた**ヴェーザールネサンス**の新しい富は驚嘆に値するものだった。なぜなら需要によって貴族が利益を得たからだ。バイエルンでは反対に農民に対して奢侈《しゃし》禁止令を公布しなければならなかった。彼らは自分たちで穀類を売却し、その一部は貴族の領主よりもぜいたくな結婚式をあげることが可能だったからだ。都市の中流階層は穀物ブームに参加できなかった。パンの価格が著しく上昇する間も、製品価格は低迷し、彼らの収入は上がらないままで購買力は減少した。それは生活水準の深刻な低下を招いた。**生活用品価格調査**によって説明できることは、一五八〇年代以降、四人家族の健全な栄養摂取が困難になり、数十年間そのままだったということだ[23]。

小氷期の生存危機

近世初期に顕著なのはすさまじい伝染病死亡率である。十六世紀、帝国議会都市であったアウクスブルクでは一五一九～一五二一年、一五三三年、一五四三年、一五六二年、一五七二年、一五八六年、一五九二年、一六〇二年、一六一三年にペストが流行した。これらの危機も、アウクスブルク市民の半数近くが犠牲となった一六二八年、一六三二年から一六三四年のこの疫病の大流行で完全に陰に隠れてしまった。同時期に三十年戦争によってアウクスブルク織物の販売市場もなくなり、このシュヴァーベンの首都は打撃から回復することができないまま、小都市の地位へと転落した[24]。

少し時代をずらしてみれば、ヨーロッパのあらゆる都市において生存危機がみられる。その際には十六世紀後半と十七世紀前半の死亡率が、それ以前あるいはそれ以後と比較してより深刻であるという印象をぬぐえない。イタリアではペストが一五七五年から一五七七年にかけて特にすさまじい広がりをみせた。最初の症例と死亡例は夏に現れたが、この疫病は通例そうであるように冬には減少した。しかし翌年三月に再び勢いを得て、夏から秋にかけて最大の猛威を振るった。ミラノでは一万六千人の死者が出たが、それは人口の約十分の一であり、変革志向の大司教、カルロ・ボッロメオはペスト施療院を開設した。ヴェネツィアではおよそ十六万人の住民の三分の一がペストで死亡した。公務は停止となり、学校は閉鎖され、墓堀人と湯かん婆は警告のため足に鈴を付けねばならなかった。それは一三四八年以来、二六回も猛威を振るったこの疫病の最悪の流行期の状況であった。ペストがついに収束したとき、この都市では壮大な**サンタ・マリア・デ・ラ・サルーテ聖堂**を建設して聖母に感謝を捧げた。この建物は有名な建築家、アンドレア・パラディオ（一五〇八―一五八〇）が手がけた[25]。

　生存の危機はペストだけに起因するのではなかった。体力の落ちた状態では感染しやすいため、ペストはしばしば他の病気と結び付いて発症した。典型的なものはヨーロッパでは痛みで狂乱状態に至る発疹チフス（「重大病」あるいは「ハンガリー熱」として知られる）、とりわけ子供にとって危険な疱瘡（「痘瘡」、「天然痘」）、死に至る下痢症状を起こす「赤痢」、それから麻疹、猩紅熱《しょうこうねつ》、さらにはインフルエンザであるが、これはその変異によって全く異なった名称（「イギリス発汗」、「スペイン熱」、「ボヘミア羊ペスト」、「カタル性伝染病」など）があり、しばしば咳や百日咳とともに発症し、啓蒙思想の十八世紀に入るまで、一般に「新型病」とよばれていた。十八世紀に世界的にインフルエンザが広がるとともに、医学研究者団体の設立と専門誌の刊行でようやくこの病気の診断ができるようになり、医学的には「インフルエンザ」、一般的には「流感（グリッペ）」の概念が確立した。一六三二年から一六三五年の破局的生存危機の間にドイツではまず凶作と戦争による飢饉が猛威を振るった。そこに赤痢とチフスが広がり、さらにペストが襲いかかったのだった[26]。

飢えと病気の関連

都市や地方の栄養状態悪化が罹患率と死亡率の上昇を招いたことには、一部の文献で異論が唱えられている。[27] イタリアの学者マッシモ・リヴィバッチは歴史に残る病が栄養不良によって助長されることはほとんどなく、反対に栄養不良は病原体の成長を阻止するので、病気の減少につながると述べている。[28] しかし疱瘡について現在ではイギリスの資料の新しい解釈により、危機の年には死亡率が上昇するという肯定的な立証がなされている。[29] 二十世紀における飢饉についての国連発表では、通常、結核、[30] チフス、[31] 赤痢[32]などの感染症は栄養不良の結果であると指摘されている。近世初期の危機の時期における女性の生殖能力低下は、かなり以前から統計的に証明されている。[33] 十六世紀には肉、ミルク、卵などのたんぱく質摂取の減少が明白な結果をもたらしている。歯の調査、遺骨から推測できる体格の小型化は栄養不足の指標となっている。過去二千年間において十六世紀後半と十七世紀前半の人々は平均してそれ以後、あるいはそれ以前よりも小柄であり、匹敵するのは十四世紀初期の危機の時代のみである。[34] 当時の年代記編者は飢えといわゆる重大病（チフス）との関連を強調している。「この長期にわたる物価高騰の後、深刻な重大病が続いた。この病は一軒の家に侵入すると、広い空間を通り抜け、中でも命をつなぐ一切れのパンさえない者を連れ去った」[35] この病気を扱った当時の刊行物の数は、例えば一五七〇年の飢饉では大幅に増加した。[36]

気候悪化によってもたらされた構造的変化を考察するならば、似たような観察結果はあらゆる大陸で見出される。凶作は罹患率と死亡率を上昇させ、人口を減少させる。中国でさえ十七世紀には人口増加が停滞した[37]。スペイン領フィリピン、オランダ領アンボン、シャム（タイ）については統計資料が残されている。どの地域でも十七世紀初期の飢饉と疫病が報告されている。ジャワ島では一六二五年から一六二六年にかなりの住民が疫病の犠牲となった。スペインの植民地では人口が一六五五年までに三分の一も減少した。一六六〇年代半ばにインドネシアではヨーロッパと同様、死亡率の急激な上昇に見舞われた。これらの悲惨なデータの多くは従来、戦乱や不十分な統計によるとされるが、発生の同時性は広範囲の経済的、あるいは気候的要因をうかがわせる。該当地域がすでに国際貿易に組み込まれている場合、例えばコショウその他の香辛料のようなヨーロッパ向け輸出品の価格下落は影響を及ぼす。しかしながら全体として危機は貿易や植民地支配の影響より、その地域経済と地域社会の問題に起因していた[38]。

戦争暴力と死刑

オランダの画家、ピーテル・ブリューゲル（一五二五―一五六九）はマドリードのプラド美術館にある「**死の勝利**」の絵画で、林立する絞首台を描いているが、それは頻繁な死刑を暗示している[39]。近世初期の刑事法廷は、常に増加をたどる一方の犯罪者に対して刑罰の厳格化で対応した[40]。犯罪者の扱いは苛酷だったが、十六世紀にはさらに厳しさを増していった。拷問はそれ以前、あるいはそれ以後のどの時代よりも広く行われ[41]、死刑の数はヨーロッパ全土で、今日まで計り知れない。一六〇〇年頃ヨーロッパの大都市に近づいた旅行者は、最初にまず市の門の前に吊るされた強盗の死体を目にした。**恐怖の見世物**によって潜在的犯罪者を恐れおののかせ、確固たる不動の秩序があるという印象を伝えていたのだ[42]。

多くの事柄が暴力の全般的増加を示しており、特に三十年戦争との関連で膨大な犠牲者数を示している。この戦争では人口は三分の二にまで減少したとされる[43]。一方で指摘しておかねばならないのは当時の軍隊の規模が比較的小さかったことだ。戦争で直接死亡した人々は疫病による死者に比べて最終的には少なかった。脱落して略奪を働く兵士、「強奪乞食」やその他の暴力的犯罪の犠牲者でさえ、個人的にはその暴力が深刻であったに違いないとしても、統計上はそれほど重要なわけではない[44]。戦争暴力と死刑は物資のひっ迫により、ありとあらゆる宗教的、社会的、政治的摩擦が先鋭化したその時代の象徴だった。しかしながら戦争と暴力はそのように苛酷なものであったにせよ、地方の死亡率の統計では病死に比べて重大ではなかった[45]。

暴力の嵐に見舞われた中国については、特に言及しておく価値がある。十七世紀前半は破局的騒乱期であり、その規模に匹敵するのはまさに中世初期の最悪期だけである。温暖な中国南西部の雲南では一六〇一年に吹雪が広く荒れ狂い、その後国全体から大規模な寒冷化現象が報告された。人々は寒さで凍死し、寒冷化と結び付いた干ばつで中国の農業は壊滅した。一六一八年から一六四三年まで殺人的な飢饉がこの国を襲った。道端には瀕死の人々が倒れていた。人肉食い、大規模な国内移動、多種の暴力沙汰、そしてついには李自成の指導のもとに大きな農民反乱が起こり、一六四三年に明王朝を倒すに至った。この暴力による崩壊は皮肉なしにみることはできない。なぜならその三百年前に似たような気候条件による危機の中で明王朝は、モンゴルの元王朝（一二六〇―一三六八）の崩壊によって、権力を握ったからだ。初代の明帝（在位一三六八―一三九九）は反乱を起こした農民の統率者だった。明の滅亡後、血生臭い内戦の中で清王朝が勃興し、一九一二年まで権力を維持した[46]。

4　ウインターブルース（冬季鬱病）

心の危機反応

アウクスブルクの画家、バルナバス・ホルツマンは一五七〇年の飢饉の時期における自分の体験を次のように語っている。「何度もため息をつくと胆汁は私の胃の中を深く刺すように流れ、口の中では酸いも甘いもようやく感じ取れる程度だった。長い夜、私はほとんど眠れずに起きていることが続いた[1]」。アメリカの社会学者、ピティリム・ソローキン（一八八九―一九六八）は一九二〇年代のソ連における飢饉を背景に、この種の災難は極度の精神的反応、思考や感情、行動、社会組織、文化的生活の変化をもたらすと指摘している[2]。社会的ストレスが精神障害、特に抑うつ的気分を呼び起こすことは社会科学のコンセンサスとなっているようだ[3]。小氷期の危機の時代に増加した特有のストレスの原因には次のようなものがあげられる。予期しない病気、子供や配偶者の死、家族内の争い、職場や住居の消失、性的不満、孤独、子供を望みながらの不妊、身体的暴力、犯罪への関与、火事や洪水あるいは他の災難による住居消失、経済的困窮などである[4]。

季節性感情障害（SAD）

英国国教会主教のロバート・バートン（一五七七—一六四〇）は自著の『**憂鬱の解剖学**』の中で、悲嘆をもたらす多くの原因の一つに終わりのない曇天の日々をあげているが、その日々では暗雲が日差しをさえぎり、そのため他の人々よりも苦しんでいる者もいる。[5] そして冬には太陽が午後早くに沈むため、日光の恵みをあまり受けていないブリテン諸島ではなおさらだ。半年に及ぶ冬の暗さによって人が憂鬱になるならば、処方箋は一つしかない。九月にイギリスから脱出してイタリアに旅行し、少なくとも半年、その地に滞在することだ。特に小氷期に関して、ようやく最近になって発見され、定義された精神的症状が特別の関心を引くに至った。「**冬季鬱病**」である。[6]

それは長い冬と、太陽がしばしば暗雲に隠れてほとんど姿を見せない多雨の夏とを伴った時代にふさわしい心の病かもしれない。最近この抑うつは「**季節性感情障害（Seasonal Affective Disorder）**」と名付けられ、簡潔な短縮形で「ＳＡＤ」[7] とも呼ばれる。というのもそれは日照不足によって呼び起こされ、過度の悲嘆と自殺願望を高めるからだ。重症の場合は睡眠障害、無気力、摂食障害、抑うつ、社会的不適応、不安感、リビドーの消失、感情の激変などを含む。該当者のほとんどが免疫不全の徴候を訴え、感染症や他の病気にかかりやすい。重症でない場合は不安や抑うつの感情は消え去る。しかし疲労、睡眠障害、摂食障害はより穏やかな形で残っている。[8]

普通の冬でも繊細な人々にはそのような反応が起きるのであるから、「夏のない年月」として酷評された小氷期ではどのようなことになったであろうか。[9] 想像できるのは小氷期の間も今日と同様の心身の反応がもたらされたであろうことだ。その証拠の一つは一七八四年、アイスランドのラキ火山の噴火後に北ヨーロッパで太陽光がさえぎられたため、多くの人々を襲った「意気消沈」である。光と闇はヨーロッパ文化の中で、また、多くの他の文明においても、文化的に類型化された現象である。通常、光は肯定的視点を、闇は邪悪を連想させる。すでにこれらの背景からして暗さの増大は誰も快活にさせなかった。特に人工照明の可能性が限られていた場合はなおさらだった。**冬季鬱病**に効果的な今日の白色灯以前の松明やロウソクは不十分なものでしかなかった。もちろん小氷期には抑うつを引き起こす他の理由もある。例えば悪天候に結び付いた不作、家畜の死、人口の三分の一を死亡させた天然痘などの伝染病、そして酸性雨による あらゆる植物の成長の阻害などの付随現象である。[10]

絶望と自殺

宗教的圧力と暴力的な風土、繰り返される農業危機、国中にあふれる乞食の群れ、飢えでむくんだ路上の子供たちのありさま、医者には手の施せない「不自然な」病気のほかにも社会的緊迫と戦争が心の病を助長した。憂鬱、絶望、悲嘆についての精神的な慰めの文学が示しているように、精神的な不調は当時の人々には不安をかき立てるものとされた。すでにミシェル・ド・モンテーニュ（一五三三―一五九二）の『エセー（随想録）』の第二巻は「**悲嘆について**」であった。なぜならそれらが執筆された一五七〇年代当時は「全世界が申し合わせたように悲嘆に特別に敬意を表することに取りつかれていたからである」[11]。飢饉の結果として慰めの文学がブームになっただけでなく、悲嘆への傾倒自体が「**憂鬱の悪魔**」の中に求められた[12]。そしてダニエル・シャラーは「この世の人々の憂鬱について」感情移入して記している。「人々からほとんどあらゆる気力が失せてしまい、彼らの心は不安にさいなまれ、身体は生きているまま、死人や影のようにうなだれて地面の下を這《は》いたいと望んでいるかのようだ。むしろ生きているよりも死んだほうがずっとましだと思っている[13]」。

自殺の数は危機の時代には特定できないほど増加した[14]。ついでに述べておくと、自殺は埋葬の形式を巡って興味深い一連の葛藤を引き起こした。自殺は本人以外、誰も身体的に傷つけられていないにもかかわらず、言葉の概念からすでにわかるように不法行為に分類され、「殺人」の一形式として扱われた。そして殺人は私的な事柄ではなく、神の摂理に違反したことになるのだ。地方の人々が恐れたのは誤った埋葬が神の怒りを招き、不作続きの時期に一層の天候被害をもたらすのではないかということだった。「収穫、家畜、人々の労働力保護のために自殺者たちは生者と死者の共同体から放逐されねばならなかった」。デヴィッド・レデラーが指摘したように、当時の判断では原因と結果が取り違えられていた。多分、気候によってもたらされる抑うつが自殺率の上昇を招いたのであろうが、それはしかしながら大衆的な「自殺が悪天候を引き起こすという考え方」に一致していた[15]。

憂鬱は時代の流行病だった。芸術家、インテリ、領主たちは自分たちの中にこの病を見出した。フランスでもスペインでもバロアとハプスブルクの王朝がこの病に襲われた[16]。イギリスではエリザベス一世（一五三三—一六〇三、在位一五五八—一六〇三）の時代に抑うつ的気分が頂点に達したので、「**エリザベス朝のマラディー**（**慢性病**）」とよばれた[17]。この時代病がもたらしたものは心を病んだ者の特別な治療所の開設だった[18]。この心の病はすでに社会に深く根付いていた。ピューリタンの轆轤《ろくろ》細工師ネヘミア・ウォーリントン（一五九八―一六五八）の自伝的手記が示すように、自己反省を強制するプロテスタントの倫理は、当時の人々を状況によってはさらに深く抑うつに引きずりこんだ。あらゆる外的な兆候から罪のすさまじさを彼らに信じこませるからであった[19]。

憂鬱な星の下の世界

当時の指導的君主である神聖ローマ皇帝ルドルフ二世（一五五二―一六一二、在位一五七六―一六一二）は皇帝自身が鬱傾向であり、呪われているか狂気であるとみなされていたことはこの時代にふさわしい[20]。この皇帝の外交官としてスペインに赴任していたハンス・ケーベンヒュラー伯爵のように好意的な当時の人々でさえ、皇帝の特異な気分について報告し、皇帝は「憂鬱な星」の下に生まれたのだと考えていた[21]。フェリックス・スティーブは病気を作り出すその生活環境について次のように記している。「子供時代に刻みこまれ、皇帝を終生支配した宗教的見解と自らの性的放縦が矛盾していればいるほど、告解や神への責任という考えが突然浮かんで不安にかられたに違いない[22]」。

皇帝の抑うつは不安から生じているのかもしれない。その不安とは我々が今日でも現実的だと認識できるものではある。皇帝は例えばペストを恐れて何度も地方へ避難しなければならなかったし、毒を盛られるのではないかというその時代特有の不安や、自身の幹部官吏や権力に飢えた弟のエルンストとマティアス、この二人は最後には死の直前に皇帝を退位に追い込むのであるが、彼らの政治的陰謀への不安にさい

図25　不毛の時代への反応。皇帝ルドルフ二世は自分自身を宮廷画家のジュゼッペ・アルチンボルトにローマの豊穣の神ウェルトゥムヌスとして描かせた。1591年頃。

なまれていた。他の不安についてはむしろ非合理的とみなされるであろう。例えば、特にカプチン修道会士やイエズス会士に呪われることへの恐れ、自分の罪ゆえの良心の呵責《かしゃく》、とりわけ図書館司書のヤコポ・ストラーダの娘であるカタリーナ・ストラーダに関するもので、彼女とは情事を重ねて何人もの私生児をもうけたのだ。

情性疾患の君主たちがその抑うつのため決断をためらったり、統治を麻痺させたり、跡継ぎの子供のないことが政治的危機へと進展する場合には、第一級の政治的リスクがもたらされるかもしれない。嫡出の後継者がいないことは常に王朝の後継の危機と王位継承戦争の危険を呼び起こした。フランスのアンリ三世（一五五一―一五八九、在位一五七四―一五八九）に子供がいなかったことは宗教戦争の新しいラウンド開始の合図だった。ルドルフ二世に嫡出子がいなかったことはボヘミアに深刻な事態を招き、最初の戦闘行為を誘発するに至った。ユーリッヒ＝クレーフェの抑うつ的な君主ヨハン・ヴィルヘルム（一五六二―一六〇九）に子がなかったことでヨーロッパ全体が戦争寸前となったが、その戦争は偶然アンリ四世（一五五三―一六一〇、在位一五八九―一六一〇）が暗殺されたため回避された。ユーリッヒ＝クレーフェの王位継承戦争は地域的な紛争へと縮小され、後になってようやく三十年戦争の前ぶれであったと新たな解釈がなされた。[23]

エリク・ミデルフォルトは三十年戦争の原因の一つはとりわけ当時の君主たちの狂気にあるという結論に至った。[24] しかしながらそれは小氷期の心理的影響と関連している。魔術（ヘクセライ）が小氷期の犯罪ならば、抑うつは小氷期の症状だった。芸術と政治においては、何者も抑うつ的になることなしに大事を成し遂げられないというアリストテレスの有名な言葉を当時の人々はすでに知ってはいた。[25] しかし抑うつは当時の医学では、体液（**humores**）のアンバランスから生じる深刻な身体の病に分類されていた。大学を席捲していたガレノス派医学に沿って、この病気は**黒色胆汁**（抑うつ質）が、**血液**（多血質）、**プレグマ**（粘液質）、**黄色胆汁**（胆汁質）に対して過多になることから生じるとされていた。この体液の混合が人間の気質、健康、行動、世界観も決定するとみなされた。

黒色胆汁は不健康な寒さと結び付けられ、抑うつは「風の強い寒くて乾いた秋の季節、すなわち悲惨な嵐の時期」と結び付けられた。[26] 黒色胆汁過多は不安、幻覚、激しい癇癪《かんしゃく》、アパシー（無気力）、深い悲嘆の源とされた。最後の悲嘆については人々を、そして当時の説によれば、特に弱い性である女性たちを悪魔の誘惑に負けやすくすると解釈された。悪魔は貧しい者や孤立した者に富や性的満足、そして必要ならば復讐を約束した。その代償は悪魔との契約であり、この犯罪をヘクセライとよんだ。ヨハン・ヴァイヤー（一五一五—一五八八）はユーリッヒ＝クレーフェの抑うつ的な君主の侍医であったが、彼が抑うつを身体的病と定義したことによってヘクセライ問題を和らげる発端が作られるに至ったのだ。ヴァイヤーは君主だけでなく近隣の皺《しわ》の多い老女も抑うつ状態になるという急進的結論を引き出した。

「彼らはしかし、その心を非常に狂った空想でもって
多くのものをあざ笑い、
のぼせあがって混乱させるあの悪魔によって
だまされ、あざむかれているということ、
すなわち彼ら自身が、自らそうなったと思い込まされているが、
くだらないことを信じ込み
自分が犬や狼に変身したと間違って思い込んでいる
他の憑かれたメランコリーの人々と全く同様に
力を持っているわけではないこと、
これらのことを私は全く疑わない(27)」

生存の危機と宗教的苦悩の時代は、明らかになっている限り、社会的摩擦といった表面的次元で社会を動かすだけではなく、その社会の人々を夢の中まで追跡していったのだ(28)。

第4章

小氷期が文化に及ぼした影響

1　怒れる神

一五六〇年十二月二十八日の朝、五時四十五分、早朝ミサの鐘が鳴り響いていたとき、中部ヨーロッパの天空に光が射してきた。初めは白かった光が次第に赤みを帯びて、ついには「血の色に変わった」。すでに目覚めていた人々は近所の者たちを起こし、激しい議論が巻き起こった。多くの者は、北方に地域全体が炎に包まれるような大規模な火災が起こり、その照り返しではないかと考えた。方々で警鐘が鳴り始め、危険が差し迫っているかにみえた。チューリヒでは消防隊長が馬で町に乗り出した。「他の地域でも空が燃えるような色だったということだが、やがて人々は家に帰った。これは火災ではなく、人々が皆心を入れ替えて、より良い生活をするように導く神の警告の印であると考えた。聖堂の塔の守衛、アルブレヒト・キュングのいうことには…私はいまだかつて天空にこんな燃えるような血の色の印を見たことがない。主なる神よ、我々すべてに慈悲深く恩恵を授けて下さいますように。我々が身のすくむ、ぞっとする光景から、神への賛美と尊敬に立ち返り、幸せになれますように。アーメン」[1]

近世初期に出現したオーロラは豪雪、雪崩、洪水や、その結果もたらされた凶作、物価高騰、病気などと同様に、間近に迫った世の終わり、または神の罰を表す神からの印と解釈された。「天空の燃えるような印は疑いもなく来るべき最後の審判の日の前触れであり、その日にはすべての要素が熱気に溶かされ、世界は火で浄化される」とチューリヒの情報収集家ヴィック[2]などは考えた。世の終わりと神の罰を目前に

Vber die groſſen vnd
erſchrecklichen Zeichen am Hi-
mel vnd auff Erden/ſo in
kurtzer zeit geſche-
hen ſind.
Ein Epigramma.

図26　自然は怒れる神の直接のメッセージと解釈されていたために、天候の印には必ず注釈がつけられた。1562年の情報集の表紙。最近天空と地上に現れた巨大で恐怖に満ちた印についての警句。

して当時の人々は次々やってくる災禍に対し、実際はさほど驚くこともなく淡々と納得するかにみえた。「天空が火のようになった後で呪われた寒気が一月から四月半ばまで居座った。この燃えるような空に続いて夏にはすさまじい雹と暴風がやってきたが、このようなことはいまだかつて見たことも聞いたこともなかった。主なる神よ、我々に今後も変わらず慈悲深く、行いに応じてのみ罰を与え給え。その後、引き続き恐ろしいペストが襲い、死をもたらしながらオーストリアのウィーンへ、さらに一五六二年にはニュルンベルクへ、そして他の地方へと広がっていった」。フランスの内戦のきっかけとなったヴァシーの虐殺は、目にした者には凶作や疫病の続いた黙示録のあのシナリオと一体となってみえた[3]。

それに続く時代の神学分野の出版の好景気

は、カトリック教会による反宗教改革の時代における宗派間の緊張の高まりによるものと、これまでは解釈されてきた。ルター派の教義が確立された後、興隆したカルヴァン主義と、トリエント公会議以後のカトリック主義という、二つのイデオロギー的に強固な新しいグループが相対峙した。しかし、神学的に対立する宗派の書籍が、なぜその時代の精神的欲求に応えられたかは、小氷期の厳しさに原因を見出すほかはない。生存の不安は宗教の次元だけのものでないことをみれば、出版の成功はもっともである。説教や精神修養の書はしばしば自然現象と日常生活の破局を引き合いに出す。天候は神学的思索のきっかけとして役立つ。気候現象は多いに人々の関心を引いた。宗教的指導書は特有の力を発揮した。つまりそれらは、突然身内を失った人、または自分自身の慢性、急性の疾患や不安で気弱になっている人々に役立つ書物であった。それぞれの宗派はすべての信者の苦悩に即した特別の祈りを提供したに違いない。マンフレート・ジャクボフスキー・ティーセンの指摘によれば、聖金曜日はルター主義の最高の祝日へと格上げされたが、それはルターの聖書釈義により決められたものではなかった。むしろ、それは十六世紀後半のルター派の教会が、大きな苦しみを克服するためこの新しい提案をしたことを意味し、それは苦悩の伝統的な具現である悲しみの聖母、および殉教聖人についての考えが、もはや通用しなくなってからのことだった。[4]

死の遍在は**死の芸術**の新しい黄金時代をもたらした。通常、人は**死の芸術**を中世のペストの時代と結び付けるが、実際には一六〇〇年頃の多難な数十年間に最高潮に達した。[5]大出版業者、ゲオルク・ヴィラー（一五一四—一五九三）の最初の図書見本市のカタログは、あらゆる宗派の著者が**死の芸術**についてドイツ語で出版し始めた一五六〇年代に、すでにこのテーマが価値をもっていたことを示している。[6] 中世後期から知られていた死の舞踏の描写は新しい文学の分野および過去の作品の出版を通して新たな開花をみせた。この世の無常の象徴である骸骨、されこうべ、そしてひっそりと待ち伏せる石弓の射手である死が、家系図、追悼説教、コイン、銅版画、絵画など、至る所に見られた。[7] **空虚さ**のシンボルはついに十七世紀に、例えばプロテスタントのアンドレアス・グリューフィウス（一六一六―一六六四）の詩で絶頂期を迎えたのだった。[8]

罪との闘いにおける行動主義

当時、社会で貧困、いさかい、犯罪がかつてないほど多いという印象をもった人は少なくなかった。宗教的にいえばこれまでにないほど罪が多くなったということだ。[9] そして人間の犯す罪が神の怒りの原因と考えた。実際の犯罪と並んで人々の注意は道徳上の過ちへと向けられた。性的な罪は宗教的熱気を帯びてきた精神風土の中で著しく注目されるようになった。というのは婚前および婚外のさまざまな性行動は神の怒りを極度に掻き立てるように思われたからである。また、悪魔との情事、男色、近親相姦、獣姦や強姦などの重大な犯罪も以前に増して頻発しているようにみえた。[10]「作為的な」犯罪だけが頻度を増し、宗教上の罪と実際の犯罪を同一視する厳しい目は極度の不安に基づいたものと推察できよう。とはいえ、犯罪研究の結果をみると、強奪や殺人のような所有権侵犯や暴力犯罪なども増加していた。犯罪記録を信用するならば十六、十七世紀の窃盗の件数は危機の年と関連がある。そして犯罪数のみならず、有罪となった犯罪者も未曾有の数に達している。国家が犯罪に対して行った見せしめの刑罰の儀式は広く人々の賛同を得た。[11]

規制と秩序への幅広い要求から、一六〇〇年前後の数十年間にわたるおびただしい数の法律が制定された。一五七〇年の飢饉への対処として行政は「仲買人」や高利貸を罰するようにとの住民の要求を受け入れた。つまり、穀物の高価格を彼らのせいにし、市場経済上からは当然のその行動は、「利己的」なだけでなく罪深く政治的に危険なものとみなされたからである。とはいえ、負けず劣らず支持を得たのは神への冒涜《ぼうとく》に対する非難だったが、それはこの冒涜の罪がペルソナを備えていると考えられた神の怒りを極度に掻き立てるに違いなかったからである。この非難には宗教的理由付けがみられる。それは表面的にはそれぞれの宗派によって異なるが、実際はむしろ宗派を超えた**罪の代償**と関係がある。謝肉祭だろうと穀物輸出だろうと、魔術だろうと暴利だろうと、舞踏だろうとトランプ遊びだろうと、すべて神の栄光を汚す人間の罪なのであった。

キリスト教神学者の見解では性は罪と深い関係があり、それを社会的に抑圧することは近世初期の国内政策の優先目標となっていた。[12] 道徳的抑制の達成は長期にわたる目標だったが、それが非常に厳しく追求されたのは十六世紀後半に教会の戒律を守る厳格な共同体が地方においてもできてからである。[13] カトリック側では司祭の女性関係排除と独身の貫徹が優先目標であった。また姦通のほか、かの有名な「窓辺からの忍び込み」など、さまざまな場所で結婚に至るのに役立っていた婚前交渉が特に標的にされた。排除すべき婚外の性的関係には売春も含まれた。町々で「女の館」と呼ばれる売春宿は次々閉鎖され、一五九四年の帝国都市ケルンの例のように、多くの場合、解体されて地上から消滅した[14]。反宗教改革派のバイエルンではカルヴァン派のスコットランド同様、道徳改革は厳しかった。

宗教に駆り立てられた行動は外交面でも内政面でも危険だった。当時の人々は「道徳事業家」が主導権を握ることができれば、魔女狩りは道徳改革のキャンペーンと相容れると認識していた。社会学者、ハワード・S・ベッカーが名付けた「**聖戦改革者**」は「絶対的な倫理について論じたが、念頭に置いていたものは譲歩の余地のない真の完全な悪で、それを排除するためにはどんな手段も許されると考える。この聖戦戦士は熱狂的で正義感に富み、しばしば独りよがりだ。この種の改革者は通例自らの使命を神聖なものとみているため十字軍戦士と称してもよいかもしれない[15]」。このような態度にはすでに当時の人々も疑惑の目を向けていた。つまり、「新人の物書きが魔女の幻を真実であると立証しようとするたびに、近所の魔女たちは生命の危険に陥る」とモンテーニュは書いている。そして宗教的狂信者との議論は全く不愉快だった。「私の見解について人々が怒るのにはむろん気がついている。厳罰に処すと脅して、人々は私に魔女と魔術の存在を疑うことを禁じた。他人を説き伏せる何と新手のやり方ではないか[16]」

危機の年月が社会的摩擦を招いたことは驚くに及ばない。しかし、広い意味での社会的摩擦が、世界観的、あるいは「文化的」摩擦に現れていたことはほとんど正確にとらえられていない。窮乏によって引き起こされた社会的宗教的に不穏な状態はますます進行していった[17]。飢饉はありとあらゆる暴動や反乱の背景となった。臣民の反乱もその一つで、租税と賦役の負担はとりわけ困窮の歳月には過酷だったからである[18]。そのほか、狭い意味でのスケープゴート探しという動きもあり、特定の集団に対して横暴になったり、抽象的な敵のイメージを新たに作り出すことすらあった。

ユダヤ人迫害

少数民族のユダヤ人は古代ローマ以来、ローマ帝国のヨーロッパの属州に住んでいた。キリスト教が国教に昇格するとユダヤ人は周囲から許容された信仰共同体という特殊な身分に陥り、ローマ帝国の分裂後はビザンチン帝国でも、また西ローマ帝国でも彼らの法的立場は規定されていた。カロリング王朝時代以来ユダヤ人たちは皇帝の庇護のもとにいた。キリスト教の反ユダヤ主義にもかかわらず、この構造は初期カペー王朝、オットー朝、ザリエル朝のもとでも続いていた。しかし一〇九六年の第一回十字軍遠征とともに**「十字軍の暴徒」**はまず自国内の信仰上の敵を絶滅させることから始めようと考え、皇帝のユダヤ人保護は打ち切られた。そして最初の大量殺戮が、大きなユダヤ人共同体のあるルーアン、メッツ、マインツ、ヴォルムス、ケルン、プラハのような都市で起きた。同様の迫害が第二回十字軍遠征の初期、一一四六年フランスで、ならびに第三回十字軍遠征の際、一一八九年から九〇年にかけてイングランドで起きた[19]。ここではこのユダヤ人排斥の不法行為の歴史をたどることはせず、ユダヤ人がどれほど中世温暖期末に生じた過酷な気候のスケープゴートとされたかのみを問題にしよう。

気候が悪化した時点で西ヨーロッパでのユダヤ人敵視は危機的段階へと突入する。ドミニコ会修道会は、ユダヤ人の聖体に対する冒涜《ボウトク》と儀式殺人の告発をするようにと扇動した。一二九〇年にユダヤ人は「永久に」イングランドから追放され、再びこの島に入ることができたのはようやく十七世紀のイギリス革命の後だった。それからわずか十六年後にフランス国王フィリップ四世（一二六八—一三一四、在位一二八五—一三一四）はイングランドを手本にユダヤ人を追放した。フランスのユダヤ人は一三〇六年、オーストリアの神聖ローマ帝国の皇帝アルブレヒト一世（一二五五—一三〇八、在位一二九八—一三〇八）に庇護を求めた。彼らの大部分は神聖ローマ帝国のフランス語圏、つまり、サヴォア、ドーフィネ、ブルグント自由伯領（フランシュ＝コンテ）になだれ込んだ。一三一六年には新しいフランス国王が追放命令を廃止した。しかしユダヤ人は帰るのをためらった。というのは、その間の一三一四年と一三一五年の豪雨後に凶作が始まり、物価高、飢饉、大量死へとつながったからである[20]。

窮乏の歳月の後、北フランスでは人々が生活条件がよくなると信じ、群れをなして南へ向けて出発した。このいわゆる**農民十字軍**（**パストゥロー**）にドミニコ会修道士が加わり、人々を十字軍遠征の気分にさせたのである。道すがら、この人々は略奪で生活し、その際ユダヤ人を特に苦しめた。多くの町では流血に至る暴行が行われた。ユダヤ人の資料によれば、一三二〇年と一三二一年だけで一四〇のユダヤ人共同体が崩壊した。ピレネーに到着するあたりで、ようやく農民十字軍は解散していった。とはいえ、ユダヤ人排斥の熱狂は残ったままだった。アクイタニアでは、ユダヤ人がハンセン病患者を使って泉に毒を入れたという噂が浮上した。ユダヤ人はキリスト教徒を全滅させようとして、グラナダとチュニスのイスラム教徒の王たち、および「バビロンのスルタン」と手を結んだと非難された。その結果、初めて外的脅威（イスラム）と少数派の異教徒（ユダヤ人）と死の病（ハンセン病）が結び付いた[21]。

我々の知る限り一三二〇年から二一年の迫害のときには疫病は全く起きていなかった。黒死病の大流行期になるとユダヤ人に対する非難に変化がみられた。つまり彼らは仲介者ではなく犯人とされ、キリスト教徒を滅ぼすために自らの手で毒の詰まった袋を泉に沈めたとされた。キリスト教に改宗したかつてのユダヤ教徒たちまでも、陰謀への恐怖からユダヤ人扱いすることとなった。人々はキリスト教徒の共犯者をも探し始めた。暴行は物乞い、ハンセン病患者、修道士にも向けられるようになっていった。そして組織的なユダヤ人迫害が始まったのである。虐殺のうねりは一三四八年四月、南フランス（トゥーロン）が出発点となり、そこからドーフィネ、サヴォア、北フランス、スペイン、スイス、および神聖ローマ帝国のドイツ語圏へ、オランダ、ボヘミア、ポーランドへと広がっていった。以前はペストの発生後に鞭打苦行者の列が町に入ってきて、人々を迫害へと駆り立てたと考えられていた。しかしその経過を具体的に再現すると、いくつかの都市（ストラスブルク、コンスタンツ、エルフルトなど）では多くの場合、まさに逆であることが明らかになった。つまり、市民はペストを防ごうとまずユダヤ人を殺したのである。その後に、鞭打苦行者が入ってきて、ペストが襲ってきたのは最後だった[22]。

フリードリヒ・バッテンベルクは「十三世紀末までの中世中期の良好な経済状態は…ユダヤ人共同体の比較的平和な発展と定住を可能にした」と指摘している。十四世紀初期に苦難の時代が始まるとスケープゴート探しが始まり黒死病の到来とともに一三四〇年代末、迫害はヨーロッパ全土に広がっていった。それは都市に住むユダヤ人の最後を意味していた[23]。人々は多くのことをユダヤ人のせいにしたが、その中に気候は明らかに含まれていなかった。雹や干ばつや寒気とユダヤ人には何の関連も考えつかなかった。迫害がなぜ十五世紀には稀になり、ついに終わったかについて、文献にはさまざまな原因があげられている。

イングランドやフランスではユダヤ人は殺害あるいは追放されていた。スペインも一四九二年にこの例にならったが、それはイベリア半島の最後のイスラム教小国家を征服した後のことだった。イスラム教徒とユダヤ教徒はキリスト教に改宗するか、移住しなければならなかった。多くのユダヤ人は海路でオスマン帝国の庇護下に入ったが、イタリアやオランダへと向かった者もいた。神聖ローマ帝国では、ユダヤ人は地方に移住して以来、目立たない存在となっていった。その後も次々追放は行われたが、十四世紀に比べれば流血も少なくなった。ドイツでは引き続き数多くのユダヤ人共同体があったにもかかわらず、迫害は止んだ。その理由は、ユダヤ人が小氷期のスケープゴートとしては適していなかったからかも知れない。

小氷期の犯罪者──魔女

イギリスの歴史家、ノーマン・コーンは、「十五世紀以来、それ以前のユダヤ人が担っていたスケープゴートの役割を魔女が肩代わりした」という見解を最初にもった人物である。(24) 魔術行為は小氷期の典型的犯罪とみなすことができるが、それは魔女が直接天候に関わっているとされ、凶作や不妊、および危機の結果として現れた「不自然な」病気ももちろん魔女のせいとされたからである。十四世紀に小氷期が進むにつれ魔女の犯罪は増加していった。そして魔女狩りは一六〇〇年前後の数十年間、小氷期の最も過酷な時期に中部ヨーロッパでピークを迎えた。この犯罪は小氷期が終わり、より納得のいく解釈が考え出されたときに刑法の目録から姿を消した。(25)

ヨーロッパの魔女狩りの歴史はこれまでに数多く書かれているので詳しくは関連文献を参照していただ

図27　人為的気候変動。ヨーロッパの民間信仰では異常気象は常に人間の影響によるものとされてきた。1486年の木版画は雹を降らす準備をする魔法使いの女を表している。

きたい[26]。ここでいう魔術とは単なる魔法のことではなく、ユダヤ人の仕業とは決めかねる新しい悪魔集団の恐ろしい行為のことである。この新しい犯罪が起きたのは大飢饉とペストの大流行の後、ユダヤ人迫害が始まったまさにその地域であった。さらにいくつかの概念がそのままこの新しい犯罪に移行していったとしても納得がいく。つまり、魔女たちはユダヤの祝祭日である「サバト」に集まり、その集会はサヴォア、ドーフィネやスイス西部では「シナゴーグ」とよばれた。そしてこの二つの概念は「魔女のサバト」として一つにされたが、ペスト時代のユダヤ人迫害のことは念頭に置いていなかったのだろう。この新しい犯罪には地域ごとのイメージが差しあたり取り入れられた。その一つ、スイス南西部の「魔術（hexereye）」はドイツ語圏の大部分で新しい犯罪の概念となった。害を及ぼす魔術のほか、いくつかのほとんど信じがたいこと、例えば悪魔との契約、悪魔との性交、魔女のサバトへの空中飛行、動物への変身能力などを含んでいた[27]。

魔女は医術の心得のある「賢い女」や、魔術師とは全く違うものだった。彼女たちには民間信仰で妖精の仕業だとされていたような能力まで擦り付けられている。つまり隙間や鍵穴から家の中に入ることができ、地下室に入り込んで樽からワインを飲み干し、全く気づかれない。動物を食べ尽くしても何事もなかったようにしておくので、変化に気づく者はない。恋愛も巻き起こすし、盗まれた物、なくした物を再び見つけ出して元に戻したりする。しかし、これらすべては**Interpretatio christiana（キリスト教の解釈）**では単なるまやかしとされている。それは魔女が悪魔と契約して肉体的に結び付いているからである。彼女たちの最も重要な役割は被害をもたらすことだ。実際にはワインを腐らせ、動物を害し、病気や諍《いさか》いをもたらし、子供たちを殺して食べてしまった。それを儀式殺人だと非難する声もある。そして魔女は男性の不能と女性や動物の不妊、畑の不毛をもたらした。

これには小氷期の人々の最も重要な問題、つまり不妊、動物の伝染病、度重なる凶作、時には不可解な病などが集約されている。ほとんど乳が出ない牝牛、子供の突然死、遅霜、長雨、または夏の突然の雹など、過酷な災厄に人々はそれをもたらす犯人を捜し求めた。このような災難は偶然に起こるのだという考えは、当時のヨーロッパの多くの人々には馴染みがなかった。魔女はこの災厄の解明に必要なスケープゴートだったのである[28]。

問題は魔女が秘密裏に犯罪を犯し、その罪がほとんど証明不可能なことであった。それゆえ拷問は魔女裁判の中心的役割を担った。とはいえ、強盗や海賊とは異なり、ヨーロッパの国々では安易に拷問にはかけられなかった。大学で講じられていたローマ法によって拷問はある特定の前提のもとでのみ許された。つまり具体的嫌疑、状況証拠、そして被疑者の評判についての一致した証言が必要だった。ローマ法を受け入れていないいくつかの国ではイングランドのように拷問は認められていなかった。どちらの場合も魔術の自白に実際に行き着くのは、法的な規定が無視された場合か、容認できない圧力が加えられた場合、もしくは女性が自発的に告白した場合のみであった。

魔女狩りの時代

ヨーロッパで魔女狩りに対する反対者が常に多かったこと、好ましくない人物の処刑に対して法的な障壁が大きかったことを考慮するとき、魔女の火刑は一般に受け止められているよりはるかに少なかったことは驚くに足らない。文献では九百万人かそれ以上とされているが、この数は当時の人口を思うと信じがたい。実際には犠牲者の数はむしろ、五万人くらいであろう。[29] 十五世紀には魔女裁判は一般的には認められていなかったため、魔女裁判の支持者は重い敗北を甘受しなければならなかった。『**魔女への鉄槌**』の著者である異端審問官、ハインリヒ・クレーマーは自らの違法行為によってチロルから追放された。[30] 北イタリアではコモ教区における迫害の後、猛烈な議論が巻き起こり、フランシスコ会修道士と法律家は違法な訴訟手続きだとした。一五二〇年から一五六〇年までの数十年間、魔女の処刑はほとんどなかった。以前、それは宗教改革の賞賛すべき影響とされていた。しかし我々が困惑することには、その折、マルチン・ルター、ウルリッヒ・ツヴィングリ、ジャン・カルヴァンが魔女の処刑の支持に回り、まさに彼らの

図28　メディアが伝える小氷期の最悪期の始まり。「大被害を及ぼした1561年７月６日の雹について。その他の雷雨や暴風などについて」。ヨハン・ヤコブ・ヴィックの情報集の中のスケッチ。

首都、ヴィッテンベルク、チューリヒ、ジュネーヴは処刑を行った初期の例となった。気候史に照らしてみれば確かに一五二〇年代には宗教改革や農民戦争とともにさまざまな問題が重くのしかかってはいたが、一五三〇年以後の世代では特に温暖な気候が支配的となり、魔女告発への固執はあまりみられなくなった。ところが一五六〇年以後、魔女告発に関心が集まった。なぜなら小氷期の最も過酷な時代が始まりすべての災厄が厳しさを増し、人々はそれを魔女の仕業にしたからであった。一五六〇年から一六六〇年は**魔女狩りの時代**であった。

実際に広範囲で魔女狩りが始まったのは、一五六一年のすさまじい冷え込みと一五六二年の夏の嵐と、それに続く凶作や伝染病の後であった。それと時を同じくして、凶作と疫病を引き起こした悪天候の原因について興味深い議論に火が付いた。火付け役はプロテスタントの牧師、トーマス・ナオゲオルクで、すぐに説教を印刷し、魔女に責任があるとした。それに対しヴュルテンベルクの二人の教区監督は、天候を左右できるのは魔女ではなく、神のみであると答えた。これは宗教改革者、ヨハネス・ブレンツ（一四九九―一五七〇）の説に厳密に従ったものだった。ところがそのブレンツはそれでもやはり魔女は処刑すべきだと結論づけた。しかし、ここにヨハン・ヴァイヤーが登場し、プロテスタントの人々を非人間的だと非難した。なぜなら実際にはできもしない犯罪を犯したとして、人々を処刑しようとしたからである。ヴァイヤーは魔女狩りを批判する一五六三年の注目すべき著作の中で、魔女の犯罪は全く存在せず、それは悪魔的幻想であると発表した[31]。

大々的魔女狩りが始まると同時に、すでにこのスケープゴート捜しに反対する最も重要な論拠が示されていたのである。処刑者数が比較的少なかったことは、多くの都市や国家でこの論拠が受け入れられたことを証明している。しかもそのうえ、健全な社会制度をもつ大国、例えばイングランド、フランスまたは神聖ローマ帝国、バイエルン、ブランデンブルク選帝侯国、オーストリアやザクセンなどでは、比較的大きな迫害は起こらなかったが、それはそのような動きを阻む機関が常に存在していたからだとさえ考えられた。この意味での公的な機関は教会、国家行政機関、地方議会、大学、市参事会、身分制議会、君主の宮廷、貴族層、またカトリック国では大きな修道院や教団などであった。魔女狩りの動きは教会や国家からではなく「下層の人々」から起きたものだった。

まさにそれゆえに、小氷期と魔女狩りの間に深い関係が成り立つ。一五六〇年代初頭の急速な寒冷化、一五七〇年の飢饉、一五八〇年代の数年に及ぶ凶作の後には、多くの地域で迫害の風潮が高まった。農民たちは「禍根を断ち」、罪人を「一掃しよう」とした。魔女殺害に至福千年説への期待が結び付いた。その後には、農作物の収穫とワインの出来は再びよくなり、子供や家畜は不可解な病で死ぬことはなくなるはずだった。トリーアの司教座教会参事会員、ヨハン・リンデンの年代記には次のような強烈な表現がある。領主司教、ヨハン・フォン・シェーネンベルク七世（在位一五八一―一五九九）の在位十七年間に豊作だったのは二年だけで、長年の不作の後、この領主司教のもとで「国中が魔女撲滅に立ち上がった」。ついに太陽が輝きだして自然の営みが正常化したようにみえたとき、多くの人が魔女狩りの成果とみなした。

しかし、十六世紀末と十七世紀の初頭には新たに寒冷期が訪れ、小氷期はとりわけ厳しい段階へと入っていく。その時期にヨーロッパの魔女狩りは頂点に達した。その中心はフランケン地方とライン地方だった。一六二六年の五月末に厳しい寒気が果物の収穫を台無しにし、ブドウの木を凍らせると、その後の数年間にバンベルク、ヴュルツブルク、アシャッフェンブルクでは数千人が魔女として火刑に処された。その中には下層の女性ばかりでなく、評議員の家族全員、現役の市長、時には貴族や神学者まで含まれていた。こうしたことが起こったのは、当時の刑事訴訟法が効力を失ったためで、特異な犯罪の制圧には特別な措置が必要だという論拠によるものだった。十分な状況証拠もないままの逮捕、拷問、判決は困窮した地域では日常茶飯事だった。正しく機能する社会制度をもたない貧しい小国ではこの不法な手続きに対して何の抵抗も起きなかったことは、すでに当時の人々にも厳しく批判され、今日まで不法行為の象徴とされている。(32)

2　変革の原動力―罪の代償

近世初頭の異常気候、激しい雹、洪水、凶作、疫病、物価高騰、飢饉などは、旧約聖書の考え方に基づき、あらゆる宗派の神学者から人間の罪に対する神の罰と解釈された。[1]魔女の仕業を含めあらゆる災厄は人間の過ちがもたらしたとされた。ここでは「罪の代償」（ないしは「罪の清算」）という言葉を用いようと思うが、それは人間の罪に対する神の罰という昔ながらの考えを実際に算出した金額に置き換えようとしたからである。罪が重ければ重いほど罰も厳しくなる。ミュンヘンであれ、チューリヒであれ、ドレスデンであれ、ジュネーヴであれ、俗人のみならずチューリヒの改革派の教会の指導者、ハインリヒ・ブリンガーのような神学者までも一種の共同の罪過口座をもち、罰を受ける場合のみ残高以上に引き出すことが可能だった。そしてこの罰は個人のみならずグループ全体または社会全体にも向けられたのである。[2]

当時の罪の代償は、自然と文化とを緊密に結び付け、気象学上の出来事に社会的意味をもたせる仕組みであった。「**大々的な物価高騰、食料不足、および激しい雷雨の時代における五つの説教**」を著したバンベルクの補佐司教、ヤコブ・フォイヒト[3]（一五四〇―一五八〇）、物価高騰と飢餓について**説教**で述べたチューリヒの改革派の神学者、ルートヴィヒ・ラヴァーター[4]（一五二七―一五八五）、ルター派の神学者、トーマス・リューラー[5]（一五四二―一五八〇以後）は、「なぜ地方、都市、村であらゆる物が目にみえて乏しくなり台無しになるのか」という当然の疑問を投げかけた。[6]その際、彼らは聖書にみられる人間の罪

図29　小氷期における典型的スケープゴート反応。1587年６月10日のヴァルトブルクーツァイルの領主らによる魔女とされた人々の集団火刑。しかし、すでに当時の人々の間ではこの司法殺人の意義について議論されていた。多くの魔女が火刑に処せられたにもかかわらず天候にはほとんど改善がみられなかったからである。

に対する神の怒りという神学の基礎を基に論じていた。(7) 自然の罰、それどころか自然の「報復」に対して責任を負う我々の時代の**環境破壊**の罪とは異なり、十六世紀、十七世紀の神学者たちはペルソナを備えたと考えられた神による罰を予期していたのである。そしてこの罰はありとあらゆる犯罪や宗教的あるいは道徳的過ちに向けられる可能性があった。

神学者は気候悪化を解釈する最も重要な手段として罪の代償を取り入れ、通常スケープゴートは求めなかった。むしろ、当時の道徳の推進者は多数の信者の態度を改めさせようとした。信者たちは自らの罪を少数派に押し付けられないばかりか、自らを反省しなければならなくなった。この解釈はすべての大きなキリスト教会に共有され、政治体制にかかわりなくその時々の国家に支持されたので、**罪の代償**は小氷期の文化的変化に顕著な役割を果たしたのであった。とはいえ、差しあたりこの変化の違いを認識することが大事である。つまり、時には変化は実質的観点からのみ合理的であり、気候変動に直接関連していたが、道徳的理由と合理的理由とを分けることは困難なのである。

寒冷化が日常生活に及ぼした影響

雨、寒さ、雪などに対する備え、そして衣服、建築様式、暖房、木材の管理の変化など、多くの分野で明らかな対応がみられた。暖房期間の長期化は費用のみならず環境にも関係した。木材は需要の高まりから不足し、資源をめぐる争いも起きた[8]。日誌で明らかなのは年間の薪の買い入れ価格が運送費だけでもすでに高騰していたこと、おびただしい作業、物流管理能力、広い倉庫を必要としたことである[9]。そのうえ、年輪年代学からもわかるように、厳しい寒さで木々の成長が遅くなっていた。また、シャラーの言葉にあるように「森の木々はかつてのようには育たない…。人々が嘆いて言うには、もしも世の中がこのままならば、ついには近いうちに木材不足となるだろう[10]」。建築にも影響が及んだ。大きな建物では暖房のできる部屋が中世に比べて著しく増えたからだ。城の中で暖房のできる部屋が増えることは富の増大を意味するが、暖房のある部屋が一つあればよいというわけではなくなったことも明白である。暖房は生き延びるために必要であり、城内では暖房係という職業が重要性を増した。プラハのラジーン城では暖房係だけが全室の鍵を持っており、毎朝部屋が使えるようにと足を踏み入れる最初の人間だったのである。

十六世紀末に建築様式が「ゴシック」から「バロック」へと変わるにつれ変化した都市景観は、気候の変化と関連づけてみることができる。その変化の過程は長期にわたったが、一六〇〇年前後の数十年間には木造に代わり石造りの家が増えていった。その結果、燃料が効率的に使用できるようになり、暖房期間が長くなったにもかかわらず火災は少なくなった。住居の階を増やし床面積を広げる傾向は単にさまざまな階層の人々を快適にしようとしただけでなく、燃料供給が再三危ぶまれた時代に備蓄を増やす必要も考慮した結果だった。高官だけでなく一般の人々も可能ならば貯蔵スペースを大きくした。建物の上の階は下の階からの暖房で温まるので、自分の家を持てない使用人や日給労働者が住むことが多かった。以前より多くの部屋も必要となったがそれは道徳意識が高まったため、使用人たちを男女に分けて住まわせる必要があり、自分の子供たちを以前より厳しく使用人から離したり、家族内でもベッドを共有する人数が以前より少なくなったからである。ベッドや寝室を分けることは害虫や病気の伝染を減らすのに役立った。そして人と家畜の居住空間を分けたことも伝染病の危険を減らした。[11]

十六世紀にガラス窓が増加し、鎧戸、紙やテレピン油を塗った亜麻布、羊皮紙に取って代わったことは断熱に役立った。市民層の家では、蓋のない作り付けの暖炉から、エネルギーを節約し煙の発生も抑えるぜいたくなタイル張りの暖炉に代わり、ようやく快適に暮らせるようになった。この暖炉は飾りタイルと鋳鉄製の板が取り付けられステータスシンボルとなった。[12] 十六世紀末にドイツを旅行した人がしばしば分厚い羽根蒲団と枕の山について書いていているが、これは当時の寒さへの備えだった。[13] 天蓋付ベッドが市民層の部屋にも取り入れられたのは、害虫のみならず寒さから身を守るためでもあった。板張りも同じ理由から好まれた。木製の床板は石の床より安価なうえ、寒さもよく防いだ。長い冬の間、低体温症とそれに伴う風邪、その他の病気の危険は現実の脅威であり、それには相応の設備や衣服で対処しなければならなかった。一五八二年九月初頭にワインスベルクが作らせた新しいウールの寝間着は踝まで丈があり、狐の毛皮で裏打ちされていた[14]。

衣服をテーマにすると問題は瞬く間に複雑になる。十六世紀の後半にスタイルが根本的に変化したことにすでに当時の人は気づいていた。ワインスベルクは青年時代以来の「衣服の多様な変化」に著書の一章すべてを費やした[15]。寒さの形跡は、彼の『**回想録**』の至る所でみられる。一五七〇年と七一年の記述で、クリスマス以来「膝やベルトの位置まで積もった未曾有の豪雪のため、かなりの道路で四旬節まで馬車も荷車も通ることができなかった。雪が積み上げられてまるで堤防のようになり、ほとんどの道路では反対側がみえなかった」としている[16]。そして気候が穏やかなライン渓谷でも「空気があまりにも冷たく、吐く息がよくみえた」と記している。暖房が不十分で、寒さのために人々は行動を変えざるを得なかった。冬に普段の食堂が寒すぎるときには、食事は別室に移された。ワインスベルクはベッドでは毛皮で裏打ちしたウールの寝間着を着て、毛糸の柔らかなナイトキャップをかぶり、強い湿気と冷たい強風を凌ぐことにしていた[17]。

罪の代償と衣服

衣服の変化は厳しい寒さへの直接の対応にとどまらなかった。一五〇〇年頃の上流階層の衣服は、どうみてもその後の時代より薄手だった。十六世紀前半の宮廷画、例えばジャン・クルーエの描いたフランス国王フランソワ一世の有名な肖像画（パリ、ルーブル）では、衣服は独創的な構図と洗練された型で身体を強調し、たっぷりと流れるような生地は軽い絹製と思われる。デューラーやホルバインの絵にみられる男性の細身のズボンや、衿ぐりの深い婦人服は、宗教改革派の説教者の賛同をほとんど得られないものの、広く普及していた。例えば、スリットが入り下の色物の素材や素肌がみえるゆったりとしたさまざまな色のトルコ風ズボンのように遊びの要素の強いデザインは、神学者の激しい怒りを掻き立てた。それは「ふしだらな悪魔のズボン」に強く抗議したアンドレアス・ムスクロス（一五一四―一五八一）の有名な『**ズボンの悪魔**』に要約されている。[18] 婦人たちの服装は「穴を開けた袖」と「金のチェーン」でエロチックな刺激を与えていた。[19]「**衣服の悪魔、だぶだぶズボンの悪魔、フリルの悪魔**」などの呼び名や、その他の宗教的訓戒は何のいわれもなく付けられたものではない。[20] 流行は当時の気候を反映していたが、それ以上に生の喜びが宗教的厳しさにまだ侵されていなかった時代の精神をも反映していたのである。[21]

服飾史からは、十六世紀の間に重い布地が登場し、ふんだんに使われるようになっていったことがわかる。衣服は十六世紀の初めは比較的自由だったが、その世紀の終わりには宗教、国家、年齢や性別にかかわらず、上流社会では暗色の重い布で身体を覆い、ハイネックもみられるようになった。それとほぼ時を同じくして、狭い意味の下着も広い意味の下着も大々的に着用され始めた。つまり、素肌に下着を着て、その上にシャツや胴衣を重ね着した。例えば、ワインスベルクが一五八五年九月に新たに作らせた長い「毛糸のズボン下」などは、一五八六年には厳しい寒さのために五月末まで着用しなくてはならなかった。[22] それらの下着も補正用品（コルサージュ、胴上着、針金の枠など）も服装の外観に理想の美しさを与えていた。上流社会の人々の身のこなしは「優雅で堂々」となり、そればかりか体型にも影響を及ぼしていたかも知れない。寒さ対策として、ハプスブルク家の大公やイギリスの大法官フランシス・ベーコンが流行に関係なくグロテスクな丈高の黒いフェルト帽をかぶらざるを得ず[23]、ワインスベルクも家の中で温かいスリッパを履くのが習慣になり、「凍りついた道路」で履くための彼専用の靴を調達したのは[24]変化の一面にすぎない。

スペイン様式のモードは単なる流行以上のものだった。そのスタイルはモラル向上を考えてのことで、さらに寒冷化にも相応しかった。宮廷画家、ハンス・フォン・アーヘン（一五五二―一六一五）の描いたバイエルン「敬虔公」ヴィルヘルム五世とその夫人レナータ・フォン・ロートリンゲン夫妻の肖像画にみられるように[25]その変化は文字どおり顕著だった。暗い所では良く見えないようなどっしりとした黒い布で身体は覆われ、頭部と胴の間には高い立襟が描かれていた。夫人の姿はほぼ幾何学的に三角形に戯画化され、襞のある襟飾りがどんな動きも困難にし、ぎこちない姿勢をしているのがその絵からも見て取れる。床までの長いスカートは鯨ひげや鉄の針金で支えられ、足と首は覆われ、多くの場合手までも手袋で隠されていた。男性と同様に女性も暗い色の重い帽子をかぶり、厳寒の折には毛皮の襟とマフを使っていた[26]。硬くて黒い大きすぎるフェルト帽、皿ぐらいの大きさの白い襞襟、幅広い黒いマント、重いブーツや手袋が神聖ローマ帝国、オランダ、イギリス、さらにはスペインでさえも宮廷内で着用されていた[27]。帽子は屋外のみならず屋内でもかぶっていた[28]。これは髪型にも影響を及ぼした。ワインスベルクは、自分の若い頃は人々は髪を肩まで長くしていたが今は短いと記している[29]。

大きな襟ぐりの婦人服、短いスカートや男性の細身ズボンなどを強く非難していた道徳令からも察知できるように、大衆的な祝祭文化の中では、遊びの要素を損なうさまざまな制約を行き渡らせるのは困難だった。道徳令および服装令が問題にしたのは、寒さではなく罪だったのである。女性の服装は道徳改革派の想像を特に強く刺激したのだった。それは服装のみならず、「馴染みのないさまざまな色で化粧し、額を塗りたくること」にも及んだ。[30]「女性が水銀や蛇の油や、蛇、鼠、犬、狼の糞、恥ずかしくて口に出せないような他の多くの下劣な悪臭を放つものを化粧品として用い、毒もろとも額、目、頬や唇にこすったり塗り込んだりするので、顔は一時艶やかにみえても、すぐに下品でぞっとするほどに醜く老けて、四十歳でも七十歳くらいにみえる」とたしなめた。[31]

小氷期と絵画

近代初頭の絵画の中で最も刺激的な一枚は、皇帝ルドルフ二世が精神状態の比較的良好だった時期に発注したものだった。世俗のキリスト教徒の最高権威者だった皇帝は、宮廷画家ジュゼッペ・アルチンボルド（一五二七—一五九三）にローマ神話の豊穣神として自分の肖像画を描かせた。その顔は異国や自国の果実、穀物の穂、栗、トウモロコシ、ズッキーニや桃などで組み立てられ、シュールレアリスム風にアレンジされていた。[32]凶作は中部ヨーロッパにおける最も恐ろしい飢餓の時期である一五七〇年頃の難題だった。アーノルド・ハウザー[33]（一八九二—一九七八）は、マニエリスムの芸術様式が、次第に募る社会不安の印、時代の挫折の印であるのに対してバロックは新しい均衡の奪回であるとしているが、彼の見解は美術史家の賛同をほとんど得ていない[34]。風景画の雲の分量で気候の変化を立証したハンス・ノイベルガーも同様に賛同を得られなかった[35]。金色の背景の中世の板絵には二十世紀の抽象画と同様に雲はほとんどみられない。その一方で驚くべきことに暗い雲をエル・グレコ（一五四一―一六一四）のような画家が度々描いている。彼の「**聖衣剥奪**」における空の様子は「テーマの精神化」に寄与しているともいえようが[36]、自然の変化と関係がないわけではない。そればかりか陰気な雲は技術的に表現が難しいにもかかわらず、木版画や銅版画の背景にも現れている。四季の風俗画は別にして、天候は初めて大型絵画のテーマとなり、例えばピーテル・ブリューゲル（父）（一五二五―一五六九）の「**暗い日**」では、「灰色の空の下で寒風が蒼ざめた月の前から灰色の雲を吹き払っていく…雪を頂いた鋼灰色の山々」が凍りついたように横たわる町の上にそびえ立ち、嵐は船を難破させ、浜辺の村を荒廃させている[37]。

さらに暗示的なのは風景画に新分野を見出したこと、つまり、冬景色である。ブリューゲルの「**雪中の狩人**」は冬景色の典型で、どんよりした色使いにより、厳しさと無情を際立たせている[38]。凍てついた鉛色の空は、季節を描写する風俗画の特徴を超越している。「この**雪中の狩人**では、物の形はいずれも冬の本質をそれぞれの流儀で写し出している。木々は地面から生えているというより、むしろ地面に突き刺さっているようにみえ、枝は複雑に絡み合い乾ききって脆くなっている。家々は雪に覆われて震えるようにうずくまっている。尖った山頂は氷の塊のようにみえ、人々と動物は陰鬱なシルエットになり、彼ら自身の影のようだ[39]」。ブリューゲルは晩年、冬景色をテーマに、多くの絵をさまざまに変化させ描いた。その例は一五六六年の「**ベツレヘムの戸籍調査**」（ブリュッセル、王立美術館）や「**ベツレヘムの嬰児虐殺**」（ウ

図30　1560年代の厳冬は冬景色という着想を与えた。ピーテル・ブリューゲル、雪中の狩人。1565年頃。

ィーン、美術史美術館）で、そこではローマの雑兵が雪に覆われたネーデルラントの村で荒れ狂っている。その指揮官はスペインのネーデルラント総督、アルバ公（一五〇七—一五八二）、フェルナンド・アルヴァレッ・デ・トレドに似ている。つまりローマとスペインの恐怖政治、キリスト教の救済と国家の歴史が一体となっている。彼の作品で最も唖然とさせられる例は「**雪中の東方三博士の礼拝**」（ヴィンタートゥール、オスカー・ラインハルト・コレクション）で、それ自体何ら心惹かれるものはない。それどころか、雪深い厳しい冬景色の中にベツレヘムの厩を発見することさえ困難である[40]。

洪水、山崩れ、暴風による高潮、荒れ狂う海、難破など、災害の典型的表現は冬景色と同じ意味合いと考えられよう。特に難破はある意味象徴的なことで、その実態はほとんど誰にもわからなかった。[41] 一方、嵐が次第に増加するこの時代に難破はまさに現実の危機であり、それは乗組員や船客のみならず、船主や積荷の出資者にとってもいえることだった。[42] 問題は生命と財産で、保険制度の発達だけがこの危険を軽減することができた。ケーベンヒュラーは一五七六年二月、八隻のスペインのガレオン船が嵐の中、ヴィッラフランカの港で乗組員と金銭もろとも沈没したと記している。[43] 山崩れ、雪崩、洪水の大災害の場合は大量の降水が直接の原因と考えられ、比喩的解釈は全く必要ないだろう。しかし、芸術家にとって嵐や難破を非常に魅力的にしていたのは挫折の寓意であった。

「不安、困窮、怖れ」

音楽と文学における地球寒冷化

音楽に現れた小氷期の影響は、テーマの複雑性ゆえに多くは語れない。偉大なオルランド・ディ・ラッソ（一五三二―一五九四）がよりにもよって深刻な飢饉の間に、ジャンルを変えて「悔悛詩篇」を発表した理由は、ミュンヘン宮廷礼拝堂楽団が財政逼迫のため解散を迫られていたことだけでは説明がつかない。[44] 悔悛詩篇が作曲されたのは、数多くの災害ゆえに神の怒りを和らげるため、悔悛の祈りと懺悔の日を当局が追加した時期にあたり、ある種の必然性があった。懺悔の苦行と新しい形態の作曲は国を越えた現象で、スペインやイタリアの指導的作曲家、例えばジョバンニ・ピエルルイージ・ダ・パレストリーナ（一五二五―一五九四）も没頭した。ルター派の賛美歌では病気や急死の克服が比較にならないほど大きな役割を担い始めた。[45] 例えば、通奏低音の導入、伝統的ポリフォニーの排除、不協和音の嗜好、および記

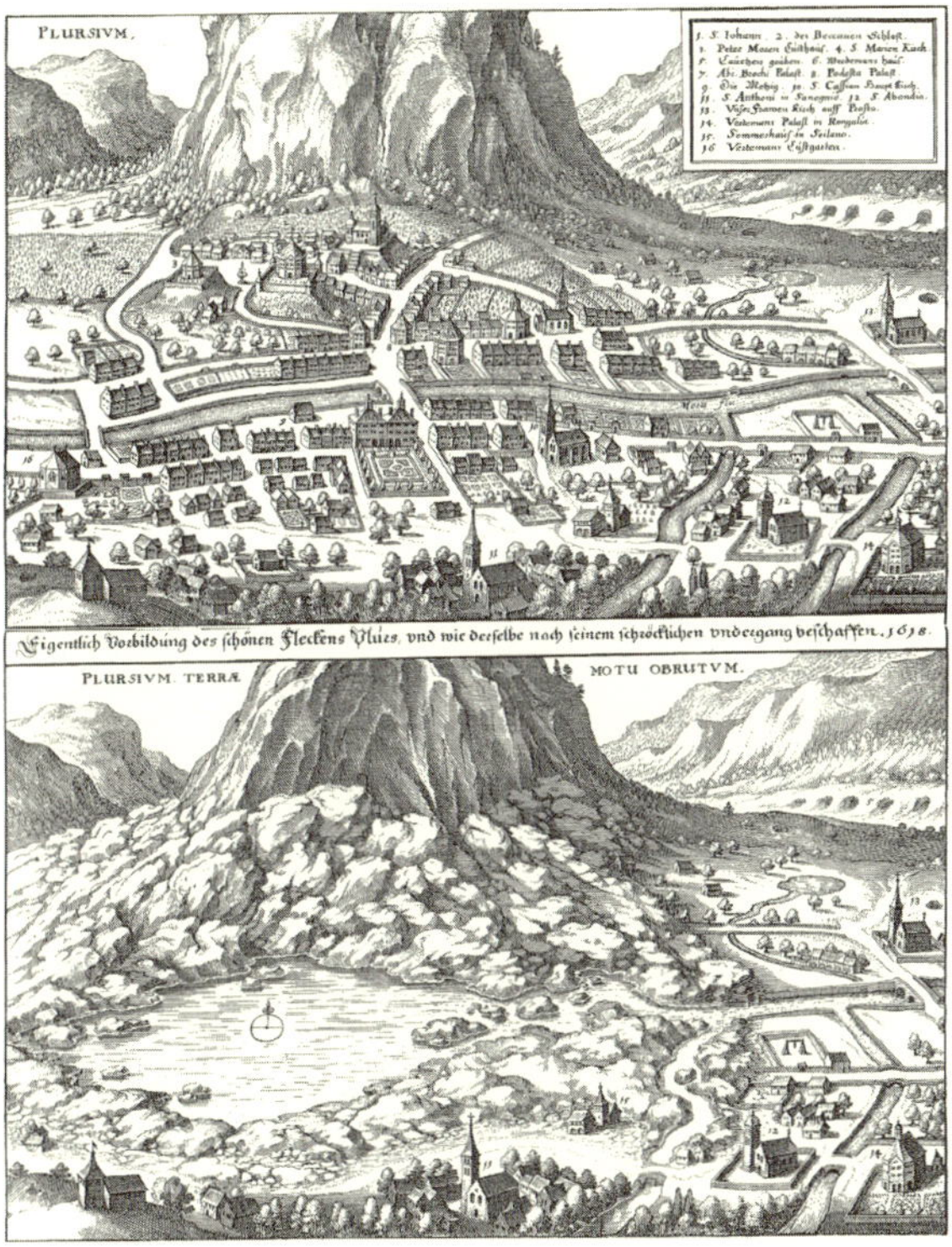

図31　大豪雨が引き起こした山崩れ。1618年、スイスのグラウビュンデン州の町、プルールスの消滅前と消滅後。

譜法への小節線の導入などの変化が、どの程度精神状態の変化によるものと解釈できるか(46)、音楽史家は検討しなければならない。オペラのような大規模な新しい音楽劇の導入は、政治構造の変化、すなわち宮廷の役割の増大と結び付けられるが、気候変動という時代背景とも結び付くのは中央集権化が危機克服策と考えられる点のみである(47)。

　文学においては、奇跡文学や怪奇文学の台頭が目を引く。この種の文学は奇形、超人や悪魔の誕生、未知の動植物、自然界の怪物や異形のものを通して神の印を探し求めた(48)。このようなものへの特別な嗜好は手工業、学術、あるいは宮廷の芸術作品の中に見られ、画家、金細工師や彫刻家はマニエリスムの有名なねじれたフォルムや誇張した造形を尊重し、それがゆがんだ真珠を意味するバロックへと受け継がれていった。[49] 自然界の印である異常なものの探求は、王侯の珍品陳列室の一風変わったコレクションにも通じる。そのコレクションは体系化の萌芽を内包していた。未知な物が新たな秩序の中に組み込まれることになるからであった。[50] 一五七七年と一六一八年の彗星の出現により出版物が氾濫したが、とりわけ政治史と科学革命にとって有意義なものとなった。前述のオーロラ、赤い雨や雹、「火を吐く竜」らしきものなど天空における他の印も、驚きと恐怖をもって記録された。それは犯罪、死刑執行、悪魔、魔女などの報道とともに片面刷りの印刷物の記事となり、十六世紀末の大衆文学の特徴となったのである。

一五六〇年以来興隆してきた新たな文学のジャンルには、宗教的な敬虔文学の特殊な形式であるプロテスタントの悪魔文学があり、これは人間の不完全さを悪魔と結び付けている。**『飲んだくれ悪魔』**は新しい形で飲酒癖を、**『ズボンの悪魔』**は時代の流行の愚かさを、**『賭博の悪魔』**（一五六一）は来世への無頓着を、**『呪いの悪魔』**（一五六一）は神への冒涜の罪を、ルートヴィヒ・ミリキウスの**『魔法の悪魔』**（一五六三）は魔法に熱中することで迷信が蔓延したことを非難した。これらの道徳的な批判の形態は一五六九年に『**Theatrum Diabolorum**（**悪魔の劇場**）』で初めてまとめられ、[51] それから少し遅れて二十四の新しい作品を集めた第二の悪魔の劇場が発表され、十六世紀末までにさらに十六冊の悪魔本が出版された。[52]

魔女狩りが始まった後、『**Theatrum de Veneficis**（**魔女の劇場**）』はこの悪魔本と並ぶものとなった。[53] それは『**Historia von D.Johann Fausten**（**ファウスト博士の物語**）』のフランクフルトの初版とともに悪魔文学の国際的なうねりの最初の頂点に輝いた。スイスの宗教改革者ランベール・ダノー、フランスの

図32　死の勝利と現世のあらゆるものの無常は不安な時代の絵画の代表的モチーフであった。
ミヒャエル・ヴォルゲムート、死の心象。ニュルンベルク年代記、1493年。

法律家ジャン・ボーダン、または一六〇四年以後ジェームス一世としてイングランドをも統治したスコットランド王ジェームス六世（一五六六—一六二五）といった有名な作家の作品の中で、悪魔文学は全盛をきわめた。ジェームス六世の**『悪魔学』**の中では天候の魔法が大きな役割を果たしている。[54] さまざまな悪魔学は実際の動機を超えて、悪魔的幻想の彼方に人間の知識のための確かな基礎を確立しようと試みた。つまり、その時代の中心的認識論の問題を扱ったのであった。[55]

悪魔との契約というテーマは、一六〇〇年頃に最も人気があった。一五八七年の初版の後、ファウスト伝説のさまざまな版が出された。一五八八年にはすでに英語版が、一五九二年にはオランダ語版が、一五九八年にはフランス語版が出版された。クリストファー・マーロー（一五六四―一五九三）はこの題材を戯曲化し、ロンドンで上演させた。ファウストの初版と同じ年に、イエズス会士、ヤコブ・グレッチャー（一五六二―一六二五）は悪魔との契約者の話、『**マグデブルクのウド**』を発表し、そのわずか四年後にヤコブ・ビダーマン（一五七八―一六三九）は『**セノドークス**』でさらなるファウスト像を著した[56]。ゲーテがはっきりと認識していたように、ファウストは一般の魔女信仰を超えて、つまらない物質的な利益のためにではなく、自然のより偉大な知識を得るために魂を売ったのだった。それゆえ、ファウストも近代の自然科学の初期に位置づけることができるのである。

時代精神はまた、当時の文芸作品にも反映され、それは一般にルネサンス、マニエリスム、バロックという時代概念に分類される[57]。「時の流れの儚さ、消滅するもの、終末への眼差しは、人々がしばしば直面する概念や現象である。現世的なものの価値をそのように低くみることは、永遠なるものを求める情熱的な努力とは対極にある。人々はいわば不安、困窮、怖れに浸っている…断念、謙虚、心の平穏への憧れ、経験から学び取った賢明な諦念、倦怠、人生とその人生がもたらすものに対する無関心、人生という舞台に俳優や観客として参加するというイメージの中にいる。つまり、これらすべてが示すものは価値を下げること、外面的な人生の宝を意識的に過少評価することなのである[58]」。この時代精神を体現しているものがミゲル・デ・セルバンテス（一五四七―一六一六）の小説、ウィリアム・シェイクスピア（一五六四―一六一六）の戯曲、またオランダ、イタリア、フランスを旅し、その時代の困窮に打ちのめされたアンドレアス・グリューーフィウス（一六一六―一六六四）の詩である。「**Vanitas Vanitatum Vanitas**（**空の空、**

空の空なるかな、すべて空なり）」のように厳格に韻を踏んだソネットの中で、このシレジア地方の領邦等族の法律顧問は、時代が崩壊する空しさを詠んだ。その時代の危機状態が人間の計画をことごとく無意味だと思わせるのだ。今日建てられた町は明日はもう壊されてしまい、人間、すなわち神の似姿は「明日は灰と骨になる[59]」。

強烈な冬の描写は絵画の冬景色と対をなして特に注目を集めている。サイモン・ダッハ（一六〇六—一六五九）は次のように記した。「今や野山は霜と雪に覆われて眠り、森も白い衣に身を隠している。いつもは軽やかに流れていた川も、今や凍りつき、静かな憩いに入っている[60]」。もちろん、バロック文学についても、絵画と同様に型にはまった表現をしているだけだと主張されてきた[61]。実際そのような類型化は、マルティン・オーピッツ（一五九七—一六三九）などが広めたようなバロックの作詩法にもいえることだ[62]。似たような詩を並べたとき、入れ替え可能な表現も多い。例えば、ヴェーデルの説教師であるヨハン・リスト（一六〇七—一六六七）は「**今や来たりし厳冬によせて**」で次のように書いている。「冬来たりて、雪、国中を覆い、夏去りて、霜、森を覆う。草原、寒さに傷み、畑、メタルのごとく光り、花々、氷と化し、川、鋼鉄のごとく動かず[63]」

しかし、小氷期の厳冬期には、ラインやローヌのような河川が繰り返し川床まで氷結したという事実を知らないまま、この詩を正しく解釈できるだろうか。病気や死の脅威についても同じことがいえる。次の詩は正確な日付けがあり自伝として出版されてはいるが、ウォルフラム・モーゼルは伝記としては全く扱っていない。

「重き病に涙して　　　　西暦一六四〇年

何故かは知らねど
幾度となく出るのはため息ばかり
昼となく夜となく涙を流し
千の苦しみの中に座す
そして、千の恐れを抱き
私の心の力は消え失せ
精神はやつれ果て
両の手は力なく垂れ下がる
頬は青ざめ
生き生きした瞳から光は失せ
さながら燃え尽きた蝋燭の如し
魂は三月の湖のように攻め立てられる
だが、人生とは一体何ぞ…
苦い恐怖が絶え間なく入り混じる夢の如し(64)」

この危機の時代の作家たちが自らの恐怖と時代の状況を関連づけたのは当然だと歴史家はみなしている。(65)

3　理性というクールな太陽

新しい秩序への欲求

不安と無秩序は、今日の途上国と同様、近世初頭のヨーロッパの特徴であった[1]。近代化理論の専門家が近世初期のヨーロッパ社会を自分の理論のテストケースとしていたことは、いわれのないことではない[2]。当時の混乱とそれに対する文化的反応は、社会が比較的未発達で安定を欠いていた結果であった。同時に近世初頭のヨーロッパでは、気候が引き起こす苦境を打開しようとした印象的な例がみられる。スケープゴート探しは阻止され、気候変動とより合理的に関わることで、不幸な現世の生活から自力で脱することに成功した。前近代的な罪の代償から自らを解放し宗教的狂気の影響を背後に押しやり、小氷期の生活条件への適応をもたらしたキーワード、それは**理性**である。

二十世紀の飢饉と栄養不足をめぐる討論の結果によれば、農業社会が危機に陥りやすかった原因は、気候条件（干ばつ、過度の降水、厳寒、酷暑）のみではなく、文化に特有の要素がさらに加わったためである。つまり、農業経営における所有形態（例えば、大土地所有または「封建的な」貸借関係）、政治構造（公的機関の不足や行政の腐敗、少数派が占有する機関と化した国家）、経済構造（資本不足、市場統合の成熟度、貯蔵庫の不足、農業組織）、教育制度（識字率の低さ、エリート教育の欠如、農業および栄養に関する教育の不備）、公衆衛生制度（貧弱な衛生学、医療の不備）、そして通信輸送のインフラの問題（資金と価格についての知識不足、食料品の効率的な水陸の輸送経路の不備）、そして保険制度の不備などである。[3]

ヨーロッパの近世初期においては、危機を克服する戦略として、より強い安定を目指す闘いが時代の基本的傾向であった。[4] この秩序への欲求は多大な結果をもたらした。君主制や議会制のもとでの強い中核国家が形成されたのが経済システムの形成と同時期であることには意義があった。この経済システムをイマニュエル・ウォーラーステインは、「ヨーロッパ世界システム」とよんだが、それは近世初期に形成された世界規模の植民地網を含んでいた。[5] 国家の形成は、緊張が高まった時代の不安感への対応を示している。常備軍の存在は内外の脅威を牽制するはずだった。国家を怪物にたとえたトマス・ホッブス（一五八八―一六七九）の主著『**リヴァイアサン**』に関しては、君主制は宗教的内戦よりも良いと解釈することもできるであろう。[6] 強国が自国の正当性を主張することはヨーロッパ共通の傾向の反映にすぎず、内外に向けて明確に境界を定め、外に対する防衛と、内部の秩序を保証するためであった。しかし、秩序の追求は「上から」実行されただけではなく、いかに反抗的な態度をとるにせよ「下から」も要求されたものだった。[7] 十七世紀以来構築されてきた官僚機構の課題には、道路や運河などのインフラの整備、効果的な教育制度の確立、在庫管理や医療や公衆衛生の改善などがあった。[8] 近代国家が形成されるとシステムを安定させる要素として、政治学、自然法、国際法と公法の専門教育が大学の教科として登場した。[9]

ノルベルト・エリアスが認めていたように、これらの制度の変化は代償を伴った。軍隊や行政機関などでは社会規律が重要な役割を果した。新しい制度は身体的な強制を伴わずとも、人々に新しい要求を出した。王侯の居城や議会や合議制の官庁など、中央集権化した統治機構の中心部では、専門知識、優雅な態度、心理を心得た抜け目なさが腕力より大きな役割を果した。自己修養と新しい価値観の吸収は、ここでは自由意志によって実現され、その動機はノルベルト・エリアスの見解よりも複雑だった。[10] 行動を自発的に変えるもととしては、度重なる災難のもとで敬虔な社会がもつようになった罪の意識もあげられよう。同時に、ヨーロッパの世界貿易と通信制度が発展を遂げていく構造には、プロセスの合理化と自己規制への十分な理由があった。分業化が進む社会では多くの生活分野が細部に至るまで規制された。それは、国家行政に携わる人々のみならず、救貧院の人々、ギルドの成員や信心会の会員にもあてはまった。旅行者さえ該当した。十八世紀の郵便法規は実務上、専ら時間の正確さと綿密さを重視している。[11]

安全と秩序への欲求は常にさまざまな新しい生活分野で規格の統一へと進んでいった。当時の人々同様、今も天文学は象徴的な主流学問ととらえられているかも知れないが、それはヨハネス・ケプラー（一五七一―一六三〇）が「宇宙の調和」という新プラトン学派の尺度に従って、数学の法則に組み込んだものである。[12] 幾何学は、行動規範の発達に寄与し、規則的秩序を生み出す普遍的モデルを提供し、それは舞踏から交通網の立案、役所の組織、要塞の建築、さらには庭園にまで及んだ。[13] 十七世紀に探求され、一部は発見された新しい規則性は、過去の熱狂に対する新世代の解答であった。改革はついに言語にまで及んだ。文学は古典的な作詩法を指向し、抒情詩や劇文学の厳密な規定に範を求め、さらには秩序をもたらす当時の社会機関、すなわち宮廷の意向に沿うものとなった。[14] ドイツ語の観念志向は、無秩序な時代の言語を浄化したことに起源があった。

宗教的狂信からの解放

世界が魔力から解放された理由はさまざまであるが、小氷期と関連づけてみれば、より深い意義をもつ。近世初期に社会は宗教中心の思想から解放され始めた。この過程がまさに宗教戦争と魔女狩りの時代に始まったことは、一見驚くべきことにみえるだろう。宗教的狂信からの離脱、すなわち**思考の世俗化**は、宗教戦争と魔女狩りに対する直接の返答と考えられるからである。フランクフルト書籍見本市のカタログを分析すれば、大量の神学論争の書籍と平行して、非宗教的実用書の増加を確認できる。ゲオルク・ヴィラーの書籍見本市のカタログは、よりによって飢餓の年の一五七〇年に神学、法律、医学に並んで、新しい見出し「**Philosophici,artium liberalium, atque mechanicarum, & libri miscellani**（**哲学、自由諸学芸、工学、その他の書籍**）」が設けられており、人文科学、自然科学、技術の実用書が新たに高く評価されるようになったことを示している。[15] ドイツ語カタログの分野では「**技術全般およびその他多種多様な書籍**」と表記される中に、例えば気象や農業改良の本がある。すでに最初の年のカタログにコンラッド・フォン・ヘレスバッハ（一四九六―一五七六）の新しい農業の指導書が記載され、[16] この本は数年間に四版を重ね、英語にも翻訳された。[17] その後、書籍見本市では農業の理論と実践に関するイタリア語やフランス語の本が多数売り出された。[18] そして一五九〇年代にヨハン・コラー（一五六六―一六三九）による家長の基準となる参考書『**農業経営と家政**』が出版され、十八世紀に入るまで多くの版を重ねることとなった。[19] これらの著書はどれもが輪作や施肥の改良を提案し、オランダとイギリスにおける**農業改革**への道筋を示している。[20]

気象に関する本の題名だけでは、精神修養書と関係があるか否かは必ずしもわからない。それらは、しばしば自然観察を将来の予測と結び付けたり、[21] 当時の年代記を神学的解釈に結び付けたりしたものである。[22] チュービンゲンのヨハン・ゲオルク・ジグワルト教授のように、説教師たちの中には異常気候を専ら神学的に解釈する者もいた。[23] 天文学者、バルトロメウス・スクルテトゥス（一五四〇―一六一四）は著書**『あらゆる気象予測』**の中で一種の長期予報に挑んだ。狭義での気象学の著書およびアリストテレス解説書は、十七世紀に関してはさらに詳細に調査する必要がある。これらの書物が役立ったらしいことは、レオンハルト・レインマンが出版を重ねた**『天候小冊子』**が示しているが、彼は天候を神であれ悪魔や魔女であれ、あらゆる形而上学的説明を避けている。[24]

近世初期半ばの苦難の時代は、長期的な学習の過程となった。この過程と結び付いた合理化のプロセスには、ほとんど構造的かつ長期的原因があると考えられる。それはヴェルナー・ゾンバルトによれば初期資本主義、マックス・ウェーバーによればプロテスタンティズム、ノルベルト・エリアスによれば絶対主義の王制である。宗教的熱狂が単に燃え尽きてしまったといえよう。当時気づいた人もいたように、十字軍や魔女狩りによって天候も収穫もよくなることはなく、むしろさらなる苦悩がもたらされただけだった。

神学論争の書物を取り上げず、実用書の出版を優先した出版者には、フランクフルトのマテウス・メーリアンや、定期新聞を考案したストラスブールのヨハン・カロルスのような優れた人物もいた。彼の出版物は十七世紀のメディアが取り上げる項目がいかに新しかったかを示している。宗派的熱狂や奇蹟の話が出る余地などもはやなかった。ルドルフ二世のボヘミアに対する宗教寛容令、**ボヘミア王の勅許状**、ユーリヒ・クレーフェの継承争いについては、一六〇九年の週刊新聞「**レラツィオン**」の中で詳細に伝えられている。メディアは事実を報告するだけでなく、世界が秩序を失っていることも伝えた。情勢を理解するには、形而上学ではなく、政治の情報が必要だった。[25]

熱狂を**新ストア学派**[26]の実践哲学の助けにより封じ込めることは、意義があった。例えば、ガリレオ・ガリレイの自然科学は、その方法が幅広く大衆に伝わり[27]、フランシス・ベーコンの実験は知識を規格化し、科学の進歩を体系的に証明することとなった。[28]結論が決まっていないこの研究方式が教理神学者からは好まれなかったことは、すでにガリレイに対する宗教裁判以前にわかっていた。フィレンツェの「**Accademia dei Lyncei**（**やまねこ学会**）」はそれゆえ神学者の締め出しを会員資格の規約で明文化した。時代学者たちは、検閲や実りのない宗教論争なしに、重大な問題を自由に議論できることを望んでいた。時代の指導的立場の自然科学者に対するこの宗教裁判訴訟が変革の烽火《のろし》となった。イギリスの**ロイヤルソサイエティ**（**英国学士院**）**や**フランスの**アカデミー・フランセーズ**のようなその後の私的公的科学者団体はすべて、神学者を協議から締め出した。プロテスタントの国々では教皇のもとでの学問はそもそも不可能という伝説まで生まれた。国家の理想像を表現する十七世紀のユートピアでは、神学者は常に脇役になるが、フランシス・ベーコンの『**ニュー・アトランティス**』や、ヨハン・ヴァレンティン・アンドレーエの『**理想都市クリスティアノポリス**』にあるように、哲学者は国家の舵取りを任された。実際には宗教的圧力と良心に対する激しい圧迫はウエストファリア条約（一六四八年）後に弱まり、さらにイギリスにおける名誉革命（一六八九年）の後はその傾向が強まった。[29]

科学革命と初期の進歩楽観主義

近代の自然科学の前段階を探していくと、十六世紀のあのファウスト的知識欲に魂を奪われた研究者にたどりつくが、彼らの中では実験と魔術の境界ははっきりしない[30]。**Magia Naturalis**（**自然魔術**）は神学者の目には、最も疑わしい領域に映った。魔術師の中には、芸術家ベンヴェヌート・チェッリーニ（一五〇〇—一五七一）のように悪魔祓いに手を出す者もいた[31]。しかも、自然魔術師は宮廷では名声を博していた。ジェロラモ・カルダーノ[32]（一五〇一—一五七六）の**カルダン軸**その他の発明は彼の研究が真面目なものであったことを今も想起させるが、彼やナポリのジャンバッティスタ・デッラ・ポルタ（一五三五—一六一五）などは大学以上に当時の自然科学を代表していた。当時、大学の自然研究のカリキュラムには医学、天文学、数学以外は存在しなかったのである[33]。イギリスの自然魔術師ジョン・ディー（一五二七—一六〇八）は実験と予言によって、イギリスのエリザベス一世とプラハのルドルフ二世の宮廷で同程度に重用されていた[34]。天文学、パラケルススの医学、錬金術を含む神秘学は時代の熱狂を呼び覚ました。その時代は新しい問題に対して旧来の解答では満足できず、新しい道を模索したのである[35]。

自然科学者が正統信仰との潜在的な摩擦ゆえに危険にさらされていたのはガリレイに始まったわけではなく、すでにカルダーノも同じであった。チェッリーニと同様、カルダーノやデッラ・ポルタやディーの場合も宗教当局には、不信を抱くに十分な理由があった。それは、彼らが実験に際し魔術的儀式という疑惑をそのままにしたことがあったからである。とはいえ、カルダーノはすでに数学の研究では適切な解法を発見しており、それは今日でも**カルダーノの公式**として知られている。ケプラーは天文学上の重要な命題を数式で表しており、天体の運行に関する**ケプラーの法則**は、今なお通用している。ガリレイによっては自然科学にある言語、すなわち数学が取り入れられた。その形式論理学には教会は何の異議も唱えることができなかった。自然法則が導入されたことにより、天使や悪魔とともに自在に動き回るペルソナを備えた聖書の神は力を失った。**自然法則**は、たとえそれが神の完璧さによるものだとしても、研究者たちが探求できる確固たる法則と創造主を結び付けたのである。

決定的だったのはパラダイムシフト、すなわち自然への見方の劇的変化であり、ガリレオ・ガリレイやフランシス・ベーコン以後、宗教的なものや霊的世界がそれまで蓄積されたさまざまな解釈から締め出されたことである。これをもって、神学者と自然魔術師、錬金術師と占星術師の高邁な論争も終わりを告げた。学問の大規模な復活となったベーコンの『**大復興**（**Instauratio Magna**）』は、実験に基づいて方法を標準化し、結果を系統的に討論することにより、「無秩序な思考」を秩序立てた。こうして、知識の限界を永続的に広げることができた。そして知識を体系的に蓄積することにより、学問が進歩するというヴィジョンが作られたのである。真実を決定するのは、もはや教会でも国家でもなく、哲学者と自然科学者の世界的集団なのである。

十七世紀初頭以来、自然科学は世界像を根本的に変えた。数学者ルネ・デカルト（一五九六―一六五〇）は、精神（res cogitans）と物質（res extensa）を哲学的に分離することにより、すべての霊的存在（天使、悪魔、神）は認識論上も物質的世界に影響を及ぼさない、とした。数学者で物理学者でもあるアイザック・ニュートン（一六四三―一七二七）は、広大な宇宙でも地球上でも同様にあてはまる一種の公式、

万有引力の法則を発見し、自然法則の一貫した有効性を示したのである。(36)

これによって、ニュートンは昔の自然魔術師が抱いた憧れ、つまり小宇宙《ミクロコスモス》と大宇宙《マクロコスモス》を観念的に結び付ける願いを叶えたのだった。ニュートンは天文学、力学、光学、音響学、算術などすべての学問分野に精通し、一七〇三年にそれまで半世紀にわたり自然法則の組織的研究を促進してきた**イギリス王立協会**（**Royal Society for the Advancement of Learning**）の終身会長に選ばれた。彼はその学術的功績ゆえにケンブリッジ大学から選出されて国会議員となり、さらに貴族に列せられた。啓蒙知識人にとって、ニュートンのような学者は歴史の真の英雄であった。彼らは、人類全体を進歩させた。その際、特に心引かれることは、イギリスの例では学術的進歩と政治的進歩が深く関わりあっていたことである。検閲の免除は、学問の自由を促進させた。ニュートンの主著『**プリンキピア**（自然哲学の数学的諸原理）』が、英国王の廃位ならびに議会統治の開始となった一六八八年の**名誉革命**とほぼ同時に出版されたことは、単なる偶然以上のことにみえた。(37)

古代の自然科学は十六世紀以降、激しい攻撃にさらされてきたが、大学内での優位性もこの時期になってついに崩壊した。基本元素、液体、実体、性質、原因などを唱えたアリストテレスの自然学は、すでにガリレイやホッブスが準備し、ニュートンが掲げた機械論に基づく**哲学**に今や取って代わられたのである。世界を機械論的にみることは世界観や政治の具体的な問題に対処するのに適していた。(38)それにより追体験可能で反復可能な実験の助けを借りた自然観察が長くもてはやされるようになった。その際、重力のように以前は魔術的説明に限られていた磁力や電気など、特に謎めいた自然現象の研究も進んだ。『**フィロソ**

フィカル・トランザクションズ（哲学紀要）』などの専門誌の創刊以来、実験の結果はもはや手紙で伝えるのみではなく、印刷されて誰もが読み返せるようになったのである。

新しい科学は新しい研究機関（学術団体、学術協会）と並んで独自のメディアを発達させ、そこでは宗教的、世俗的影響から離れて、実験が国際的に議論された。この仕組みは誤りやごまかしを即座に暴露するのに最も効果的であった。例えば、熱気球の上昇のようなセンセーショナルな実験は、数週間以内にヨーロッパ全土と北米で模倣され、認められるか、拒まれるかのどちらかだったからである。実験は上流社会のレジャーとして好まれるようになった。学術研究のための新しい「場所」、すなわち研究機関やしかるべきメディアが創設され、通信の新しい伝達回路が制度化され、トーマス・S・クーン（一九二二―一九九六）が合意モデルという意味で表現しようとした**パラダイムシフト**に至った[39]。

十七世紀初頭の望遠鏡、十七世紀半ばの顕微鏡の発明以来、自然科学における機器の使用は定着した。光学機器や計測器は十八世紀にはすべてのアカデミーと研究所、また多くの上流家庭でも、常備品となっていた。気圧計、温度計、湿度計、経緯儀、ポンプ、プリズムなどは大量生産され、購入され、使用された。また、「**ジェントルマンズ・マガジン**」に日々の気圧値が掲載されたように、取るに足らない計測値も公表された[40]。実験の大部分が娯楽で、せいぜい基礎研究に貢献しただけとはいえ、人々は成果を求め積極的に新しい実用的発明にいそしんだ。電気の研究では、一七五一年にアメリカの自然科学者ベンジャミン・フランクリン（一七〇六―一七九〇）が避雷針を発明した。気体についての化学や物理学のたゆまぬ研究では、一七八二年に熱気球と水素気球がほとんど同時に発明され、飛行も可能になった。この二つの

図33　バレエで太陽に扮した若きフランス国王ルイ14世。ライバルの君主たちも小氷期に自らを太陽王と称した。

偉業は十八世紀末に啓蒙の時代の成果とみなされ、宗教と迷信に対する自然科学と技術の意義ある勝利となった。意外なことにこうした成果の中には、経済発展および人間を取り巻く自然環境の変化にさらに大きな意義をもつ発明はほとんどなかった。それらは**産業革命**の中で発明され、ついには今日気候変動の原因とされるあの効果をもたらしたのである。

「太陽王」の統治

十七世紀の数度にわたる大きな戦争の後、政治は常備軍により安定した。支配者の豪邸の構造や仰々しさは、臣民に支配者との距離を感じさせるが、この距離感が安心感を増大させ、民族国家におけるる学問にルネサンスの都市国家にはみられなかった新たな余裕をもたらした。常備軍を導入しても当然、社会は公正にはならなかったものの、上層階級の抱える暴動や革命への脅威を低下させ、現状を安定させ、社会はそれまでより予測可能で安全になった。政治的不穏の時代は終わり、宗派間でのイデオロギーの対立の火種は取り除かれた。[41]

しかしながら自然の厳しさ、つまり寒冷と凶作の時代はそれでも克服されなかった。それゆえ「**太陽王**」という概念は比喩的により良い未来を強く約束している。フランスのルイ十四世（一六三八―一七一五、在位一六四三、一六五一―一七一五）のみならず、政敵の神聖ローマ皇帝レオポルト一世（一六四〇―一七〇五、在位一六五八―一七〇五）も自ら暖かさを振りまく中心星のように振舞った。[42]「**太陽王**」とその臣下による統治の時代にはフランスがヨーロッパの大国として台頭したばかりではなく、マウンダー極小期の過酷な寒さも到来した。[43]過去一千年間で最も寒いこの時期には、深刻な凶作となり、物資の不足、飢餓および高死亡率の疫病を招いたのだった。それ以外にも問題がなかったわけではない。オーストリアのようにフランスでも数十年にわたり次々と戦争が起き、国家の富を浪費したばかりか、負債が累積し、国家財政を数十年間圧迫することになった。そのうえ、天候の悪戯は不安定をもたらした。一六八三年から一六八四年にかけての厳冬では、十月半ばから翌年の復活祭まで霜が続いた。[44]一六九〇年代半ばのようにとりわけ気候が悪かった時期には、[45]スウェーデン治下のフィンランド行政地区[46]からフランスの南部までヨーロッパの広い地域が恐ろしい飢饉に襲われたことがわかる。[47]太陽王統治の終わり頃には官僚機構は、まだ効果的に困窮を減らすことができなかった。窮乏緩和の兆しは確かにあったが、当時の行政区域と官庁の勢力争いにより、危機の克服は混乱をきわめた。過去の飢饉の時代と比べ唯一異なる点は、飢えと絶望はもはや政治の中心部には届かなかったことである。リヨン市役所の努力はその効果的模範例で、あらゆる手立てで自分の町を飢餓から救ったのである。(48)

そしてさらにもう一つの相違点があった。啓蒙の世紀には、飢餓が管理の失敗の結果であると次第に理解されるようになったことである。一般大衆はもはや飢餓を神の罰とする説教を受け入れず、むしろ、不作を埋め合わせられない組織上の不備と政治の怠慢を指摘した。なぜ穀類を迅速に輸入できないほど道路が悪かったのか。なぜ貧しい人々を養えないほど倉庫が小さかったのか。倉庫はあってもなぜ食料が満たされていなかったのか。なぜ収穫が少なすぎたのか、なぜ宮廷の役人が備えを十分しなかったのか。知識人たちの批判と民衆の怒りにより政府に対する反乱が起こりそうになり、政府は対応を迫られたのだ。暴力行為が向けられたのは暴利を非難された穀物業者や製パン業者にほとんど限られていたとしてもである。つまり、行政にとって明白だったのは事前の備えの改善だけが生き残りを確実にするということだった。根本的にそれは古代の高度文明と何ら変わらなかった。つまり、困窮状態に陥った民衆は支配者の正当性を疑問視した。イギリスとオランダの例は、国王を議会の統制下に置くことで、事態がうまくいったことを示している。啓蒙により政府への改革の圧力は増大したのである。

十七世紀および十八世紀におけるいくつかの改革構想では、中期間、効果がみられた。十八世紀には大量に貨物輸送ができるように、至る所で道路と水路の建設が推し進められた。そのほか、馬車制度の導入により、国内および国際的な通信システムが全く新しい土台の上に築かれた。当時の新式郵便制度により、地域的な困窮の始まりを察知し、ヨーロッパおよび世界規模で調整しようと努めるようになった。広範囲な通商網が十分に組織化され、地域的な供給危機を軽減する助けとなった。海路での遠隔地交易は援助の組織化、貯蔵、管理、医薬品の供給などの改善をも容易にした。特にこれらの努力の結果、ペストのような旧来の災厄がヨーロッパから姿を消したのである。オランダではすでに十六世紀末に、少し遅れてイギリスでも始まった農業革命は(49)、悪の根を絶ったのであった。堤防の建設、湿原の開墾、輪作農業、灌漑、新たな栽培植物の作付けにより飢饉は稀になり、一七〇九年からはほぼ三十年に一度くらいの間隔になった。インフラと食糧生産の改善は加速する都市化のための確固たる基礎を生み出し、そのことは自然やその力に左右されているという意識を弱めたのであった(50)。

旧来の生産方式が減少するにつれ、迷信や宗教的狂信に陥ることも少なくなった。上流階層の富は自然の厳しさに対する効果的な解毒剤となった。その例はヴェルサイユ、ロンドン、ウィーンなどの大宮殿や魔術を恐れなくなった貴族や豪商にとどまらなかった。それを特に示していたのはオランダで、小氷期に穀物の主な集積地として世界貿易の原動力となって台頭し、富を得ることに成功したのである。ここではすでに長期にわたり魔女狩りがなかったばかりか、異端の人々やユダヤ人にさえも比較的裕福な生活を送る可能性が認められていたのである(51)。厳しい冬さえも危険が薄れてきたかにみえた。冬景色の絵画は、黙示録の脅迫的背景から落ち着きの表現あるいはウインタースポーツの喜びの表現へと変わっていった。ヘンドリック・アーフェルカンプなど、多くの画家は冬景色を専門に描いており、その絵は裕福な市民の居間に合うように千差万別に仕上げられていた(52)。

啓蒙主義の試金石――一七三九年から四〇年の厳冬

宮廷やアカデミーで支配的であった啓蒙の精神は、自然は理にかなったもの、科学は進歩するもの、社会は良くなるもの、そして人間も悪しき教育さえ受けなければ善良なるものと楽観的に信じる、という特徴を次第に強めていった。ジャン＝ジャック・ルソー（一七一二―一七七八）は、「あらゆる人間は平等であり同等の権利をもつべきだ。宗教的、社会的少数派はもはや除外されず、これには女性も含まれる。（これは一大改革であった）」と考えたが、啓蒙主義者はこれを出発点とした。彼らは皆、人は教育により自立した思考ができるようになるという点で意見が一致していた。

啓蒙主義者は一般的に、国家や資本ではなく教会を闇の権力とみなしていた。闇の力をもった教会は、人を無知にとどめて狂信へとそそのかし、十字軍遠征からユダヤ人迫害、魔女狩り、さらにアメリカ先住民の根絶や宗教戦争にまで及ぶ、数知れない残虐行為の責任を負っているとされた。啓蒙主義者が宗教的狂信の対極に置いていたのは宗教上の寛容という理想であり、多くの王やヨーゼフ二世（一七四一―一七九〇、在位一七六五―一七九〇）のような皇帝たちによっても理想とされていた。啓蒙主義者の理念は、教養ある神学者や高位聖職者の中でさえも数多くの信奉者を得た[53]。

支配階層の運命がもはや気候変動に左右されることはほとんどなくなったのに対し、一般の人々の運命は依然として翻弄されていた。そのため保守的な聖職者は、いざ大災害というときには、大衆を啓蒙された政治エリートと対立するように仕向けたい誘惑にかられていた。ヨーロッパは農業への依存度が高く、生計は収穫高にかかっていたので、天候は多くの場合まだ決定的な役割を果たしていた。大ブリテン島とオランダだけは穏やかな海洋性気候のもと、農業の改良とインフラの整備がかなり進展していたため、地域によって収穫高が異なっても大きく影響されることはもはやなくなっていた。[54] それに対しヨーロッパの他の地域では、天候による凶作はどれも啓蒙主義の試金石となった。一七〇九年から数十年間はある意味で幸運であった。気候は程よく、生活が改善されていく幻想が育まれていたからである。たぶん今日よりいくらか冷涼であっただろう。しかし、理性の時代の冷たい太陽が、安定した生活条件を作り出したのだ。それはクリスチャン・ヴォルフ（一六七九―一七五四）の楽観主義的なドイツ学校哲学に即しており、その理論によれば、世界は神による「**予定調和**」のうちに安らぐとされた。[55]

一七五五年のリスボン地震では津波がこのポルトガルの首都を破壊したが、この地震は通例、啓蒙思想の未来楽観主義を示すテストケースとされている。しかし本書では、一七三九年から四〇年にかけての酷寒の冬に言及しなくてはならない。このとき、またしてもヨーロッパ大陸は、地域によっては高死亡率を伴う大きな生存の危機に陥っていたのだ。この寒さに関しては、アカデミー、学術雑誌、定期刊行物に加え多くの出版物の中で議論がなされた。[56] その際、繰り返し力説されているのは、異常気候は「自然の」原因で起きていること、そしてそれは薪不足や低体温症、栄養不良や病気、死亡率の上昇のような結果をもたらしていることであった。[57]

ミュールシュタットの牧師、ヨハン・ルドルフ・マルクスは、「**一七四〇年現在の異常に厳しく長い冬に関する報告**」の中で、過去の寒冷大災害に関する検証をし、ザクセン人の視点から、小氷期の事例を伝えている。割れて飛び散った温度計やひび割れて砕けたアムステルダムの橋、凍結した地下室のワインやインク瓶の中のインクなど、多くの例が報告されている。ロシアでさえも例年より寒く、森で動物が凍死した。ペルシアでは凍死する人々がいた。スカンジナビア半島では、川と湖がすべて凍りついた。水車は一つも動かず、工場の生産は停止した。戸外に出なくてはならない者にとって事態はさらに深刻だった。南オランダの郵便馬車の御者はアムステルダムで馬もろとも凍死し、ハンブルクの配達夫は、到着したときには、馬にまたがったまま硬直して死んでいた。ベルリンへ向かった御者は乗客ともども凍死した。ポーランドでは家の中で人々が凍死し、スコットランドでも多数の餓死者が出た[58]。フランスとイギリスでは致命的なインフルエンザが流行した[59]。パリでも地方でも「大勢の人が風邪とインフルエンザで亡くなっている。パリではこの年の初めから五月までに四万人以上が埋葬されたと見積もられている。なにしろ四月だけでもパリの病院で四千人以上が命を失っているのだ。寒さは通常ペストの蔓延を防ぐものだが、そのような伝染病、病気、突然死は、この過酷すぎる冬の置きみやげとして体の中で引き起こされたものと考えられている[60]」

時が経つにつれ、一七四〇年の厳冬とそれに続く危機が興味深い研究対象として注目されるようになった[61]。現在では、比較研究も地域別の細かいデータも自由に利用できる[62]。そこから、この危機は、それ以前の比較可能な危機に比べて影響が少なかったことがわかっている。多くの政府は不作の兆候があれば前もって穀物を備蓄していた。その際、買い付け範囲はヨーロッパをはるかに超えていた。イギリスは、ロシアのバルト諸国、オスマン帝国下のエジプト、北アメリカの自国の植民地でも穀物を買い入れた。小麦やライ麦のほかに米までも買い取った。プロイセンは自国の貯蔵庫に大量の穀物を蓄えていたため、フリードリヒ二世はオーストリアのシレジアに対し国際法違反の侵略戦争を行ったが、その後、農民たちに種を分配でき、それにより忠誠を手に入れたのだった。一七四〇年も物価が高騰し、パンへの支出超過のため家計は困窮した。そして飢餓は、悪政、愚政と同義となった。死亡率が劇的に増大したのはスコットランド高地地方やアイルランドなどの周辺地域のみであった。[63] そのため、一七四〇年の厳冬は、単に啓蒙の試金石であっただけでなく、啓蒙主義の勝利とみることもできる。

噴煙と大恐怖

一七八〇年代の厳しい気候は、アイスランドのラキその他の火山と日本の火山の噴火によって引き起こされた。日本の徳川時代、一七八三年の春に浅間山が噴火した。この火山は現在の東京である当時の首都、江戸からはおよそ一五〇キロメートル離れていた。人口密集地では、およそ三万五千人が直接の犠牲となった。しかし長期的影響はさらに衝撃的だった。浅間山が江戸の空を真っ暗にしたのだ。噴火による放出物は地表を広範囲に汚染し、豪雨をもたらし、その後、何年にもわたって、全国的に深刻な寒冷化の原因となった。火山に起因する気候の悪化は、米の著しい凶作につながった。主食である米の価格は三倍になり、一七八三年から一七八七年にかけては、深刻な飢饉となった。貧しい人々は植物の根や木の実、猫や犬までも食糧にしようとした。人肉食いすらあった。定期的な人口調査は、飢饉の期間には数十万の人々が犠牲になったに違いないことを示している。なぜなら、以前は百年を通じて比較的一定であった人口が、ほんの数年間に、およそ二千六百万人から二千三百万人に減ってしまったからである。[64] 飢饉の結果として一七八〇年代には農民一揆と武装蜂起が起き、一七八七年の五月には、大坂、江戸、北日本で頂点に達した。農民と町民が手を結び、特権を与えられた商人や高利貸しの家々を打ち壊した。その当時の人々は「世の中、タガが外れた」と思った。将軍、家治（一七三七―一七八六、在職一七六〇―一七八六）の死後、幕府の権威は失墜した。封建制度の中で腐敗が蔓延したことが、この災いの元凶だとみなされたからだ。次の将軍、家斉（一七七三―一八三七、在職一七八六―一八三七）の代に、状況は急速に良くなった。人々はこの不運な時期のことは神の祟りと考え、日本の封建制度は勢いを盛り返したのだった。[65]

この日本の出来事を背景に、ヨーロッパの反応を考察することは興味深い。アイスランドのラキの割れ目噴火は一七八三年五月に始まり、二七キロにわたって八カ月間続いた。爆発は大量のガス、火山灰、エアロゾルを成層圏まで噴き上げ、長期間空は暗く覆われた。ラキの「もや」が観測されたのはコペンハーゲンでは五月二九日、パリでは六月六日、ミラノでは六月十八日であった。[66]火山の放出物は、硫黄臭、目への刺激、呼吸困難や頭痛の原因となり、中央ヨーロッパにまで及んだ。ヨーロッパとオスマン帝国の広範囲にわたり、濃い「乾燥した霧」や暗い太陽、変色した太陽が観測された。**パラチナ気象協会**の会員の報告によると、一七八三年の夏には空はどんよりと曇り、太陽を裸眼で見ることができた。アイスランドでは酸性雨が広範囲に降って国土が荒廃し、収穫物は全滅したうえ、数年間植え付けができなかった。酸性雨はスカンジナビア全域で環境破壊をもたらした。オランダでさえも植物に直接被害が及んでいた。噴火から時間をおいて寒波と干ばつが襲い、結果として凶作となり、熱病と下痢が流行り死亡率が上昇した。およそ九千人、アイスランドの人口の四分の一がラキ噴火の結果死亡したのである。[67]

当時多くの人々は、暗くなったのは悪の前兆、黙示録的変化の先触れと解釈した。啓蒙主義の雑誌は迷信深い考えに反対する記事を掲載し、科学が論争を制した。スイスの研究者は太陽光が弱まっているのを観測し、ザクセン地方では、凸レンズを使っても鉛の融解点に達しないことに気づいた。当時の人々はすでに、「もや」とこの年の夏の豪雨や植物への被害とを関連づけていた[68]。通信革命により、「もや」と全般的な寒冷化が科学雑誌に掲載され、議論されていた。人々は比較し、解説し合った。イエーナの数学者、ヨハン・エルンスト・バジル・ヴィーデブルクは、寒冷の年とされた一七〇九年と一七四〇年に似たような天空の異常現象がすでに起きていたと指摘した[69]。アメリカの自然科学者、発明家であり出版事業家でもあるベンジャミン・フランクリンは、当時フランス王宮にアメリカ大使として滞在しており、アイスランドの火山の噴火と自分の目のヒリヒリする痛みとを関連づけた最初の人物であるが、広域に及ぶ影響を認識していた[70]。

かつてマウンダー極小期に見られたような、一七八〇年代における異常現象を列挙してみよう。これらの極端な現象は最近ではラキ噴火と関連づけられている。穀物の価格は、一七八四年から十年間に約三割上昇した。年々寒さが厳しさを増すこの時代には、豪雪や深刻な霜害が起きて、ブドウやパンの原料穀類の生育不全が広がり、洪水や家畜の伝染病が発生した。まさに災厄の積み重ねで、伝統的な農業社会は最も厳しい状況に直面した。一七八三年から一七八四年にかけての冬は、並はずれて雪が多く厳しかった。二月の終わりに雪解けが始まると、深刻な被害をもたらす大洪水となった。ライン川、マイン川流域ではしばしばその後類を見ないほどの高水位にまで達したので、牧草地や畑は荒廃し、牧場が汚染され家畜の伝染病が広がった。多くの橋が壊れ、大通りや道路は不通となった。一七八四年から一七八五年にかけての冬もまた格別に長く寒かった。ベルンでは積雪が一五四日間に及んだ。ちなみに寒かったと言われている一九六二年から一九六三年にかけての冬でも、八十六日間の積雪にすぎなかった[71]。

フランス革命

この特異な気候の影響は社会的文化的背景によってさまざまであった。火山の噴火により基本的食料品の価格は一七八四年以来世界規模で上昇していたが、フランスも例外ではなかった。そして日本とは異なり、ヨーロッパや北アメリカでは一七八七年以降も事態が好転することは全くなかった。多湿と寒気に続き、干ばつがやって来たからである。一七八八年の干ばつの影響は、帝政ロシアでは、封建制度の最終段階にある啓蒙されたフランスとは異なっていた。アメリカ合衆国では、植民地主義のくびきから解放されたヨーロッパの開拓者が勇気をもって未来を見つめていた。一方、北アメリカ先住民の間では、窮乏は新しいアメリカ国家による抑圧により生じていると考えられ、先住民主義に則った解放運動が展開された[72]。

フランス革命の勃発には多くの要因、すなわち、長期および短期の政治的、文化的、経済的、社会的要因があった。ジャック・ゴールドストーンは長期の構造的危機が革命の原因ではないかと考えたが、我々も同じ見解である。革命前の二〇年間だけでフランスの人口は二百万人、すなわち一〇％増加していた[73]。一七七〇年頃以降、農地の拡大はもはや人口増加に追いつくことができなくなってしまった。農業はイギリスと比べてはるかに旧式で、視察をしていたイギリス人、アーサー・ヤングの目にも時代遅れであった。

農舎は劣悪、穀物倉庫は貯蔵能力が不十分で、農業用水も肥料も飼料も不足していた。伝統的な三圃式農法がカール大帝の時代同様に行われ、種まき、刈り入れ、脱穀など、あらゆる労働はすべて手作業であった。一般農民は技術革新を敵視していた(74)。これらすべてが食糧不足をもたらし、危機に対する抵抗力を弱めていた。構造的危機の兆しはまず、一七七〇年の全ヨーロッパに広がった食糧危機として表れ、ドイツ、スイスおよびヨーロッパ大陸の他の国々でも同様に、栄養不良と疫病が蔓延した。ルイ十五世（一七一〇―一七七四、在位一七一五／二三―一七七四）の「黄金時代」は、急激に困窮が増すうちにすでに終わっていた。

次の飢饉と同時期に即位したルイ十六世（一七五四―一七九三、在位一七七四―一七九二）のもとでは、状況はますます深刻になった。経済全体が停滞し始め、購買力の低下により一七七八年には景気後退が始まった。危機のエスカレートには自由主義の経済政策が決定的な役割を果たしていた。行きすぎた自由貿易政策のため、この君主国は一七八五年以降、もはや国家の備蓄を自由に使うことは全くできなくなっていた。備蓄食糧があれば、人々は凶作も乗り切れたかもしれなかったのだ。なお悪いことに政府は貴族に便宜を図り、一七八七年になってもまだ穀物を自由に輸出させていた。このことは穀物生産者には格別な利益をもたらしたが、消費者側の困窮は増した。購買力は五〇％も低下したためイギリスからの安価な工業製品の需要が増加し、フランスの手工業界における解雇と失業につながった。失政の結果、一七八七年から一七八八年にかけては工業危機、農業危機、社会危機が一挙に到来した。

この極限の複合的危機は、小氷期に特徴的な一群の危機によって先鋭化した。一七八八年には特に厳しい干ばつがあった。そのうえ、七月中頃には雹の嵐が広い地域を荒廃させた。イギリス大使のドルセット卿は、パリ近郊では千五百の村々が甚大な被害を被っていると見積もった。フランス全土で、穀物の収高は過去十年間の平均より二〇％以上減少した。物価は革命が勃発するまで一年以上も上昇し続けた。雹害の夏に続いて一七八八年から一七八九年にかけては厳冬が訪れ、経済は停滞した。一七八九年春の雪解けは洪水を引き起こし、家畜の伝染病が爆発的に発生した。多くの地方で飢餓による暴動が起きた。家族総出で穀物輸送車を襲い、積み荷の強奪が行われた。時には彼らが「正当」と思う価格が支払われたが、その時の市場価格には相応しくなく、時には食料品は単に略奪されるままだった。輸送には軍隊を護衛につけねばならず、町々には略奪する暴徒や攻撃的な集団への不安が広がっていった。

乞食の数が増え、緊張が高まった。この際、施し物で生活している昔ながらの貧乏人の方が、よそ者の乞食より問題が少なかった。いわゆる**山賊**が出るという噂が恐怖を引き起こし、自分の土地を守るために農民たちに武器を持たせるほどだった。この現象は**La Grande Peur**（**大恐怖**）として歴史に名を残している。一七八九年も干ばつで、状況がさらに悪化するかも知れないという恐れが募った。川の流れが干上がり、産業の動力である水車が止まった。これは小麦粉の不足とパンの値上がりの原因となった。[75]確かに気候だけを革命勃発の理由とすることはできない。しかしアーネスト・ラブルッス（一八九五―一九八八）は、「革命を起こした市民や農民は飢餓に最も苦しんでいたのだから、フランス革命は飢餓による革命でもあった」とすでに書き綴っている。[76]革命と飢餓との関係を示す象徴的なデータがある。穀物価格が最も高騰したのは一七八九年七月十四日、すなわち、バスティーユを民衆が襲撃した日であった。[77]

タンボラ冷却、社会の民主化、コレラ

火山性寒冷化の最も興味深いケースは**タンボラ火山**の噴火によるものである。これは過去一万年で最も強烈な噴火に分類されている[78]。一八一五年四月十日から十一日にかけて起きたタンボラ火山の噴火は、数年にわたり地球規模で気温をおよそ三度から四度下げ、**タンボラ冷却**と呼ばれている[79]。爆発が強大であったため、大量の灰とエアロゾルが成層圏にまで到達し、その後数カ月間地球上の広い地域に拡散した。一八一六年は、北アメリカとヨーロッパでは「夏のない年」として知られている。タンボラ爆発の結果として空の異常現象が起きた。アイスランドでは太陽光が見えなくなり、ヨーロッパの多くの国々では飢餓に見舞われて移住のうねりが起こり、アメリカ合衆国では凶作となり、インドにおいては凶作に加え疫病が流行した[80]。南アフリカでは干ばつが起き、ズールー族首長、シャカ（一七八九―一八二八、在位一八一六―一八二八）の王国やアフリカ南部の一部の地域では、激しい魔女狩りが行われた[81]。ヨーロッパとアメリカ合衆国では、西洋文化に非常に典型的である技術万能主義の行政が、主に危機に対処していた。ドイツの政府と行政は飢えている人々との距離を保ち、緊急の場合は軍事力をもって騒乱や侵入を食い止めた。一八一九年の反ユダヤ主義のヘプヘプ迫害騒動の場合もその例である[82]。

工業化以前の**社会的貧困化**に関しては、気候史という観点から再度見直すべきである。農民ではない下層市民の階層が形成されたのは、とりわけ気候に起因する従来の凶作が繰り返された結果かもしれない。フランス革命や革命戦争が頭から離れないヨーロッパの政治家たちは、暴動には敏感に反応していた。イギリスの議会制度、人権宣言、民主主義に則ったアメリカ合衆国の独立、フランス革命、最終的に一八一

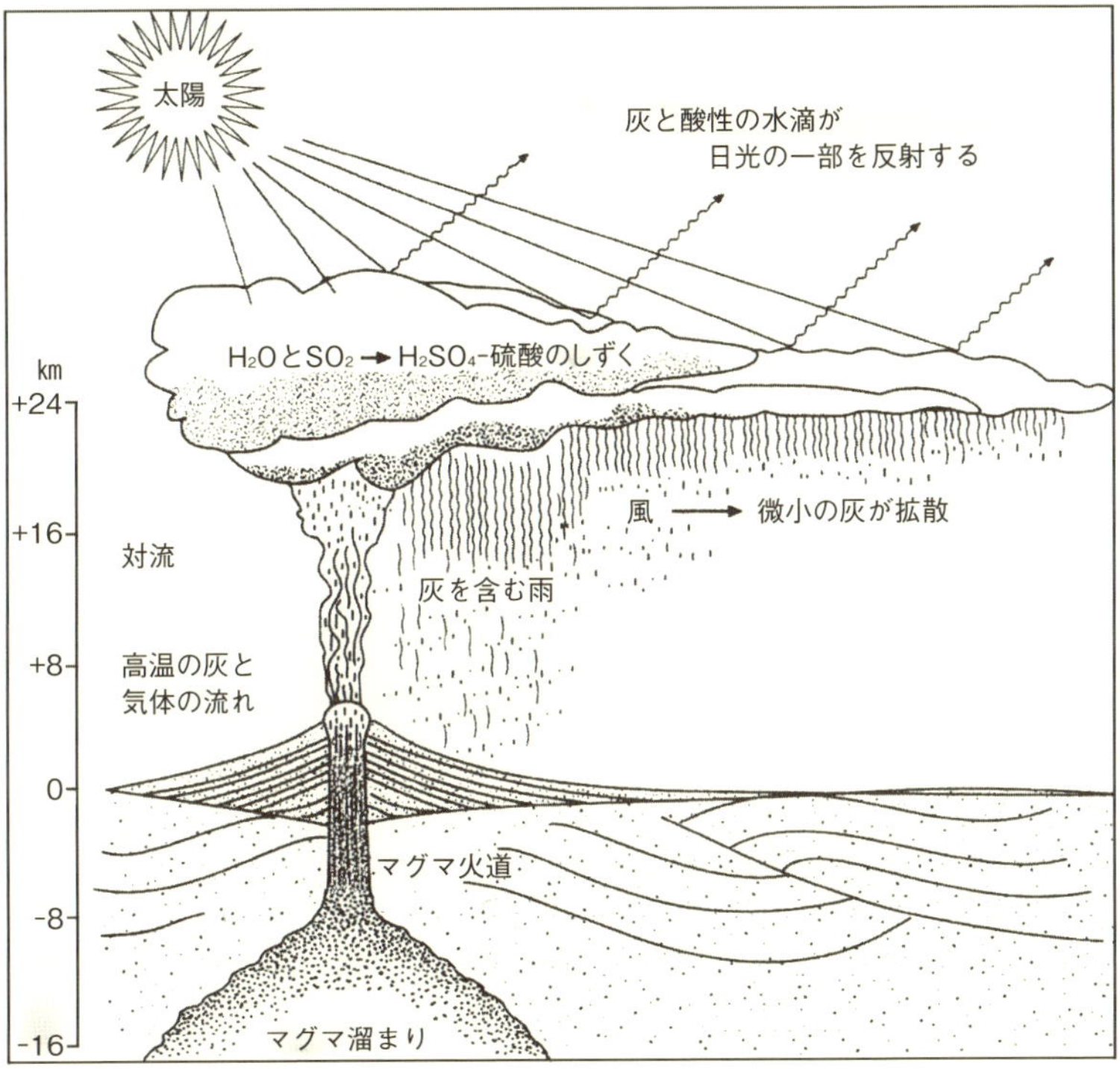

図34　1815年のタンボラ火山の爆発は、成層圏に達したガスとエアロゾルによって世界規模の寒冷化を引き起こした。すべての大陸でその後２年間にわたり、社会的、政治的に重大な危機が訪れた。

四年のフランス憲法を背景にして、中央ヨーロッパの市民層は絶対君主制への回帰を拒否した。バーデン、バイエルン、ヴュルテンベルクといった小国で密室政治を否定し、対立する改革勢力を活気づかせたのは、とりわけ、タンボラ冷却がもたらした飢餓暴動であった。[83] それが、改革への努力へと結び付き、一八一八年から一八二〇年には議会での共同議決による憲法が導入された。いわゆる**初期立憲主義**である。[84]

一三三〇年代と一三四〇年代の飢餓がユーラシア大陸と北アフリカでペストの大流行を引き起こしたように、タンボラ冷却もまた、

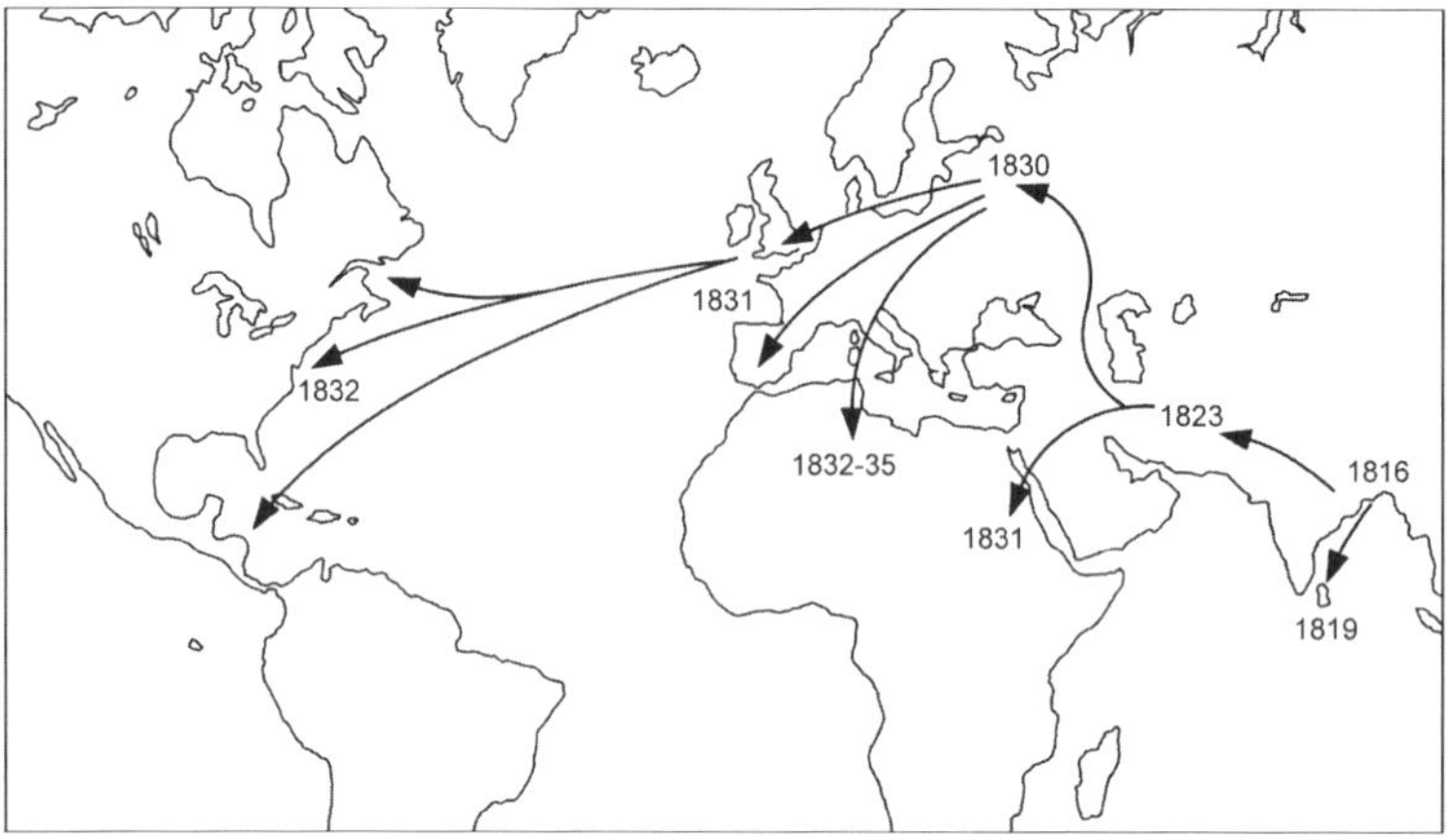

図35　タンボラ山による寒冷化の結果、初めて世界的にコレラ流行地域が拡大。この伝染病はインドからロシアを越えてヨーロッパへ、そしてそこからさらに北アメリカへと広がった。

特異な疫病であるコレラの流行を促した。この病気は、**ビブリオ・コレラ**というバクテリアによって引き起こされ、脱水症状を伴う強烈な下痢を起こす。インド亜大陸で爆発的に発生したコレラは、すでに長い間、ガンジス川デルタ地帯の風土病であった。[85] **タンボラ寒期**の後、数年間でこの疫病はロシア帝国を越え、ヨーロッパまで広まった。これらの地域ではそれまで全く未知の病だった。ヨーロッパと北アメリカでは急激に都市化が進行しており、下層の人々の衛生状態がインドの大都市と変わらないほど劣悪であったことが、疫病の爆発的蔓延の要因となった。コレラの病原体は腸内細菌叢の中にコロニーを作るため、特に衛生状態と、給水と下水処理における不衛生が重要な問題になる。**社会的貧困**と食糧不足のどちらもがコレラの流行に大きく関わっていた。

　コレラの影響は甚大であった。ワルシャワだけで二千六百人、ベルリンでは人口の〇・六%にあたる約千五百人が亡くなった。その中に、哲学者のゲオルク・ヴィルヘルム・フリードリヒ・ヘーゲル（一七七〇―一八三一）も含まれる。パリでは住民の約二％のおよそ一万八千五百人が亡くなった。毒入りの食料品が伝染病の原因ではないかという噂が広まり、食料や飲料の製造者が襲撃される事態となった。ロンドンへはハンブルク経由の海路で、一八三二年にコレラが持ち込まれたと推測される(86)。ヨーロッパ大陸の都市とは異なり、このイギリスの首都はすでに独自の給水網を備えていた。そのため多くの地区で死亡率は非常に低かった。一八三二年にはさらにコレラはイギリスから北アメリカに到達して一八四八年まで猛威をふるい、ニューヨークだけでも四千人以上の犠牲者が出た(87)。

飢餓、移住、革命

基本的食料が多様であれば、凶作にもどうにか対処できる。単一であると、場合によっては壊滅的な結果となる。その最も有名な例が一八四〇年代のアイルランドの大飢饉である(88)。その他の国々でも**ジャガイモ疫病菌**に見舞われたが、その病原体はおそらく南アメリカから肥料となるグアノ（糞化石）を輸入したことによって持ち込まれたものと思われる。ヨーロッパ大陸では、ジャガイモを腐敗させる真菌類は干ばつ期に死滅していた。そのうえこの地域では、ジャガイモはいくつかある主要食物の一つにすぎなかった。このときの不作は、小麦やライ麦、米やトウモロコシの輸入や消費拡大により埋め合わせることができた。ドイツには、国家行政が危機に効果的に対処した方法についての研究が多数ある。もっとも一八四八年の革命前の危機的気運が重要な役割を果たしていたことも確かである(89)。

スコットランド高地地方では、飢餓は尋常でない状況となり、アイルランド同様、アメリカへの移住のうねりを引き起こした。[90] **アイルランド飢饉**がもたらした特に劇的な緊張状態の背景は、アイルランド人の栄養源では最重要の主要食品がジャガイモであり、その収穫量が数年も連続して（一八四五、一八四六、一八四七、一八四八年）三〇～六〇％落ち込んだことである。最初の食糧不足の年は、ロバート・ピール首相（一七八八―一八五〇、在任一八四一―一八四六）率いるイギリス政府の援助によりある程度うまく切り抜けた。それは、イギリス政府が念のためにアメリカのトウモロコシ粉を大量に買い付けていたためだった。しかし、二回目の凶作の年には蓄えを使い果たしてしまい、家畜は屠殺され、資産は売却された。そのうえ、ロンドンでは政権が交代した。首相のジョン・ラッセル（一七九二―一八七八、在任一八四六―一八五二）は、自由貿易政策をとっており、危機の克服は市場に委ねられるべきだという見解であった。その後のアイルランドでは食糧の供給は著しく崩れ、貧しい人々は、飢え、熱病、胃腸病、チフスや壊血病で大量に死亡した。死亡率が非常に高かったので、チャールズ・ダーウィンの信奉者ならば大量死は自然淘汰とみなしたいところであろうが、イギリス植民地政府は一八四七年末に、大量の無料食糧配給を手配したのだった。最近の調査では、アイルランドでは国民のおよそ二五％が死亡していたことになり、それまでにこの島が経験したどの伝染病よりも死者が多かった。[91] アイルランド人の間でも、アメリカに渡った数多くの移民とその子孫の間でも、アイルランドの**大飢饉**ほど記憶に深く刻み込まれた出来事は他にない。[92]

一八四八年の革命はヨーロッパの多くの国々に改革をもたらしたが、それは市民の自由とより良い議会制度の導入に限られていた。これに対し日本では、寒冷化がほとんど時をおかず完全な構造改革をもたらした。一七八三年から一七八七年と、一八三三年から一八三九年に、そしてさらに一八六三年から一八六九年にかけて、厳しい凶作と飢饉による群衆蜂起が起きた。米作を妨げた寒さと豪雨は、おそらく**スーパーエルニーニョ現象**によって引き起こされたと思われる。[93]同時期に、日本の鎖国政策の打破と開港を求める西欧列強との衝突が先鋭化した。外部からの圧力は、日本に臨戦体制を促し、そのための税の引き上げを必然的にもたらし、同時に国内での町民や農民の蜂起と相まって、徳川幕府の急激な衰退を引き起こした。税と兵役は多くの地域で拒否された。神戸、大坂、江戸などの主だった都市では、公の建物が襲撃を受け、金貸しの家々は壊され、土地台帳と借用証が焼かれた。最後の将軍、慶喜（一八三七―一九一三、在職一八六六―一八六八）は、一八六八年（訳者注　日本の旧暦では一八六七年十二月）に三一歳で将軍職を退かなくてはならなかった。さらに数カ月の内戦の後、政権は未成年の明治天皇（一八五二―一九一二、在位一八六八―一九一二）に移り、その名のもと、改革勢力が西欧を手本に王政復古を果したのだった。[94]

第5章

地球温暖化——現代の温暖期

1　自然の諸力からの外見上の解放

農業革命

今日の議論では、地球温暖化の原因は工業化にあるとみられがちである。しかし当初、工業化は人類を飢餓から救済し、自然の諸力から外見上解放するという全く異なる意味をもっていた。工業化に至るまでは農業の生産高は世界的に低く、一般大衆は貧しかったために、凶作となれば食費の高騰にほとんど耐えられなかった。衛生状態や住環境も悪く、公衆衛生への配慮は兆しがみえたにすぎなかった。その結果、全世代にわたって高死亡率を伴う病気への罹患率が高かった。平均寿命は乳幼児の死亡も含めると、ヨーロッパでは一七〇〇年頃でも三十歳にしかならず、今日の最貧の途上国よりもさらに低かったのである[1]。

食料事情改善のためには積極的に自然へさまざまに介入することが決め手となった。第一に、耕地は次々に拡張され、安定した灌漑が行われ、風景は激変した。十八世紀にはオーデル沼沢地のような広い沼地の干拓が始まった。大河の流れは変えられ、例えばライン川のように果てしない蛇行と三日月湖が続き、そのため広い土地を占め秩序立った農業のできない川はその一例である。河川の改修は十九世紀末には、大きなダムの建設にまで至り、それは自然に対する人間の勝利を象徴していた。人造湖に求めたのは飲料用の貯水や洪水の防止だけでなく、電気を利用する技術を発見した後は大々的な発電であった。もちろんこの技術革新はあらゆる工業国の特色であった。歴史家のデビッド・ブラックボーンが強調しているように、風景の変化は自然の第二の征服にほかならない[2]。

第二に、新しい栽培方法、食料用と飼料用の植物の導入、そして輪作農業と人工肥料により農業収穫高は大いに増大した。応用生物学と農業化学によって農業に科学が取り入れられた。土地は目的に合わせて改良され、動植物は品種改良によって土地に適合させられ、効率は最大限まで高められた。トウモロコシや米、ジャガイモなどの栽培植物はアジアとアメリカからすでに近世初期に持ち込まれていた。しかし、その栽培が促進されたのはようやく一七五〇年から一九〇〇年にかけてであった。「日々のパン」の意味は基本的食料の多様化とともに薄れ、そのため「私たちの日ごとのパンを今日もお与えください」という祈りは今日のヨーロッパではほとんど理解されない。第三は、初めて大規模に新しい技術と機械が農業に導入されたことである。これによりますます広い土地がより短期間に耕作できるようになり、収穫高も増大した。十九世紀後半に急増した人口さえも、こうして問題なく扶養されたのである[3]。

衛生と健康管理

栄養の改善は平均寿命の延長とそれに伴う人口増加への最も確実な道であった。十七、十八世紀の経済理論によれば人口の多さは政治的強さと同義であったため、人口の増加は国家目標でもあった。まず十七世紀以降、あらゆる疫病の封じ込めと伝染病の減少のために組織的に隔離が行われた。もう一つの重要な出発点は衛生であった。ミアズマ説によれば、病気を引き起こすのは毒性の霧であった。例えば、沼地やあらゆる不潔な場所のように、腐敗の経過をたどる所ではそのような臭気が発生するのである。このため汚染の回避は文化の問題にとどまらず、(4)生き残りへの課題でもあった。多くの都市では中世後期以来、道路を清掃し便槽を定期的に空にするように努めたが、道路の全体的な舗装と定期的な清掃が実施されたのはようやく十八世紀になってからであった。建築の改良も伝染病の減少に貢献した。一六六六年、大都会ロンドンでは大火により貧民街が消失して石造りになったため、その後ペストに見舞われることはなくなった。

衛生の改善と並んで医療処置の改善も重要であった。とはいえ、それは傾向といえる程度で、当時の医学水準では医師による治療は時として生命にかかわる危険性があった。ほとんどの病気の原因はわからなかったため、うまくいっても治療に効果はみられなかった。もちろん医師たちは常に穏やかな生活スタイルを薦め、暴飲暴食、過度のアルコール摂取、喫煙を諌《いさ》めた。さらに、病気のときにはベッドでの安静、病人の規則正しい手当て、そして多分最も重要なこととして清潔を推奨した。医師が次第に増えたことは、問題意識の高まりの証拠と考えられる。(5)また、啓蒙主義の世紀には、病気の原因についての経験に基づく研究が一層進み、その結果は新たに創刊された専門誌で議論された。さらに、病気の治療と研究のための新しい施設、すなわち病院が作られたのである。

病院は啓蒙主義の典型的産物である。中世の最盛期から後期にはライ病とペストの施設はあったが、それらはただ隔離のためのもので、治療はしていなかった。中世末期の病院は狭義では病院ではなく、伝染性でない慢性疾患の患者だけを長期に受け入れていた。おそらく最初の近代的な大病院は、一七八四年、ウィーンに皇帝ヨーゼフ二世が建てたものである。そこではこの首都とその周辺のすべての病人が集められ、診療を受けた。ウィーン総合病院（ＡＫＨ）は、市中心部近辺の旧式の建築基準の建築群に含まれていたために一九九〇年代に閉鎖され、これに代わって同名の大クリニックが数キロ郊外に建設された。ウィーンのこのＡＫＨでは、患者の治療よりもむしろ病気の研究を優先していたという批判は、病院の二重機能を表している。すなわち、患者の治療はここでは学問と関連づけられ、それはとりわけ医学に携わる人の研究と教育に役立ち、医学知識の拡大と治療法の改善を目指している。外来治療や入院加療と並んで、病院はアフタケアと助産も担う。

栄養と衛生と医療の改善は、結婚形態の変化と相まって人類史上例をみないほどの人口増加を招いた。工業国は人口統計学上の転換期に入った。(6) 出生率は上がり、死亡率は下がり、平均寿命は延びた。その結果は、今日でも第三世界の国々でみられるような人口爆発であった。ダイナミックな人口増加は新しい産業に大量の労働力を供給したため、賃金は需要と供給の法則に従って低くとどまり、低コストでの生産が可能になった。こうした労働市場の条件は産業の急激な膨張を可能にし、急増した市民階級に大きな財産を蓄えさせることとなった。工業化時代の市民階級は、さまざまな国家権力（王制、都市政権、ギルド、ツンフト）に大幅に依存していたかつてのヨーロッパの都市の市民階級とは異なっていた。工業によって立つこの市民階級はより独立性があり、より裕福で、より自負心に富み、立憲制議会や一八四八年の革命など、その時々の国家の文化と政治に影響を与えた。

産業革命と化石燃料の活用

一八四〇年代に起こった**産業革命**の概念は人類史上の根本的変革を意味している。多くの人はこの変革を「**新石器革命**」すなわち、新石器時代の入り口に生じた狩猟から農業への移行と同列に扱っている。この双方を革命というのは、その始まりは局地的であってもやがて全世界に広がり、人類の生活を根底から変え、かつての状況への後戻りはもはや考えられないからである。

もっともそれ以前も産業は個人の手工業のみで成り立っていたわけではない。むしろ中世中期以降は風車と水車を利用していた。紡績業においては圧縮機、縮絨機《しゅくじゅうき》、タイセイ突き機、媒染剤製造機、絹撚糸機が使用され、金属精製では選鉱所、研磨所、針金製造所、製鉄所があった[7]。英語のミル（mill）にあたる水車と風車の概念が産業革命後のイギリスでは工場を指す理由はここにある[8]。工場、鉱山業、工場制手工業では一七五〇年以前にもすでに何百人もの人が働いていた。それにもかかわらず、産業革命により生産の過程で質が飛躍的に向上したのは、生産性が急速に上がり、分業が進んだために商品の値下げが可能になったためである。工業化とともに近代の**消費社会**が始まり、一般の人々も衣食が事足りるようになった。

そして首尾よく科学を経済へ移行させたのも思想の自由の母国、イギリスであった。我々はすでに、**農業革命**におけるイギリスのパイオニア的役割をみてきたが[9]、工業においてもパイオニア的役割を果たしたのだった。産業革命は、農業社会から工業社会への移行を浮かび上がらせている。というのも、総人口に占める工業従事者の割合が増え続けたからである。すでに十八世紀の初頭には、トーマス・ニューコメン（一六六三―一七二九）のようなイギリスの企業家たちは、**蒸気機関**の実験を行い、一七六九年にジェームス・ワット（一七三六―一八一九）が特許を得て以来、人工の動力で動く機械が産業に取り入れられたのである。蒸気機関の燃料としては木材のほかに、より高温にできる石炭がとりわけ使用された。ブリテン諸島ではすでに古代において、またさらに近世初期に、造船のために広範囲に森林が伐採されていたので、蒸気機関の動力の主役は初めから**石炭**であった。木材不足から一般家庭でも暖房は石炭によった。そのためすでに十七世紀には化石燃料の組織的な利用が始まった。工業化の初めにはイギリスにおいて人々はすでに石炭の燃える臭いに慣れてはいたが、ここに至って石炭の採掘は加速した。石炭もしくはコークスは、鉄の精錬にも使用され、工業化の潮流の中でますます鉄と鋼のために必要とされたのである。[10]

流布しているイメージとは異なり、産業革命は決して蒸気機関から始まったわけではなく、この発明と結び付いたのは後のことであった。イギリスにおける産業革命の中心は、繊維工業、特に綿紡織業であった。これは、一五八五年にスペイン軍に包囲されたアントワープから数人の綿布の織工がイギリスへ移住したときに持ち込まれた。原料は地中海沿岸諸国から輸入された。しかし生産量は十七世紀にはまだわずかだったため、ロンドンで売られていた綿織物のほとんどはインド製であった。その後アメリカで綿花の栽培が始まると、一七〇〇年にはアジアからの繊維の輸入は法律で禁止された。綿織物はまず初めは問屋制度で生産された。これは、経営者が原料を織工に与え、織工たちは自己責任で仕事をする制度である。このように分業が発展したが、それは**産業化初期**では典型的であった。

生産過程が変わり始めたのは、ジョン・ケイが一七三三年に「飛ぶ織機シャトル」（**fly shuttle**）を発明したときである。一七三〇年代には、いくつかの機械をまとめて発動機で動かすことのできる紡織機が発明された。発明者たちはこれらの機械を、馬力、水力、あるいは風力によって動かし、操業は**ミル**（工場）の中が最適と考えた。リチャード・アークライト（一七三二—一七九二）が建設させた工場は、近代的な大量生産の発祥地となった。一七八九年、イギリスでは二百四十万の紡績機が導入されていたが、それらはコストの関係からほとんど例外なくまだ水力で動いていた。繊維産業に取り入れられた多くの機械用に、規格化された木製部品と金属部品への需要が著しく増え、そこから独自の機械工業が発達した。(11)

蒸気機関から汎用型発動機へ

ジェームス・ワットはリチャード・アークライトと同じ年に最初の特許権を得たが、**アークライト製作所**に最初の蒸気機関が導入されたのはそれからほぼ二十年後であった。この間にワットの蒸気機関は汎用の発動機へとさらなる発展を遂げていた。それでも十八世紀および十九世紀初期において、多くの工場では動力は自然の水力が基本であった。その理由は、水力利用のほうがただ単に安いというだけではなかった。木製の水車のほうが一八二〇年代までは、蒸気機関よりも性能が良かったのである。もっとも一八〇〇年以降に蒸気機関が普及したのは、金属工業の隆盛によって蒸気機関がさらに安くなり、信頼性も増したからである。

蒸気機関が取り入れられた主な場所は、トーマス・ニューコメンの時代以来炭鉱であった。そこでは十七世紀末まで、馬力による巻き上げ装置を使って水を汲み出していた。ニューコメンの蒸気ポンプは操作がはるかに容易だったので速やかに普及した。一七八〇年頃にはすでにおよそ千台のニューコメン蒸気機関が設置されていた。この機械の石炭消費量の多さには、炭鉱所有者は当然のことながら全く関心をもたなかった。燃料は馬の飼料と違っていずれにせよそこにあったからである。彼らはワットの蒸気機関によってエネルギー利用が改善されたことにさえも全く関心がなかった。ワットは需要不足から破産を余儀なくされたが、金属製品生産者のマシュー・ボールトン（一七二八―一八〇九）にようやく助けられた。**ボールトン＝ワット商会**は、石炭を買い付けねばならない錫鉱と銅鉱の所有者を顧客とした。ワットが直線のピストン運動を円運動に転換させることができたのは画期的なことであった。こうして汎用型原動機への道が開けたのである。

機械化は一八〇〇年頃には鉄工業へ、最終的には鉱業へと拡大した。ボルト、ナット、歯車、工具、連接棒、レールはますます大量に必要となり、もはや手工業では対応できなくなっていた。それぞれに即した工作機械工業には金属加工の専門化が求められた。大量生産には輸送能力が必要なため、まず運河が建設され、やがて交通体系の完全な変革が起きたのであった。動く蒸気機関の時代の始まりである。水上では蒸気船、陸上では鉄道である。これらの輸送機械の生産は、武器生産と並んで鉄と燃料の需要を何倍にも増やし、工業化に第二の大きなはずみをつけた。新しい輸送手段は、繊維の輸出とそれに伴う繊維生産を数倍に増加させた(12)。

産業革命によってイギリスは世界経済の中心となった。工業地帯はやがてイングランド以外にも出現した。スコットランド、ベルギー、北フランス、ラインラント、ヴェストファーレン、スイス、ザクセン、シレジア、ボヘミア、ウィーン盆地、ハンガリー、北イタリア、アメリカ合衆国北東部である。これらのヨーロッパとアメリカの古くからの工業地帯は、二十世紀にはライバルの範囲が広がったとはいえ、今日に至るまで世界経済の拠点とされている。[13] 石炭による蒸気機関は十九世紀の前半に発達し始めた。一八三八年までに蒸気機関の数は三千以上に上った。時の経つうちにその性能は約十馬力から五十馬力にも上昇し、紡績工場は次第に新しいエネルギーに切り換えていった。紡績工場主たちは、動力需要の何と七十五%を蒸気機関でまかなって最上の顧客となり、鉱山、製鉄所、鉄鋼業がそれに続いた。その間にまた、ヨーロッパ内の他の国々からの需要も生じ、**ボールトン＝ワット商会**は全ヨーロッパとインドの顧客に納品するようになった。しかしながら蒸気機関の数は、ヨーロッパ大陸全体を合わせてもこの数十年に「世界の工場」にまでなったイギリスには及ばなかった。[14]

一八八〇年頃では大気汚染は、まだ世界気候に何ら影響を及ぼさなかったと思われる。少なくとも非常にわずかだったために「自然の」気候変動に比べて重要ではなかった。小氷期は新たな最寒冷期へと向かったのだが、それが加速したのは、インドネシアの火山島、クラカタウの噴火によってであり、これは電気通信技術の急速な発展により世界的に知られた。この寒冷化は一八八四年の収穫高の減少をもたらした。しかし工業国においては全般的には余剰があったのでこのことはほとんど認識されることはなかった。

鉄道建設時代の石炭消費

工業化は最初から環境に大きく影響したが、当初は近隣の周辺部においてだけであった。森林の伐採と並んでとりわけ問題になったのは、廃棄物、排水、排気ガスそして騒音であった。そこへさらに、工業施設、道路、鉄道、運河、労働者住宅などの用地の需要が加わった。こうした動きは、政治体制には左右されなかった。フランスが王国か君主国か共和国かなど、原料と環境への影響には全く重要でなかった。

イギリスにおいては産業革命が繊維部門から始まったのに対し、ヨーロッパ大陸では鉄道敷設が中心であった。鉄道の発明によって初めて大陸の国々は、産業でイギリスに追いつく可能性をもったのである。鉄道敷設の用地面積は、道路や運河に比べてわずかですみ、鉄道輸送は天候に左右されることなく、運行は規格化することができる。一八二五年に最初の蒸気機関の鉄道がストックトンとダーリントンの間に開通し、一八三〇年に大工業都市のマンチェスターとバーミンガムが結ばれた後、鉄道敷設は大陸に急速に広まった。すでに一八三五年には、最初のドイツの路線がバイエルン王国のニュルンベルクとフュルトの間で操業され、一八三九年には、ザクセンのライプツィヒとドレスデンが結ばれた。十九世紀半ば以来、路線は路線網へと発展し、かつての民間経営の鉄道は順次国営化されるようになった。間もなく鉄道網は国境を越え大陸をベルギーからイタリアまで結んだ。鉄道敷設は一八七〇年から一九一〇年の間にすでに国家管理のもとに最盛期を迎えた。

鉄道関連の製造と運行は最初から石炭による蒸気機関に頼っていた。イギリスにおける石炭消費量は、一八〇〇年頃には年間約千百万トンで、一八三〇年までには倍増し、さらに鉄道の登場によって著しく加速した。一八七〇年頃にはその消費は一億トンを超えた。[15] ベルギー、フランス、ドイツ、そして後にはポーランドとロシアでも石炭採掘が始まったため産出量も急増した。

石炭の世界産出量(16)

年代	石炭産出量（百万トン）
一八六〇	一三二
一八八〇	三一四
一九〇〇	七〇一
一九二〇	一一九三
一九四〇	一三六三
一九六〇	一八〇九

石油の台頭

やがて石油が石炭につぐ二番目の化石燃料として開発された。すでに古代から**石油**、ギリシア語の**ペトロレウム**はあちこちで自然に地表に露出しており、さまざまな目的で使用されていた。古代メソポタミアでは船の浸水防止用に、中国では照明に利用され、中世には治療のために処方され、ブカレストでは一八五七年に街灯に使われていた。二年後の一八五九年には、アメリカの企業家エドウィン・ローレンティン・ドレイク（一八一九―一八八〇）がペンシルヴェニア州のタイタスビルで経済的に重要な意味をもつ石油ボーリングを初めて実施し、これが最初の**石油フィーバー**へとつながり、石油の産業利用が始まったのだった。照明用の電気の普及に伴い石油の重要性は失われそうになったが、すでに一八九〇年代には新しい使用目的が発見された。ガソリンへの精製である。
ニコラウス・オットー（一八三二―一八九一）による内燃機関の発明は、石油の需要を推進し続けた。次第に内燃機関は古めかしい蒸気機関に取って代わった。とりわけこれに貢献したのがゴットリープ・ダイムラー（一八三四―一九〇〇）とカール・ベンツ（一八四四―一九二九）による一八八〇年代後半の自動車の発明であった。自動車の大量生産は一九〇八年、ヘンリー・フォードの**ティン＝リジー**から始まった。**ベルトコンベヤーによる生産**の導入後、このモデルは、一九二七年までには少なくとも千五百万台が製造された。主な石油産出国であるアメリカ合衆国では二十世紀前半、残りの全世界を合わせたよりも多くの自動車が走っていた。ヨーロッパにおいても多くのメーカーが出現したが、合算してもフォードの生産台数には及ばなかった。ティン＝リジーの最高記録には五十年後の一九七二年に**VWカブトムシ**が追いついた。

新時代の幕開け―一九五〇年代

すでに自動車の生産台数から読み取ることができるように、二十世紀における燃料消費量は徐々に増えたにすぎない。エネルギー消費においてその質が全く変化したのは、一九五〇年代に石油が石炭と交代して第一の化石燃料となったときだった。このことは多くの指標から、例えば、石油タンカーの積載能力などから読み取れる。一九三〇年代以来、何倍にも拡大したのはタンカーの数だけではなく、タンカーそれぞれの積載能力で、当初の約二万トンから最後にはほぼ四十万トンにまで増加したのである。エネルギー需要が飛躍的に高まったことは、石油に常に新しい利用目的が発見されたことと関係がある。それは、家庭や工業生産過程で必要な合成物質を生産するための石油化学工業である。一九五〇年代に**プラスチック**が、紙、木、ガラスあるいは金属の伝統的な包装材料に取って代わった。**石油ブーム**の原因には、第二次大戦後に次第に石炭と交代した暖房用オイルの生産もあった。石油は生産するのにより安く、消費するにはより清潔で、より多様に使用できた。主要な利用目的はそれでもやはりガソリンの生産であった。

軍事戦略上の石油の重要性は、自動車、戦車、飛行機が初めて使用された第一次世界大戦の間に明白になった。その結果、戦争中にヨーロッパの大国ではオスマン帝国打倒への関心が高まった。その国土には近東の石油の大半が埋蔵されていたからであった。湾岸地域の豊富な石油埋蔵量を知ると、アメリカ合衆国は一九五〇年代に、イラン、イラク、アラブ首長国連邦、サウジアラビアにおける政治体制を整え、USアメリカ石油コンツェルンに認可を与えるよう導いた。この折には、自由選挙で選ばれたモハンマド・モサデク（一八八二—一九六七、在任一九五一—一九五三）のような大統領に対し、**アングロ・イラニアン石油会社**（後に**ブリティッシュ・ペトロレウム、BP**と改名）の採掘独占権を疑問視し、石油採掘の国有化をもたらしたという理由で失脚させることもいとわなかった。石油をめぐる戦争はそれ以来、二十世紀の戦争の定番となった。三度の湾岸戦争と、大量破壊兵器の保有という見え透いた口実のもとにイラクの独裁者サダム・フセインを倒したことを考えてみればよい。

一九五〇年代には定期航空便が飛躍的に発達した。ルフトハンザのような民間航空会社もすでに一九二〇年代に設立されてはいたが、最初は空の旅はごくわずかの上層階級に限られていた。空の旅がビジネス

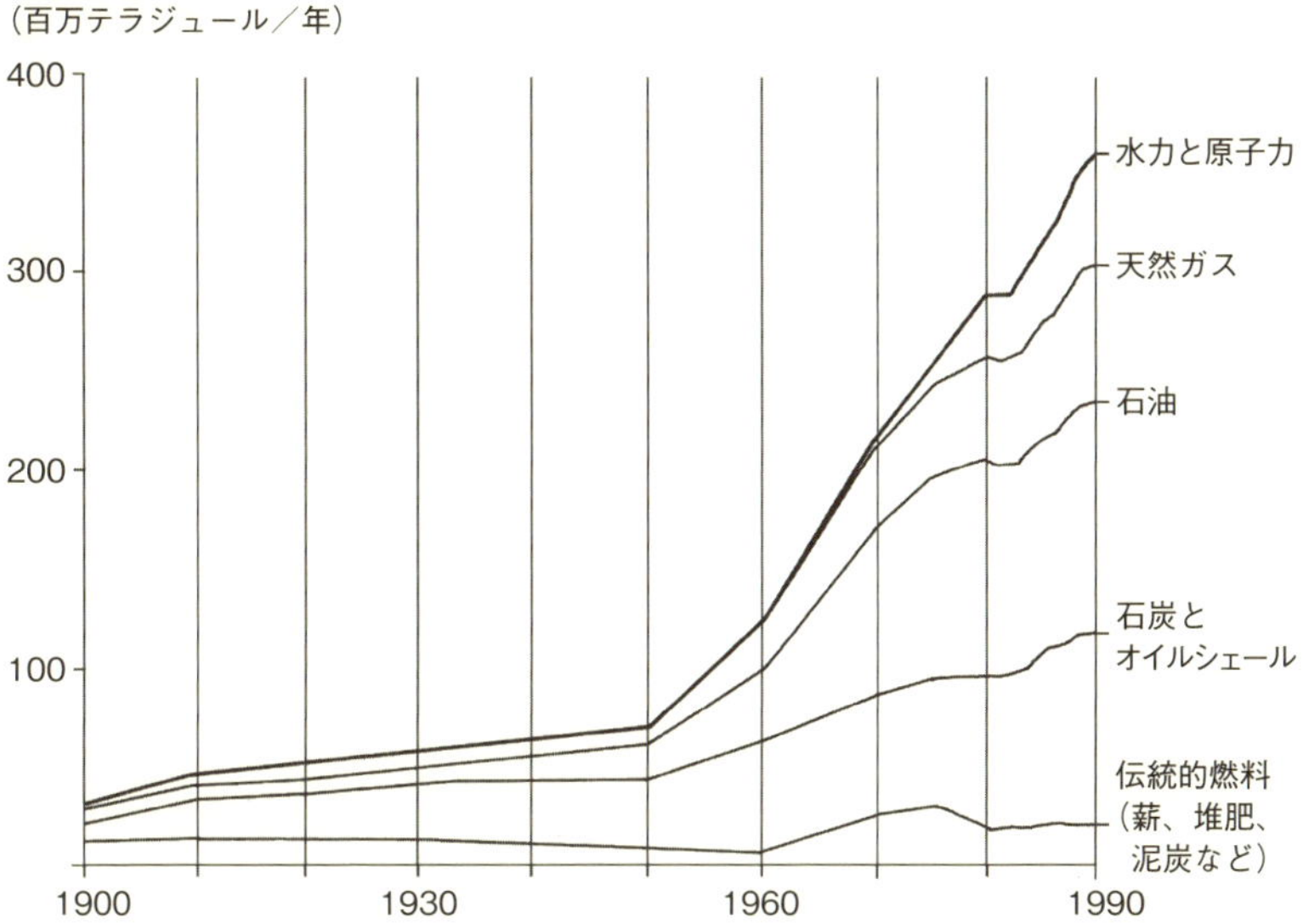

図36　世界のエネルギー消費量の推移（1900年—1990年）。

界に普及したときに初めて価格は下がり、より広い階層の人たちに手が届くようになった。一九七〇年代の大衆観光が始まると旅客数、飛行距離、航空機の積載能力は急激に上昇した。三百人乗りの飛行機一機で数万台の**VWカブトムシ**と同程度の燃料を消費したので、旅客一人あたりのエネルギー消費量は非常に多くなった。

一八六〇年から一九八五年までの間に、年間のエネルギー消費量は六十倍になったが、最大の需要の伸びは二十世紀の後半に起こった。マンハイムの環境研究者イェルン・シェグラーシュミットによれば、一九五〇年代は**人間と環境の関係における新時代の幕開け**だという[17]。数十年間は人間がエコノミーとエコロジーの古い束縛から逃れられるかのようにみえた。安価なエネルギーがもたらしたのは、環境破壊、産業立地の拡散、消費財の包括的供給、モータリゼーションによる大衆の行き来であった。クリスチャン・プフィスターは「**工業社会から消費社会へ、環境史上の新時代の幕開け**」と呼んでいる。今やエネルギーをむさぼる消費財が一般家庭を満たし始めた。電気調理器、洗濯機、冷蔵庫、トースター、冷凍庫、電子レンジ、食洗機、掃除機、電気アイロン、電動歯ブラシ、ヘアドライヤー、スタンド型ヘアドライヤー、ラジオ、テレビ、レコードプレイヤー、カセットレコーダー、ビデオレコーダー、コンピュータ、プリンタ、スキャナーなど、どの家もそれ以来機械置き場になったのである。そして機械設備は地下室、ガレージ、ホビールームへとさらに拡張した。電気ドリル、ドライバー、のこぎり、芝刈り機、生垣刈り機等々。部屋ごとのストーブと照明器具の数々―こうした技術はすでにあったが、前世紀の初めには、そして多くの人にとって一九五〇年代以前にはまだ馴染みがなかった[18]。一九七三年から一九七四年の第一次石油危機まで、機械や器具のエネルギー消費量の節約は全く重要でなかった。ＯＰＥＣ諸国のショッキングな価格引き上げ以来、初めて省エネタイプのモーター、代替エネルギー、断熱などについての真剣な討議が始まった。

石油ブームにより環境汚染が広がり環境問題は飛躍的に増加した。乱開発と環境汚染の好ましくない影響を人々は間もなく知った。これに対し、はるかに深刻な意味をもつ結果については差しあたり全く考えなかった。石炭、石油、ガスの燃焼によって、何百万年も前に、つまり地質学上の**石炭紀**に地球の深い所に堆積した化学物質が放出されたのである。エネルギー源は無機質ではなく、かつての生命体、有機物質であって、環境史家ロルフ・ピーター・ジーフェルレの示す概念では**地下の森**であった[19]。木材を燃焼させると炭素循環により炭素が放出され、それが植物の成長に再度組み込まれるのに対し、化石燃料の燃焼が放出する炭素は、三億年前に結合し**石炭紀の森**の枯死とともに地中に堆積していたものなのである。この余分に放出された炭素は、再び結合して森として再生することはなく、大気中でさまざまに、例えば、微量ガスの形で**二酸化炭素**（CO_2）となって蓄積される。一九五〇年代以降、大気中の**二酸化炭素、メタン**（CH_4）、**酸化窒素**の含有量は飛躍的に増加したことが知られている。**ハイドロクロロフルオロカーボン（フロン類）**の生産はそもそも一九五〇年になって始まった。これらの微量ガスは、大気圏の温暖化をさそい、それゆえに**温室効果ガス**と呼ばれる[20]。

人口爆発

歴史の発展の中で人類が環境と気候へ及ぼした影響をみるとき、氷床コア内のガス含有物に占める、環境に影響する微量ガスの推移にのみ注目するだけでは十分でない。重要な物差しは人口の推移である。なぜならその時々の土地の利用とエネルギーの消費がそれにかかっているからである。世界人口の変化には信頼できる概算があり、それは現在まで正確さを増し続けている。約一万年前の**新石器革命**の直前、すなわち人々が皆実質的に狩猟採集民であった時代の終わりには、地球上の居住可能な地域の人口を、カルロ・チポラは下限を二百万人、上限を二千万人としている。一七五〇年頃の世界人口は、七億五千万人と仮定されている。この七億五千万人は人類史上、農耕段階では最高値であった。一八五〇年頃の世界人口は十二億と推定される。産業としての食糧生産は、常に人口増加の可能性をもたらすこととなった。一九〇〇年には十六億人だった人口は、一九五〇年には、国連の**人口統計年鑑**によると約二十五億人であり、一九七五年にはすでに四十億人になっていた[21]。

二〇〇〇年の世界人口は、六十億人をやや上回った。しかし増加率の頂点は、世界平均が二%を越えた一九七〇年であった。当時、二〇五〇年の世界人口は百二十億から百五十億人と予想された。しかし時を同じくして、新興国の中には計画的な人口政策をとり始めた国々もあった。世界で最も人口の多い国、中華人民共和国は、共産主義政権の指導により一九七〇年代に**一人っ子政策**を導入した。その後、中国の出生率はほとんど三分の一（三%から一・二%）にまで減少した。同様に、他のアジアやラテンアメリカの国々における人口増加も抑制された。ただアフリカの人口増加は止まることなく続き、マラリアやエイズなどの伝染病によってかろうじて抑えられている。これに対し、ヨーロッパと北アメリカの先進工業国の人口は、移民があるにもかかわらずいくらか減少している。増加率が一・四%に後退したことと減少傾向の持続によって、国連のかつての二〇五〇年の予想人口は、約九十億人へと訂正された[22]。

文明批判と成長の限界の発見

工業化に対する批判は、工業化とともに始まった。それは、十八世紀における機械化の嵐、あるいは社会主義と共産主義運動の折のように、時には社会的に望ましくない方向への展開と緊密に結び付き、時には、ロマン主義者や無政府主義者のようにさらなる文明批判にもつながっている[23]。ここで考えてみるべきは、エコロジー運動初期の『裸足の予言者たち』であろう。彼らは、すでに第一次大戦前と一九二〇年代に産業社会のメカニズムから個人的に離脱することで、自然と人間を利用し尽すことに対して抗議した[24]。

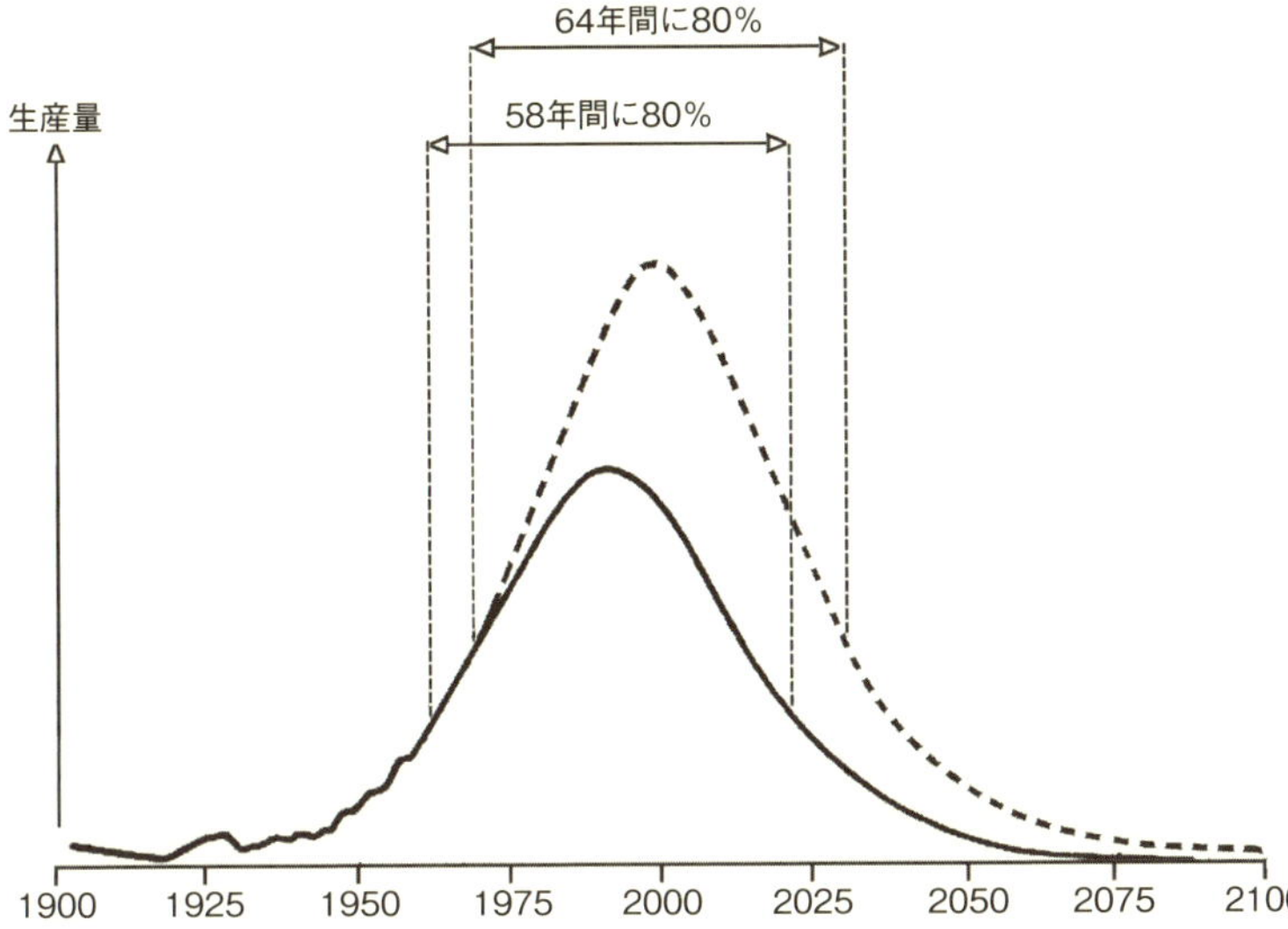

図37　M・キング・ハバードのグラフによる石油の時代。地球のエネルギー資源、1971年。

近代化モデルが優勢であった一方で、環境への影響は、工業化、伐採、環境汚染が世界的関心を集めるまでに強まっていた。一九六〇年代の宇宙飛行の際、宇宙から撮影された地球の最初の写真は、我々の生活圏が宇宙の広大さに比べればいかに脆いかを強烈にわからせた。その点では月への飛行は、環境意識を高めるのに大いに意味があった。

近代化推進論者のとめどない進歩楽観主義に対して一九七〇年代の初めに最も重要な異議を唱えたのは、**ローマ・クラブ**と称した科学者、政治家、経済人のグループであった。この組織は一九六八年、ローマの企業家アウレリオ・ペッチェイ（一九〇八―一九八四）の提案によって設立された(25)。未来学者デニス・L・メドウズ率いる科学者グループは、一九七二年**ローマ・クラブ**に報告書を提出し、膨大なデータや推移の分析をもとに**成長の限界**を示した。その中では**世界システム**の五つの傾向が強調され、その相互作用が分析されている。すなわち、工業化の加速、急激な人口増加、世界的な食糧不足、資源の過度の利用、生活圏の一層の破壊である。報告者たちは、世界の資源の有限性を強く説いた。約三億年前の**石炭紀**に長期間の地質学上のプロセスを経てきたこの地球の石炭と石油の資源は、わずか二百年以内に使い果たされてしまうであろう。それは、ひとたび燃やせばなくなってしまうというのである。

ここから幅広い政策的な提言が示された。**ローマ・クラブ**の見解によれば、成長を意識的に抑制することが必要であり、社会的正義と人権、さらに人間と自然との新しい調和が特徴となるような新しい社会を作ることが不可欠であった。しかしこの報告書の作成者たちは、自国の利益を追求する、ほぼ二百もの民族国家が経済自由主義のもとでこれにどのように到達できるかは述べることができなかった。報告書の結びに、「日々飛躍的成長を続けるならば、世界システムは成長の限界に近づく。何もしないと決断するなら、それは実は崩壊の危険を増大させることを決断することである」とある(26)。あらゆる文明批判同様、**ローマ・クラブ**による批判にもある種のユートピア的特徴がある。目新しいのは、これが社会の中心から、つまり、名声を得た科学者、経済人そして政治家たちから出たことであった。

振り返ってみるとこの成長の限界をめぐる議論は、相反するイメージを提示している。一つはラテンアメリカやアジアの中で近代工業社会へと近づく国々が増すようになって以来、産業の成長速度が上がったことである。世界人口の増加は減速し、食糧事情は改善された。環境保護は先進国においては政治の揺るがぬ要素となった。しかし自然からの収奪はさらに続き、資源の採掘はさらに加速した。今までは繰り返し新しい資源が発見されたので、近代文明の終焉には至らなかった。逆に、永久凍土層の溶解と氷山の融解によって化石燃料を新たに採掘できるようになった[27]。省みれば**ローマ・クラブ**は、危機が予言どおりには起こらなかった間違った予言者の列に入るようにみえる。また、他方では、天然資源、特に化石燃料はいつかは尽きることは依然として確かなのである。**ローマ・クラブ**の功績は、天然資源の有限性を強烈に示したところにある。温室効果ガスは当時まだテーマになっていなかったのである。

2　地球温暖化の発見

初期の温室効果理論

一九六〇年代にはまだ迫りくる新しい氷期の危険についてささやかれていたが、わずか十年後には地球温暖化が発見され、さらに正確に言うならば再発見された。というのも、すでに十九世紀初頭にはフランスの物理学者、ジャン・バティスト・ジョセフ・フーリエ男爵（一七六八―一八三〇）が、地球の温度は何に基づいているのかという問題を提起していたからだ。彼は大気圏の重要性を認識し、それを一種の温室にたとえた。太陽光線によって地球に届く熱エネルギーの一部を、大気圏は何らかの方法でとどまらせるからである。いわゆる温室効果ガスは一八五九年、アイルランドの物理学者、ジョン・ティンダル（一八二〇―一八九三）によって発見された。彼は、大気の主要な構成要素である酸素と窒素は、太陽光線を透過させるが、二酸化炭素は透過させないことをつきとめた。このことから彼は、地球は暖まり、生命の

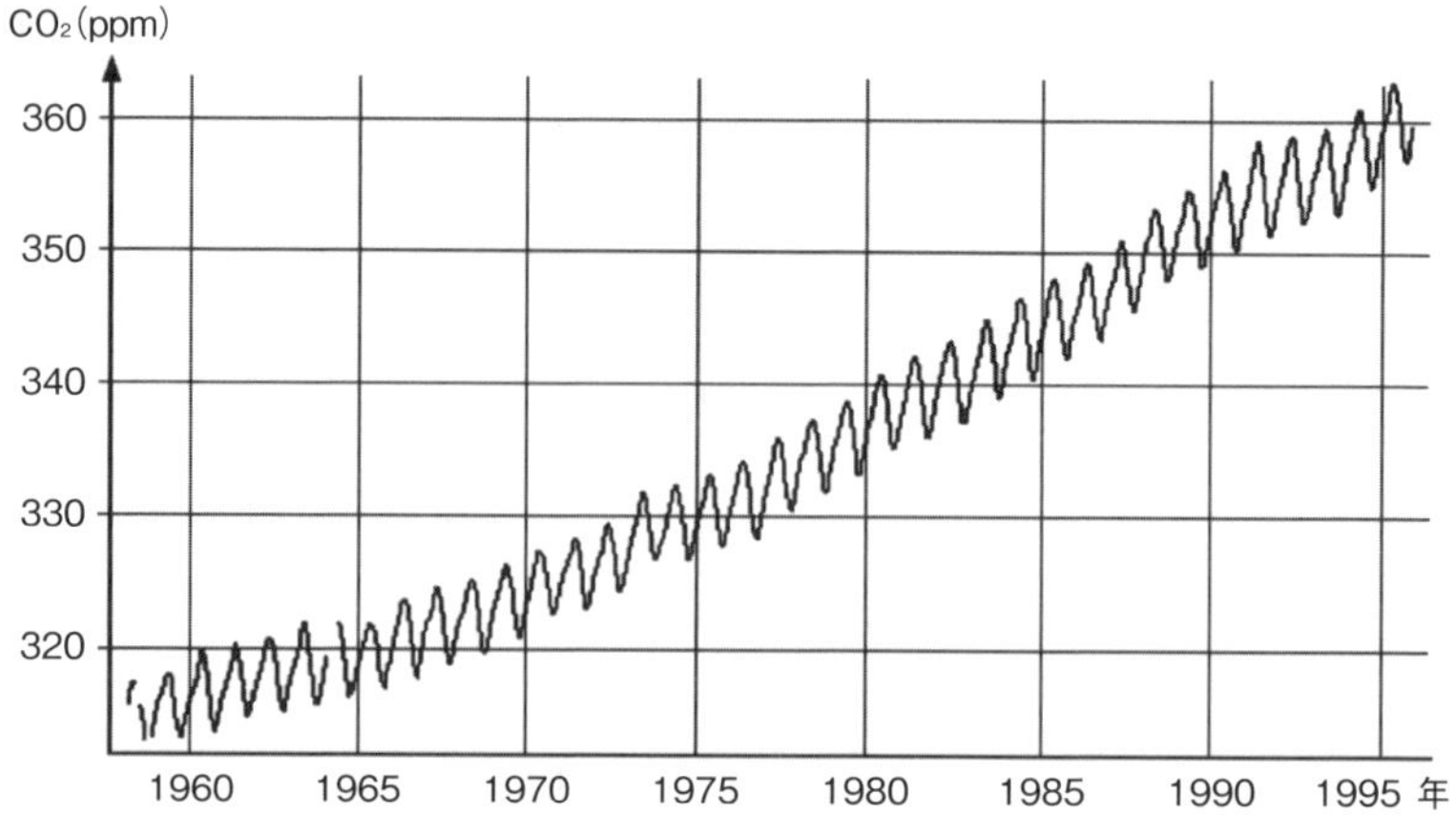

図38　キーリング曲線は気候研究のシンボルで、大気中の二酸化炭素の増加を初めて明確に示した。1960年代以降、測定は続行されている。

存在を可能にするのだと結論づけた。ティンダルはすでに、この効果から地球史上の気候変動を説明できるのではないかと考え、当時発見されたばかりで激しく論議された大氷期を想定していた。ティンダルは、大気圏の水蒸気の減少が温室効果を後退させ、それが氷期を引き起こすのだと考えた[1]。

一八九六年、後のノーベル化学賞受賞者、スヴァンテ・アウグスト・アレニウス（一八五九―一九二七）は、工業化の過程でCO_2放出量が増加するという問題点に注目した。このストックホルムの教授も、悲観的な未来予測よりもむしろ氷期の解明の方に関心をもった[2]。その直前、イギリスの地質学者、ジェームス・クロールは、**フィードバック**理論を展開していた。つまり氷河の増加は宇宙への日光の反射を増大させてさらなる寒冷化を招き、これが風と海流の変化を引き起こすのだと考えた。クロールは、**アルベド効果**を発見し、複雑な気候モデルに取り組んでいた。氷期は始まるやいなや、ますます進行した。アレニウスは、大気中のCO_2の含有量が半減したらどうなるかを予測し、気温は五℃下がると結論づけた。これは大したことにはならないようにみえるが、クロールのフィードバック効果によって下方スパイラルの動きになることが考えられた(3)。

当時はコンピュータの発明以前で、計算機だけを使ってのことだったので、計算は骨の折れる仕事であった。アルヴィド・ホグボムは、同僚に、大気の組成上、より大きな変化がそもそも考えられるかどうか質問した。アレニウスは、工場と家庭の石炭燃焼によるCO$_2$の放出量を算定し始めていた。これは、自然に発生するものに比べてそれほど多くはなかったが、時とともに蓄積するに違いなかった。アレニウスも、この方向に沿って予測し、大気圏におけるCO$_2$含有量が倍増すると地球の気温は五〜六℃上がるという結論に達した。この予測に彼は少しも不安にならなかった。少々の温暖化ではスカンジナヴィアに害は及ばなかったからである。そのうえ彼は、そのような展開になるにせよ数千年の年月がかかるものと考えていた。すべての問題は技術者の豊かな創意で解決でき、より良い、あるべき未来を創り上げると考える、その時代の技術楽観主義に染まっていた。アレニウスは、奇妙な理論構想を描き、思考に耽《ふけ》っていた。彼は、自分を**地球温暖化**の発見者とは考えていなかった(4)。

アレニウスが予測を立てた頃、小氷期は終わった。テムズ川が最後に凍結した後、全般的に温暖になった。当時ミランコビッチは、気候変動を天体の軌道の変動に基づいて説明した。アメリカ合衆国の南部が大干ばつに見舞われて**ダストボウル**（黄塵地帯）となった一九三〇年代、そこでもこの傾向に関心が向けられるようになった。一九三八年、ガイ・スチュワート・カレンダーは改めて地球温暖化に興味をもった(5)。一九五六年、ギルバート・プラスは初めて気候モデルを使って**気候変動の二酸化炭素理論**を編み出した[6]。一九五七年は地質学と気象学の持続的な発展を図った国際地球物理学年であったが、このときチャールズ・キーリングは長年にわたる計測データを提示し、これが後に彼を有名にすることとなった。キーリングは、大気中のＣＯ$_2$濃度の季節ごとの変化を測定値で示し、それによっていわば生物生息圏の吸収と放出を年間のリズムの中ではっきり表そうとした。測定の基地として、大都市からは遠く離れ、大陸からもはるかに離れ、大気汚染の心配のないハワイの**マウナロア**が選ばれた。ここで意外だったのは、年間リズムにもう一つの展開が重なっていたことだった。つまり、大気圏のＣＯ$_2$濃度の持続的な上昇傾向である。いわゆる**キーリングカーブ**は今日では気候研究の指標となり、確かにこのカーブは大気圏の温室効果ガスの増加を実例によって立証している[7]。

キーリングが一連の計測を始めた頃には、ＣＯ$_2$の濃度は約三一五ｐｐｍ（百万分率）であったが、一九七〇年までには三二五ｐｐｍに増え、一九八〇年には三三五ｐｐｍになった。その後も大気中の温室効果ガスのさらなる増加を証明するために測定は続けられている。数値は連続して上がり続け、一九九五年には三六〇ｐｐｍとなり、二〇〇五年はそれまでの最高値三八〇ｐｐｍ（〇・〇三八％）であった。この間に、この増加をより長期間遡る算定が試みられた。小氷期の終わり頃の一八七〇年の数値は二九〇ｐｐｍと計算されたが、この算定の精度についてはいくつかの論争がある[8]。

地球寒冷化—新たな氷期への不安

気温の変化はしかし予測とは一致しなかった。温室効果理論に照らせば、一九六〇年代は暖かくなるは

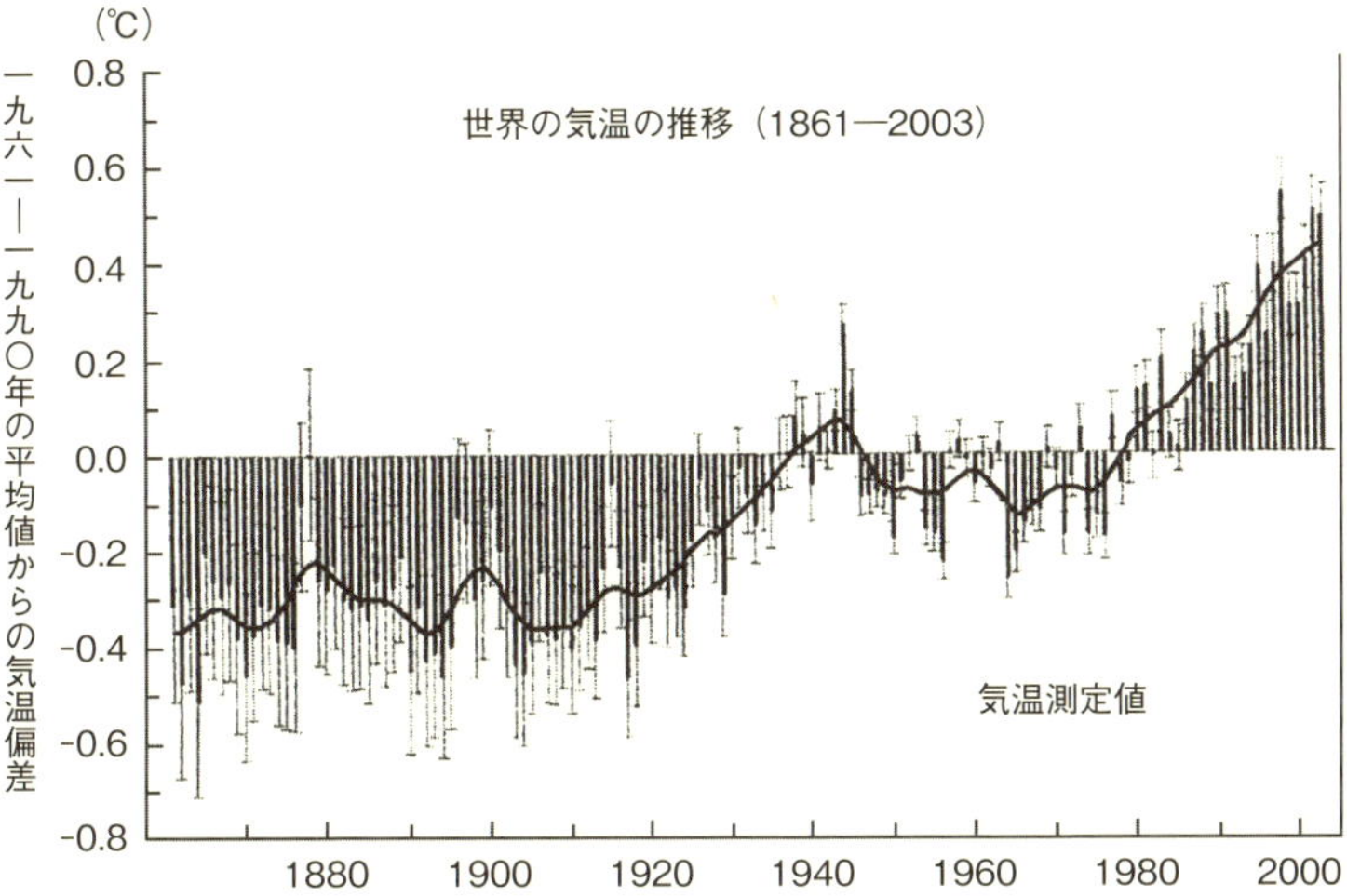

図39 小氷期から地球温暖化へ。1945年から1975年の間の寒冷化による中断はあるものの、1890年代以降は気温の上昇傾向がみられる。

ずであったが実際は逆であった。一八八〇年頃から一九四〇年までに、最低気温は約〇・六℃上がったが、何らかの理由からこの進行はやがて逆行した。一九四〇年頃から気温は下がり続けたために、**地球温暖化**のかつての予測と理論にはもはや特別な注意は払われなかった。[9] というのは、思いがけず誰も予想しなかった、はるかに危険と思われるプロセスに直面していることがわかったのである。すなわち、何十年にもわたる地球規模の冷却プロセス、**地球寒冷化**である。[10]

一九六〇年代初頭には、来るべき氷期が念頭にあり、劇的な温暖化を想定することは、あらゆる測定値や実地調査に矛盾しているように思われた。きっかけは、**アメリカ気象局**の気候専門家、J・マレー・ミッチェルの調査で、気候データを当時の核実験のデータおよび火山噴火のデータと比較したものであった。核爆弾が吹き上げた粉塵は、実験が行われた側の半球にとどまった。成層圏の火山灰は、何年間も地球の寒冷化に世界的影響を及ぼすはずであった。しかし、二十世紀初頭の数十年の温暖化を、火山灰が妨げることはなく、二十世紀の中頃の寒冷化傾向の説明にはならなかった。この全世界的な平均気温の低下は、偶然の変化の枠外にあった。ミッチェルが調査の際に念頭においたのは、その直前に発見された**ヤンガードリアス期**の気候変動で、約一万二千年前に気温が数年間に十℃も下がったのである。その結果は、千年に及ぶ寒冷期であった。そのような寒期が目前に迫っていたのだろうか[11]。

一九六〇年代、気候学者たちは氷期が間近に迫っているという観念に取りつかれていた。これには新しい環境研究以外にまだほかの理由があった。世界的に成長した氷河を前に、**雪氷学**は独立した副分野となった。折しも、極冠での氷床ボーリングの方法が開発された。それによれば、寒冷期と温暖期とは単に地質学上の時代で交代するだけではなく、現在の氷河期の間でも**氷期**と**間氷期**という大寒気と小寒気とが交互に現れていた。一万年に及ぶ**完新世**の間氷期は、すでに長く続きすぎたようにみえる。第四紀全体をみても、温暖期は常に約一万年しか続かなかったらしいのに対し、ミランコビッチサイクルの残りの九万年には、程度の差はあれ大寒気の特徴がある。そしてこの二十年来地球上の平均気温が下がったことは、世界中に張り巡らせた測候所網によって確認できる。これは温暖期が終わって世界は新しい寒冷期に突入したということではないだろうか。

一九七二年、指導的氷河研究者の一団が、迫りつつある現**間氷期**の終わりと次の氷期の始まりについて議論するため、ブラウン大学に集まった。専門家の大多数が、間氷期は通常は短かったこと、そして突然終わったことで意見が一致した。ミランコビッチサイクルに関しても、「現在の間氷期の自然な終焉は疑いなく目前に迫っている」という見解に同意した。その最も重要な理由は、気候に特に敏感な極地域における目下の寒冷化であった。指導的な気候学者たちは、次の一点で一致した。「一九四〇年代の温暖傾向の逆である現在の**地球寒冷化**は、まだその途上である」。つまり**完新世**の間氷期は、人間が地球寒冷化のプロセスを阻止できなければ終わることになると考えたのである。[12]

寒冷化の人為的原因の追求

地球寒冷化の原因としては、自然の理由だけでは満足できず「人為的な」原因も探し求められた。このとき、工業化と内燃機関利用の私的交通手段の増加の結果である大気汚染に思い至った。トラックや自家用車の製造が西側の先進工業国ではかつてないほどに増加し、自動車は間もなくどの家庭も所有するようになった。ソビエト連邦と当時の東欧諸国のいくつかの国々でも工業化は非常に進み、インド、中国、ブラジルなどのいわゆる第三世界の国々も工業化の途上にあった。石炭と石油は一九六〇年代には未曾有の量が消費され、排気ガスは濾過《ろか》されることなく周辺に吐き出されていた。[13]

研究者の中には、地球の寒冷化の原因は本質的に人間にあるのではないかと考える者もいた。人口増加、大都会における急激な都市化そして工業化が、「自然の経過」と同じように気候に大きく影響したのではなかったか。寒冷化の原因は、フィルター作用により地表にもはや十分な太陽光が届かないためとされた。**グローバル・ディミング**（**地球薄暮化**）である。この大気の**濁り**は、やはり人間が引き起こした二酸化炭素の放出より影響が大きいのではないか。大気圏のちりは、砂嵐や叢林火災のようなあらゆる自然のプロセスによってでも確かに引き起こされるであろう。しかしより重要なのは、大都市や重工業、それに車と航空機の排気ガスの影響ではないか。とりわけこのガスは、測定できるほどの雲の増加の一因になっているのではないか。こうして、いわば人為的な理由が他を押しのけ、「自然の」原因を全く影の薄い存在にしてしまったのではないかと。[14]

霧、雲、スモッグの増加による大気の濁りは太陽光の照射を弱め、一九四〇年代から一九七〇年までに〇・三℃低下の地球寒冷化をもたらしたと思われた。地球史上の「自然の」気候変動をよく認識していたミッチェルは、一九七〇年、人間の行動が過去数十年の気温変化の主たる原因であると考えた。一九四〇年代までは、二酸化炭素のような温室効果ガスが温暖化の原因とみなされた。その後、大気汚染が寒冷化の原因として明らかに温室効果ガスの影響を超えたとみられる。それでもミッチェルは、これがわずか二十年間に〇・三℃の寒冷化が生じた原因にあたるのか疑問視し、火山噴火の影響を指摘した。それゆえ未来についてはその後の温暖化を彼は予測し、多くの人を驚かせた。[15]

政治的な未来学としての気候研究

コンピュータ処理の導入により、天候を予報するだけでなく、気候の変化の予測も試みられるようになった。[16] 一九六九年の最初の月面着陸以来、世界的な気温測定が**人工衛星ニムバス三号**によって可能になった。しかし、多くの変数のある複雑な気候モデルの計算ができるようになったのは、ようやく一九七〇年頃からのことであった。一九七一年、指導的な研究者たちは世界的な気候変動の危険を警告し、組織的な研究促進を求めた。当時、堆積物のボーリングと氷床コアの測定の精度が上がり、過去の地球において急激な気候変動があったことがわかった。一九七二年から一九七四年までは乾燥期と他の「異常」が気候への注目と気候学者の関心を高めたが、そこでは相変わらず迫り来る氷期への心配が地球温暖化への恐怖を上回っていた。一九七二年のストックホルムにおける第一回世界環境会議は、一九六〇年代の気候変化に対する焦燥と**地球寒冷化**の議論から、**国連環境計画**（ＵＮＥＰ）を決議した。これにはとりわけ環境に関する世界的な監視システム、**地球環境モニタリングシステム**（ＧＥＭＳ）が含まれ、温室効果ガスと放射能が天候に、そして人間の健康と動植物の生命に及ぼす影響を観察することとなっていた。

世界のさまざまな地域での極端な気候事象が、収穫の減損や飢饉、そして場所によっては政治の混乱をも引き起こしたことで、米国や他の国々の政治家たちは気候への関心を強めた。一九七〇年代の乾燥期は、サヘル地域で飢饉を広めただけでなく、エチオピアの政治革命をも引き起こし、この革命では古くからの由緒あるキリスト教の皇帝一族が排除され、マルクス主義の将校たちの一団が権力を握った。当時は冷戦下で、ソビエト連邦と米国が世界的な対決の中で主導権力争いをしていたので、この事件には大きな意味が認められた。米国の当時の国務長官ヘンリー・キッシンジャーは、一九七四年四月十五日の国連の演説で、差し迫った気候変動には研究を強化してあたるようにと力説した。

現間氷期に関する特別パネルが急遽《きゅうきょ》その年に開かれ、今日では正に驚きとも思われる結論に至った。つまり、自然のままでは毎年約〇・一五℃ずつ気温が下がり、その結果、二〇一五年までには何と〇℃までの気温低下が見込まれるというものであった。それから二、三十年はわずかな温暖化が続き、その最高値は二〇三〇年頃に十年あたり〇・〇八℃の上昇にとどまるであろうという。その後は気温が再度下降するまで、百年間はあまり変化はないであろう。この馬鹿げた予測は、気候予測をする際は常に今日まで悩まされる問題を示している。つまり気候予測の結果は、根底にある期待と先入観、使用した変数と入力データに左右されるからである。この一九七四年の予測は、方法も内容も満足できるものではなかった。

米国議会は一九七八年、国家気候プログラムを議決し、米国は一九八〇年から二〇〇〇年まで国際協力して気候の作用を研究するように迫り、広く国際的な共同作業をすることとなった。気候学者たちはすでに当時、自分たちの予測は誤っていたが良いことをしたのだと胸を張った。「というのも、自分たちは世間一般の無知な自己満足を崩し、世界に対してこれから何が起こるかを警告したからである[17]」

この自己満足に対して、世界寒冷化という「確かな」予報の結果議論された具体的な対策を想起せねばならない。というのも、当時もまた、危険が迫っているように思えたのである。もし気候が世界を大きな危機に陥れるなら、急ぎ技術的方法で介入すべきではないだろうか。アラスカとロシアの間の**ベーリング海峡**をダムによって遮断し、世界の気候を制御するという計画が繰り広げられた。ジョン・F・ケネディ（一九一七―一九六三、在任一九六〇―一九六三）は一九六〇年の選挙戦でそのような対策の受け入れを表明した。このベーリング・ダム・プロジェクトは、リチャード・M・ニクソン（一九一三―一九九四、在任一九六九―一九七四）の大統領在任中に真剣に研究され、後任のジェラルド・フォード（一九一三―二〇〇六、在任一九七四―一九七七）とレオニード・ブレジネフ（一九〇六―一九八二）の、一九七四年十一月のウラジオストックにおけるトップ会談ではテーマとなった。このとき、**ベーリング・ダム**の議論は、まだ**世界寒冷化**の克服へのむしろたわいない提案の一つにすぎなかった。

アルベドを低下させるために極冠を黒い箔によって覆うこと、あるいは、今日みれば特に奇抜なことながら、温室効果を高めるためにCO$_2$の発生を促進させることも討議された。すでに当時、大気圏への金属ちりの放出、ノルウェーとグリーンランドの間のコンクリートダムの建設、大きな鏡を「追加の太陽」として地球の軌道に運ぶこと、あるいはカリウムのちりで地球の周りに人工的な「土星の輪」を作ることが話し合われた。軍隊もまた触発され、フェロー諸島の南西部にある海底山を原子爆弾によって爆破し、北極地方にまで暖流を延長すること、原子炉によってグリーンランドを暖めること、あるいは、水素爆弾で極の氷を溶かすことなどの提案をした。これらの計画は、奇想天外博士の空想の世界のように聞こえる。公然と討議するには、当時ですら問題がありすぎると考えられた。しかし、**寒冷化**が強まる場合に備えてこれらの計画は温存された。[18]

新たな温暖化の開始とその原因を巡る争い

この間に真鍋淑郎とR・T・ウェザラルドは、大気中のCO$_2$含有量が倍増すれば数℃の気温上昇をもたらすことになると見積もった。[19]一九七〇年に真鍋は試算をさらに進め、さらなる二酸化炭素排出により、二十世紀の終わりまでには〇・六℃の温暖化がありうると考えた。[20]航空輸送が盛んになり、排気ガスとそれによるもやの原因となっていることから、一九七五年には環境への影響と大気中の微量ガスの調査をすることとなった。このとき、フロン類によるオゾン層への危険と、フロン類が温室効果に影響している可能性が発見された。環境意識の高まりとともに、森林伐採とその他の生態系への人的介入の影響に人々は気づいた。どのように大気を人工的に温めることができるかと思案している研究者がまだいた一方で、すでに**地球温暖化**が始まっているのではないかと疑問を呈する者もいたのである。[21]

一九七七年頃、**地球温暖化**のほうが大きな危険であるという新しい科学分野のコンセンサスが浮上した。すでに翌年には米国で、**国家気候計画条例**によって、研究資金が飛躍的に増額された研究計画が発表された。同じ年、スティーブン・H・シュナイダーは「**気候変動**」という気候の変化だけを扱う最初の専門誌を創刊した。[22] **米国科学アカデミー**は一九七九年、CO_2含有量の倍増が世界的に一・五～四・五℃の温暖化をもたらすことには信憑性があると表明した。

ロナルド・レーガンが政権に就くと、気候学者の団体と米国政府との間に敵対関係が生じた。政府は地球温暖化の予測には懐疑的だったのである。しかし気候学者たちは政治的圧力にはひるまず、温室効果ガス、特に二酸化炭素は温暖化の原因であるとした。[23] とりわけ一九八一年は計測機器の導入以来最も暖かい年で、特にグリーンランドでは著しい気温上昇が示されていたのでなおさらだった。このことから地球温暖化は、覆すことのできない傾向とみなされた。[24] いくつかの政府、特にアメリカ合衆国、オーストラリア、イギリスの政府は、気候変動への対応、例えば、水の管理、水上交通、農業の変更に関してのプランを作り始めた。[25]

一九八〇年代以降、メディアは常に新しい恐怖のシナリオばかりでなく、高山系と極冠における氷河の後退、植物相と動物相の変化といった現在進行中の気候変動の兆候についての重大な情報でも世間に衝撃を与えている。一九八〇年代末にメディアが気候への関心を強めたのは、干ばつの年が度重なり、最高気温を記録して、気候が何かおかしいとあらためて警告を発したように思えたときだった。具体的なきっかけは、例えば一九八八から一九九二年のブリテン諸島における局地的な乾燥期であった[26]。**アメリカ大気研究センター**のスティーブン・H・シュナイダーの米国議会での発言は重要な役割を果たし、地球温暖化が始まったことは公式に裏付けられた。それ以来、地球温暖化は人為的な原因によるという著名な科学者たちによる学説が教科書に取り上げられている[27]。地球温暖化の原因については、科学分野でもはや異論の余地がないかのように公に議論された[28]。そしてもちろん、気候変動研究への投資の増加と公益を考え、科学的研究は前例のないほどの広がりをみせた[29]。

3　気候変動への対応

国際協議における気候研究と地球温暖化

地球環境モニタリングシステム（GEMS）の導入は大いに効果があった。世界中から集められたデータが示したのは、化石燃料の燃焼、森林地帯の広域伐採、土地利用の変化によって、大気中のCO_2濃度が年々高まったことだった。この結果を協議するために一九八八年トロントで**第一回世界気候会議**が開催された。そこでは、大気中のCO_2濃度の上昇とその他の温室効果ガスによる**地球温暖化**の危険について大いに警告が発せられ、閉会宣言の中では速やかな防止策が要求された。世界規模の気候研究と気候保護の活動を束ねるために、一九八八年、国連の委任により国連環境計画（ＵＮＥＰ）と世界気象機関（ＷＭＯ）は「**気候変動に関する政府間パネル**」（Intergovernmental Panel on Climate Change　ＩＰＣＣ）をジュネーブを本拠に設立した[1]。ＩＰＣＣの任務は、自らが気候研究をするのではなく、ほぼ五年ごとに気候とその影響についての研究の現況について、包括的かつ中立で明瞭な報告をし、その際、意見の一致に至ることである。すでに一**九九〇年の第一次ＩＰＣＣ報告書**は大いに注目された[2]。

しかしながら初めは必ずしもすべての研究者が、新たに長期の傾向が始まったのだという考えではなかった。いずれにせよ氷河は溶けずに存在し、それどころか降雪量が増えたために成長さえしていた。氷河研究はそれゆえ、政治問題にまでなった。このとき米国では、気候研究者、リベラルな世論、第四十一代大統領、ジョージ・ハーバート・ウォーカー・ブッシュ（一九二四―、在任一九八九―一九九三）政権との間のきしみがひどくなった。既成の**米国科学アカデミー**に反対したのは、政府に近い**米国環境保護局**であった。第四十二代大統領、ビル・クリントン（一九四六―、在任一九九三―二〇〇一）の登場で、環境保護者と気候研究者にとっての雰囲気が改善し、とりわけ、副大統領、アルベルト・ゴア（一九四八―）はアメリカの政治指導者として環境政策のイニシャチブを取った[3]。一九九〇年代中頃はまだ、地球温暖化の存在もしくは原因についての見解は分かれており、終末論者と懐疑論者とが激しい対立を繰り広げていた[4]。

一九九〇年の第一次ＩＰＣＣ報告書は、一九九二年の「環境と発展に関する国連会議」の基礎を築いたが、これはリオデジャネイロにおいて一七八の国から一万人の代表委員が参加し、いわゆる**地球サミット**となった。そこでは五つの記録文書の一つとして「**気候変動に関する国連枠組み条約**」（United Nations Framework Convention on Climatic Change）が採択された。一九九四年三月二十一日に発効したリオの**気候枠組み条約**は、国際間の合意として気候政策の転機となった。署名国はこの中で、食料供給を危機にさらさないため、気候変動への種の自然な適応と持続的な経済発展を可能にするため、現在およびこれからの世代が使用する地球の気候システムを守る用意があることを表明した。温室効果ガスの発生は制限もしくは削減すべきである。目標は、温室効果ガスを九十年代末までに一九九〇年の水準に戻すことであった。

気候枠組み条約の発効後、参加国は一九九五年のベルリンでの最初の締約国会議（**Conference of Parties　ＣＯＰ1**）において、リオの基準値は十分でなく、先進工業国は環境保護に主要責任を負うべきであると結論づけた。そして温室効果ガスの排出削減のために二年以内に具体的な基準値と期間を定めることが委員会に委託された。一九九六年のジュネーブにおける二度目の会議（ＣＯＰ2）では、**一九九五年の第二次ＩＰＣＣ報告書**が審議された。[(5)] 政府代表は初めて「世界気候への人間の明らかな影響」を認めた。国際法上義務を負う温室効果ガス排出の規制へ向けてこれまでで最大の一歩が踏み出されたのは、一九九七年十二月の京都での第三回会議（ＣＯＰ3）であった。

京都議定書では、署名各国は二酸化炭素と他の温室効果ガスの排出を一九九〇年の水準に対して五・二

%、二〇〇八年から二〇一二年の間に削減するよう義務付けられた。参加国のうちインドや中国などの数カ国は、発展の遅れを理由に規制を受け入れなかったが、ヨーロッパ連合は八%、米国は七%、日本とカナダは六%の削減を自らに課した。温室効果ガスが世界的に影響を及ぼすことを考慮し、排出枠を超えている先進工業国は、割り当てが残っている新興国の排出権を買えることとなった。この**京都議定書**は、一九九〇年に排出された人為的な二酸化炭素の少なくとも五五%に責任のあった五五の国が批准すれば、直ちに発効することとなった[6]。しかし批准の過程には、予想よりも多くの時間が必要であった。

二〇〇一年のＩＰＣＣ報告書

二〇〇一年、**気候変動に関する政府間パネル**（ＩＰＣＣ）は、気候研究の状況について委託に基づき三度目の報告書（**Third Assessment Report**）を提示した。これは四二六人の専門家の研究から成っており、その結果はさらに四四〇人の査読者によって二度精査され、三三人の編纂者のチェックを受けたものだった。これほど多くの専門家が関与する学術的な刊行物はほかにない。ＩＰＣＣのメンバーは、自然科学者と政府代表者から構成され、その中には**京都議定書**に署名しなかった米国（最大の石油消費国）とオーストラリアの政府も含まれている。サウジアラビア（最大の石油輸出国）と中国（最大の石炭消費国）の代表も、個々の文言に対して意見を述べることもできたが、このことは、ＩＰＣＣ報告書には満場一致の議決が必要なため重要なのである。まさに政治的な意見調整が行われるゆえに、ＩＰＣＣ報告書は特に高い評価を得ている[7]。

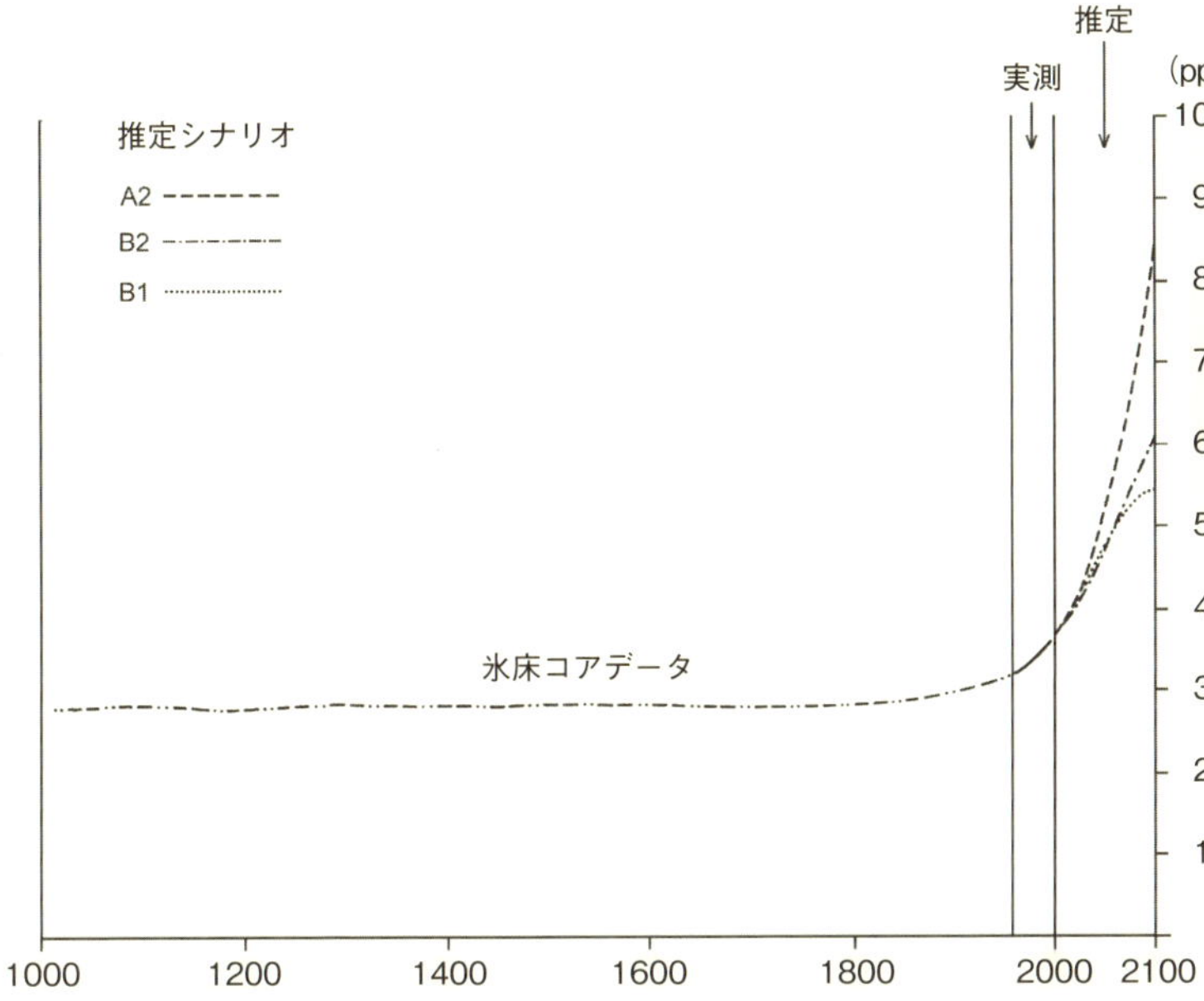

図40　2001年のIPCC報告書のホッケースティックに関する小さな謎：大気中のCO_2濃度が気温を決定し、工業化以前のCO_2濃度が常に280ppmであったなら、過去１千年の気候変動は何が原因だったのだろうか。この仮説は誤りなのだろうか。測定値が誤っているのだろうか。あるいは気候変動を誇張するために統計を捏造したにすぎないのだろうか。

この報告書に先立って大気汚染のシナリオに関する特別報告がなされ、これには二十一世紀末までのさまざまな経済的に妥当な四十の発展モデルが示されていた。最も楽観的なものでは、CO_2排出量の上昇は微々たるもので、その後次第に減少し、今日の数値より著しく少なくなるとしている。最も悲観的な数値モデルは、二一〇〇年までにCO_2の排出量は四倍になるというものである。これらの予想は、この目標期日の大気圏におけるCO_2濃度が五四〇〜九七〇ｐｐｍに増加すると仮定している。しかし海洋と生物生活圏のフィードバックがうまくいかない場合には、この数値はさらに上昇するかもしれない。気温に換算すると、このモデルは世界的な平均で一・四〜五・八℃上昇することを意味した。[8] 気候学者の中にはこの予想でもまだ楽観的すぎるという者もいた。ポツダム気候影響研究所の代表者たちは、二℃より低い温暖化など全く考えられず、八〜九℃さえ大いにあり得るとした。このためＥＵが目標に定めたＩＰＣＣの最終的な予想の「わずか」二℃の温暖化を、彼らは非現実的とした。[9]

しかしその程度の温暖化でさえ、過去数世紀間の気温変化で経験したこととははるかにかけ離れているようだ。二十世紀を通しての気温上昇は、世界的に〇・六℃であった。古代ローマの気候最良期もしくは中世中期の温暖期における中規模の温暖化は、一〜二℃程度だったと思われる。同様に小氷期の中程度の寒冷化も一〜二℃位だったらしい。気温変化がわずかでもいかに影響が大きいかを我々はみてきた。六℃の世界的な温暖化は想像を絶する規模の影響をもたらすであろう。それゆえ、二〇〇一年の第三次ＩＰＣＣ報告書は、前の二つよりドラマチックな推移のイメージを示している。そこには温暖化傾向とともに環境破壊への政治的責任もさらに強調されている。温暖化への人為的な関与がはっきりと証明され、自然による変化よりも前面に打ち出されたのである。[10]

意識変化の兆候

京都プロセスは米国が脱退を宣言したにもかかわらず、特に二〇〇一年のＩＰＣＣ報告書に基づき同年のマラケシュにおける締約国会議に向けて再び活気づいた。大統領選挙では大勢が期待した環境保護論者のゴアではなく、石油産業と軍需産業の利益を代表するジョージ・Ｗ・ブッシュが勝利した。このことによって、温室効果ガス排出量の削減はアメリカの政治の優先課題ではないことがはっきりした。二〇〇一年九月のニューヨークにおける**ワールド・トレード・センター**へのテロ攻撃によって、むしろ国際テロリズムに対する闘いが政治の最優先事項となった。それでも**京都プロセス**はスムーズに進行した。アイスランドの批准によって二〇〇二年五月二十三日には五十五番目の国が議定書に署名した。長期に及ぶ交渉の末、結局ロシア大統領のウラジミール・プーチンも二〇〇四年十一月十八日に歩調を合わせた。三ヵ月後、二〇〇五年二月十六日に**京都議定書**は、世界人口の八十五％を代表する百四十一ヵ国が署名し発効した。百八十八ヵ国から約一万人の代表者とオブザーバーが集まった二〇〇五年十一月から十二月にかけてのモントリオールにおける締約国会議（ＣＯＰ11）は、議定書発効後の最初の会議で、第一回締約国会合(Meeting of the Parties of the Protocol　ＭＯＰ1）であった。ここで二〇一二年以降の気候保全措置についての交渉が始まった。

気候保全のための国際交渉は、世界が最も関心を寄せる政治的事案の一つである。世界の国々は政治的レベルで世界の一員としての自覚をますます強めている。これに匹敵する国際協調は、国連（ＵＮ）の交渉あるいはヨーロッパ連合（ＥＵ）の統合過程だけである。しかしながら最終的にはよりにもよって、世界一のＣＯ$_2$排出国の米国が文書への署名を拒否したのである。このため協定の効果に疑問が呈された(11)。オーストラリア、中国、サウジアラビア、一部の新興国はさまざまな理由から、二〇一二年以降の**京都議定書**の延長に反対している。それにもかかわらずモントリオール会議は、まさにこのテーマについての交渉に道を開いた。会議議長のカナダの環境大臣、ステファン・ディオンは、将来を示す**モントリオール行**

動計画（ＭＯＰのＭＡＰ）にまで言及した。米国がすでに脱退を表明した後、アメリカの使節団は、会議の終わりにまだ戦略的な対話の余地があることを示した。これはとりわけ、二〇〇五年八月にニューオリンズとアメリカの湾岸部を襲ったハリケーン、**カトリーナ**の影響によるもので、その災害はブッシュ大統領の世論調査での支持率低下をもたらしていたのである。[12]

二〇〇七年の第四次ＩＰＣＣ報告書

二〇〇七年二月三日土曜日、一流新聞の第一面に世界で初めて**地球温暖化**が掲載された。政治欄、解説欄、文芸欄でも詳細に報告された。文芸欄は多分、文化的重要性について取り上げたのであろう。前日の午後にパリで終了したばかりの世界気候会議で気候変動の国際研究の現況について、**第四次ＩＰＣＣ報告書**の最重要部分の公式見解が示されたからである。**気候変動に関する政府間パネル**の議長で、二〇〇二年に選出されたインドのラジェンドラ・パチャウリ（一九四〇―）は記者会見で、五百人以上の専門家による**第一作業部会**の結果を提示したが、それは全体報告の学術的な基本を内容とするものだった。[13]

二〇〇一年の気候報告に対して、この二〇〇七年の**政策決定者向け要約**はインターネットでダウンロードもできるが、そこには興味深い力点の移動がみられる。気候研究者は地球温暖化への**人為的関与**をもはやほとんど疑わないが、新聞記事が伝えるような「疑う余地が全くない」のではなく九〇％確かだとした。というのも絶対確実なことなど科学にはほとんどないというのがその理由であった。満場一致で議決されるべきＩＰＣＣ報告書の文書化にかかわる百十三の関係各国の政府代表は、この見解に賛成した。かつて報告書を協議した際とは異なり、議案の文言は曖昧にされることはなく、最終表現はそれどころかさらに厳密になった[14]。その結論の中でブラジル出身のアヒム・シュタイナー（一九六一―）は、政治的経済的に責任ある毅然とした対応が必要だと力説した。そして国連環境計画、UNEPの事務局長であるシュタイナーは、**人為的温暖化**問題が最終的に明確となった日として二〇〇七年二月二日は歴史に記されるだろうと語った[15]。

気候研究者は、気候変動の最も重要な原因は人間にある、すなわち**人為的温室効果ガス**にあると主張している。まず第一にCO_2、次にCH_4とN_2O、そして対流圏のオゾンである。最も重大な温室効果ガスの**二酸化炭素**は、一九九〇年代以降排出がさらに著しく増加しているという。当時の年間の排出量は二三五億トンで、現在、大気圏に達するCO_2はすでに年間二六四億トンである。これにさらに森林の開墾と土地利用の変化による間接的排出量の一八～九九億トンが加わる。太陽の活動が少し強まるという温暖化の自然の原因は、これに比べてほとんど重要でない。一方、温暖化を抑制するのは、**微粒子による人為的な大気汚染**、いわゆる**エアロゾル**によるもので、雲の形成を活発にし、全体的に**アルベド**を高めるのである。この**人為的な冷却作用**がなければ、温暖化ははるかに進むであろう。IPCCの試算によれば、**人為的な温暖化作用**の総計は現在の気候変動への自然の影響をはるかに上回る。興味深いことにIPCC報告書は、ここに**古気象史**のデータをもいくつか取り込んでいる。氷床コアの含有物から、気候学者たちは過去八十万年間の大気の組成を知ることができ、それによって微量ガスとその中のいわゆる温室効果ガスのCO_2、CH_4そしてN_2Oの割合もわかると考えている。過去一万年間、すなわち完新世の間氷期の氷床

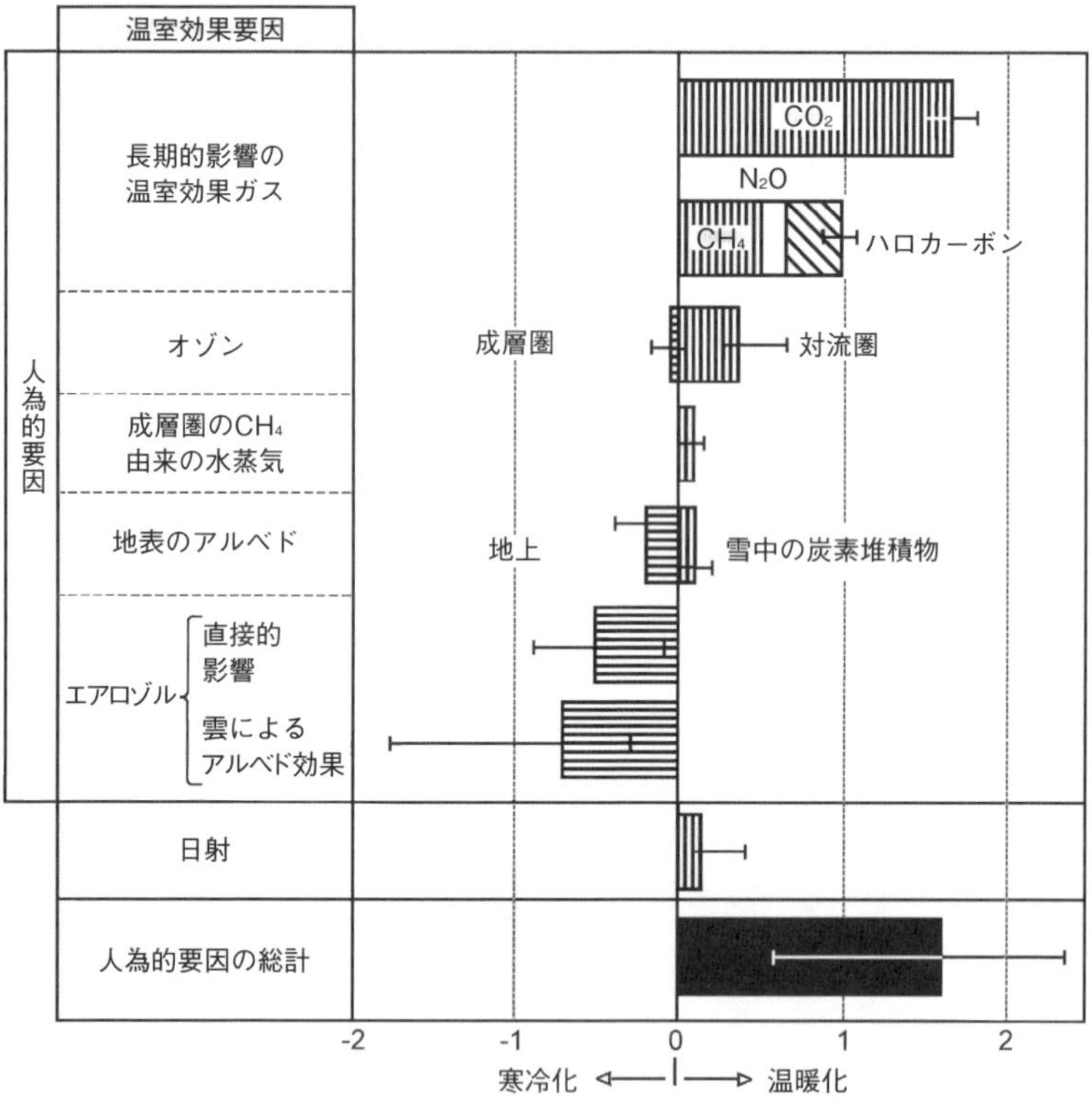

図41　人為的要因は温暖化と寒冷化の双方の気候に影響を及ぼす。2007年のIPCC報告書によれば、1970年代以降に地球温暖化をもたらす要因のほうが多い。

コアの測定値と、過去百年間の計測値を照らし合わせると、長期間にわたる比較的一定した数値、例えばＣＯ$_2$は二七五ｐｐｍという数値が判明する（図10を参照）。

これに対し過去二百年間、とりわけ過去五十年間の統計図表では、今日、つまり二〇〇五年まで、この数値の急激な上昇がみられる。現在のＣＯ$_2$濃度三五九ｐｐｍは過去六十五万年間の最高水準をすでにはるかに越えている。気温上昇は温室効果ガス濃度の上昇と関連があるという理論に照らせば、世界的な平均気温の深刻な上昇が見込まれる。一九〇一～一九五〇年の平均をみると、この間の地球の平均気温の上昇は約〇・六℃で、地上では海面よりもいくらか高い。これに対し一八五〇～一八九九年、すなわち**小氷期**の最終期の平均では、地表の気温上昇が〇・七六℃である。このより高い数値は、地球温暖化が劇的にわかるため、報道機関で好んで引用される。報告によれば実際に測定した気温は、一九〇六～二〇〇五年の間ではあらゆる大陸でモデル計算と高確率で一致している。いずれの場合も一九七〇年代以降、とりわけこの二十年間は気温上昇が著しいことがわかる。温暖化の加速はこの間に深海にまで達し、海面下三千メートルにまで至っていることが証明できる。

測定可能な海面の上昇は温暖化と関係がある。二十世紀を通しての測定では、海面は毎年約一・五ミリ上がり、合計で十五センチの上昇となった。この比較的劇的でない範囲でも、一九九〇年代には加速が際立っている。現在、海面は一年に約三・一ミリ、つまり過去十年間では約三センチ上昇した。地球がジャガイモ型であることと地球の引力に差異があるために平均値の算出が方法上難しいので、衛星を利用した計算も困難であるにもかかわらず、海面上昇は異論の余地がない。これに対して、何によってこの上昇が生じるかはあまり知られていない。すでに温暖化だけで海水は膨張し、水位は上昇する。山岳氷河と極冠の溶解がどの程度関与しているかは、概算するほかない。論争があるのは、今後数十年間に海面はいったいどのくらい上昇するかという点である。二〇〇一年のＩＰＣＣ報告書に対して、新しい報告書は予想を下方修正している。当時二一〇〇年までの上昇を八十八センチまでと仮定したが、二〇〇七年のＩＰＣＣ報告書は海面上昇をわずか一八～五九センチと見積もっている。それは特に、南極ではより大きな溶解現象は観測されず、気温は全体としてあまりに低いため将来も溶解は見込めないからである。降水量の増加により南極地方の氷の層はむしろ成長が予想される。中間値をとれば約三十五センチの海面上昇となり、今後三世代の間は太平洋の島々とフロリダとバングラデシュの水没についてのあらゆる懸念は払拭される。

ＩＰＣＣの委任により、二十一世紀の将来予想が約四十のモデルで示された。これらはさまざまなシナリオによって予想される温室効果ガス発生の今後の展開に基づいており、一九八〇～一九九九年の平均気温と関連づけて地球温暖化を予想している。ここで最も重要なのは、起こる確率が比較的高い予測モデル、Ｂ１、Ａ１Ｂ、Ｂ２のグループである。**モデルＡ１**は、世界経済の急激な発達、世界人口の二十一世紀中頃までの増加とその後の減少、さらに新しく効率のよい科学技術の迅速な導入を想定している。Ａ１グループは三つのモデルに分けられる。さらに化石燃料に頼るか（Ａ１ＦＩ）、化石燃料でないエネルギーを使うか（Ａ１Ｔ）、ありとあらゆる資源からのエネルギーを使うか（Ａ１Ｂ）である。**Ａ２のシナリオ**は全く異なる世界を描く。世界人口のさらなる恒常的な増加と、地域ごとの異なった発達を想定している。経済成長は非常に不均等で、全体に比較的緩やかである。このシナリオは要するに、**今まで通りの続行**を示している。これに対し**Ｂ１モデル**は、経済の集中、Ａ２と同様の人口傾向、しかしクリーンな科学技術の導入によりサービス産業と情報産業への経済の急激な構造変化を前提にしている。これは**バイオ産業の技術革新**のシナリオである。**Ｂ２モデル**は、恒常的ではあるが緩慢な人口増加、中程度の経済成長、ゆるやかな技術変化、地域に浸透する環境意識の高まりを想定している。

どのモデルも同程度に現実味があるように思われる。世界的に平均して二一〇〇年までの温暖化を一・

五～四℃としているが、これは**終末論者**が予想するよりも明らかに低い。**小氷期**の影響を考えれば、二℃の温暖化でもその結果は十分に重大であり得る。どのモデルにおいても温暖化は差しあたり主として北半球に関してである。常に低温である南極地方は多分二〇三〇年までは氷に深刻な変化はないからだ。降水量の増加によって南極地方ではむしろ氷が増す可能性すらある。ようやく二十一世紀の後半に南半球でも、**南極大陸**でさえ気候モデルB1によれば気温は約二℃、B2では約四℃上昇する。気温マイナス三〇℃以下では、まだ溶解の危険はない。しかし北極では全く異なる。そこでは気温は二〇三〇年までに年平均で二℃以上上昇し、二十一世紀末にはモデル計算によれば六～九℃上昇することになっている。それゆえIPCCは、夏に海の氷が溶けること、場合によってはグリーンランドの内陸氷河の溶解すら長期的にはあり得ると結論づけた。温暖な地域ではこのイメージはもちろんまた異なる。西ヨーロッパでは二〇三〇年までの温暖化はわずか一℃にしかすぎず、二〇九九年までの温暖化も二～四℃となる。深刻な温暖化が考えられるのは北アメリカと北アジアで、モデルB2によれば、南アメリカ、南アフリカ、オーストラリアにも及んでいる。

大移動の始まり

かつての温暖化をみればその結果がどうなるかはわかっている。氷河は後退し、樹木限界は上昇し、植生は極の方へと移動し、昆虫、両生類、鳥類、魚類、哺乳類の動物もこれに続く。木々の芽吹き、樹木の開花、渡り鳥の飛来と旅立ち、留鳥類の巣作りなどの時期はずれる。海は暖まり、海面は上昇し、水害の頻度は増し、集落形態は変化する。これらはすべて約一万年前からの**完新世**の地球大温暖化の事例で、**アトランティック期**の初期、あるいは短い**古代ローマの気候最良期**のほんのわずかな温暖化の事例である。現在の温暖化が始まったのは、一八九〇年代になってから、あるいは二十世紀中期の寒冷化を差し引けば、ようやく一九七〇年代になってからである。このためこれはほとんど一世代しか続いておらず、これまでのところ世界的にも平均して〇・六℃の温暖化しかもたらしていない。それにもかかわらず我々はすでに今日、**地球温暖化**ないしは**現代気候最良期**の影響をみることができる。六七七種の動物の行動を調査してまとめた研究では、これらの種の六二％に過去二十年間における気候の温暖化の兆候がみられ、二七％には著しい変化はみられず、一方では九％が、春が遅れたかのように反応したことがわかった。[16]

柵で囲まれた土地や動物保護区のような動物が集まって生息する世界では、移動はもはや**旧石器時代**のように簡単ではない。しかしながら空中や大洋では移動は妨げられず、これらの領域に住むものは食餌を追う。アラスカの北部とシベリアの北部が再び森林になったなら、昆虫と森林の動物が移動する。**ハマダラカ**はアルプスの北部に再び生息地をみつけ、北アメリカにも広がる。蝶や蛾は極へ向かって移動する。[17] **ホウジャク**ほど注目される蛾は珍しい。大きさも行動もハチドリに似て、口吻《こうふん》で庭やバルコニーの花を忙しくつつくこのスズメガ科の蛾は、これまでは地中海地方に定住していた。しかしそれは、二千キロも飛ぶことができ、難なくアルプスを越える。数年前からホウジャクはアルプスの北部に定住し始めている。多くの個体が越冬し、三月には産卵し、六月の半ばには孵化《ふか》している。[18]

同様に高山系では種の多様化が進んでいる。このことは、高地や北方のはずれでの特に厳しい生活状況に生きる特殊な種には不利になることを意味する。森に住むクマには有利になるが、ホッキョクグマの生活圏は縮小する。移動は海洋でも確認できる。熱帯のマンボウの群れは美味なクラゲの群れをコーンウォールの海岸まで追って来ているようだ。熱帯の魚類が地中海あるいは北大西洋にまで進出し、セイヨウダラはさらに北へと移動し、中世中期以降には釣れなかった場所で釣ることができる。(19) 栽培植物の作付け限界も再度北に動いている。二十一世紀の初めにはベルギーとメクレンブルグが上級ワインの新しい産地になった。それでもブドウ栽培の境界線は、中世中期におけるほど北寄りではなく、いまだにグリーンランドでは穀物も栽培できず家畜も飼えない。バイキングの墓はまだ永久凍土の下にあるが、それが難なく掘り出されるようになるのは時間の問題であろう。

現代世界ではどこにでも移動が可能というわけではない。動物保護区がその例であるかもしれない。その動物は自力で生息域の変更ができないからである。同様のことは、保護区や生態学上適した島以外では種子が生育できない多くの植物にもあてはまる。島がかろうじて海面の上にある場合、その島の住人は不利な立場にある。**バヌアツ共和国**のサンゴ礁**テグア島**の村が沈んだのはまれな話であるが、環境難民などと言うのは今日まだ大げさである。テグアは地震、津波、ハリケーンに襲われたものの、これはいつ起こるかも知れず、これまでの二センチの海面上昇とは何ら関係はない。この例から心しなければならないことがある。島民たちはある環境基金からの援助金を受け取った後、サンゴ礁内のより高い土地へ引っ越そうとさえしなかった。(20) これはしかし、将来において深刻な問題が起きないということではない。終末論者が予言するように、海面が一～二メートル上昇するようなことがあるならば、低地にある国々はバングラデシュや多分オランダさえも、問題を抱えることになるだろう。[21]

地球温暖化の今後の見通し

地球温暖化が社会や政治にもたらす影響は、驚くべきことになろう。動物の場合と同様、国民経済においても反応はさまざまである。恵まれるものもあれば、苦しむものもあるだろう。将来の好機がどう配分されるかはまだ全く見通せない。日光の照射が増えれば、農業では難問が増すが、太陽エネルギーの獲得では有利になる。現在では多くの地域で温暖化による乾燥期が予測される。**アトランティック期**のサハラには水が十分あったことを考えてみれば、かつての温暖期の乾燥期は有利だったことがわかっている（図15を参照）。天秤がどちらへ傾くかは、おそらく経済的にいかに適応するかにかかっており、つまり気候とは間接的にしか関わっていないのである。過去においては文明の興隆と衰退は、技術革新の成果や市場のニーズへの適応などの要因によって決まっていた。イギリスが世界最初の工業国になったのは気候的に恵まれていたからだと主張するのは言い過ぎであろう。むしろ、文化の伝統、政治や社会や宗教の状況のような全く別の要因がその役割を担っていた。工業化文明の成果の一つは、人類をその長い歴史上かつてないほど気候の影響から大幅に解放したことである。

地球温暖化は、この点では近いうちには何の変化ももたらさないであろう。先進工業国の大国は多分この問題の克服にあまり苦労はしないであろう。アメリカ合衆国、ヨーロッパ連合、ロシア、中国、日本、オーストラリア、ブラジルでは国内移動が盛んになり、不動産市場は変動するであろうが、世界におけるそれらの国々の役割が大きく変わるとは思えない。他の国々は今までどおりそれぞれの場を見つけるであろう。必要不可欠な適応を成し遂げるには、物質的に豊かであることと文化的にオープンであることが重要であろう。旅行者の行動も目的地に合わせて変化するのは確実で[22]、不動産市場と投資家の決断にも全体的に影響があるだろう[23]。

犠牲となるのは土着の人々で、彼らは生活を西欧化させざるを得ない圧力に強くさらされ、自分たち独自の文化では変化した気候条件のもとで生き延びる方策を立てられないことが多くなる。犠牲者には社会的弱者もおり、彼らは自分たちのささやかな家の喪失をそう簡単には克服できず、フリースランドからマリョルカへ、あるいはマリョルカからフリースランドへと移住もできない。故郷を愛する人たちは故郷喪失を悲しみ続けるであろう。しかしながら異なる土地に根を下ろす能力も過小評価してはならない。度重なる放逐のあったヨーロッパこそまさに、いかなる苦悩のもとでも、とりわけ社会が難民を資金貸与やその他の方法で支援すれば、また新たなスタートが可能であることを経験している。場合によってはそのような支援は将来、同じ言語共同体や民族へ所属している者に、もはやとどまらないであろう。移動の流れをコントロールするために国連に新たな課題が増えるかもしれない。もっともここから発生した問題を誇張してはならない。太平洋のサンゴ礁や北アラスカの住民は確かに、アメリカ、アジア、あるいはヨーロッパの小都市の住民よりも少ない。アフリカやアジアの干ばつの犠牲者のほうが重要である。長期的には上述の砂漠化現象の結果として広範囲の人口移動が予想される[24]。

「世界救済グループ」とプランB

ある著名なジャーナリストが述べたように、「あらゆる環境危機の母である**地球温暖化**は過去二十年間に政治運動を引き起こしたが、今まではいわば一方向しかなかった。温室効果ガスを減らせ…。あらゆる犠牲を払い、そして、メンバーが決然と会議から会議へと行き来する一種の上級専門委員会においても世界的な科学の専門知識が動員され、二酸化炭素排出に対する戦いが開始された。気候枠組み会議と京都議定書はいずれにせよ重要である」。気候研究者の間に、「数年来、排出量減少の手本から目をそらすことを全面的に禁じる政治的環境保護の倫理観のようなものが存在する」との意見が出てきた。しかしながら温暖化を効果的に抑制するためには、今世紀半ばまでに京都目標の何倍もの数値、すなわち現存の政治状況では到達不可能なほどの崇高なもしくは非現実的な数値が必要であろう。「これに対しては、例えば気候変動に直面した国々が温暖化、砂漠化、あるいは氾濫の危機に対処するさまざまな方法は、多くの場合二流、まさに非生産的であるといえよう。エネルギー技術とはかけ離れている技術的解決法も同様である。**公正さを期した表現**（**political correctness**）で言えば、先進工業国こそが問題で、それゆえに打開策にはなり得ない[25]」

確かに今までは京都議定書の批准にもかかわらず、世界は温室効果ガスの削減からは程遠い。実際、排出量はむしろ増加している。なぜなら米国のような先進工業国が京都プロセスに参加せず、インド、中国、ブラジルのような新興国が無制限の排出権を獲得したからである。これらの国々では環境保護者たちでさえ、富める国だけが環境保護のために支払いをすべきで、途上国には工業化の遅れを取り戻す権利がある

図42　新たな「大洪水」のための方舟。もっとも救助船自体もCO_2を排出している。そして動物ではなく高級車を救助している。

という意見である。インドの環境保護者、スニタ・ナレインによれば、「気候変動に際しては公正さが重要である。それゆえ、方策は公正に割り当てられねばならない[26]」。京都議定書を最初から支持したスペインのような先進工業国も、排出の上限を守っていない。「しかし**世界救済グループ**がそれにもかかわらず今にも壊れかけているのは、エネルギー問題の打開に着手するのが遅すぎ、気候に影響する二酸化炭素の世界的な排出が無制限に行われているからなのだが、学界は、あるいは少なくともその一部は今明らかにプランBに関心をもっている[27]」

このプラン**B**は、排気ガス削減の代わりに、あるいは削減をさらに進めるために、温室効果ガス問題の技術的解決法を想定している。この発端のスローガンは、**ジオ・エンジニアリング**である。これにはアメリカの地質学者でハーバードのクラウス・ラックナーとカート・ゼンス・ハウスによるCO_2の**回**

収貯留への提言がある。化石燃料の使用時に生じる温室効果ガスは、大々的に濾過《ろか》された後に適切な形で、例えば採掘後の炭層の中に、深海に、あるいはさらに海底の下の堆積物の中に貯蔵されることとなる。そのような気候変動阻止への提言は、ＩＰＣＣの特別報告の中で真剣に議論され、気候学者たちによって支持されている。[28] **貯留**という有望な政策は、すでに地質関係の業者の間では一種の「グリーンゴールドラッシュ」を引き起こし、大きなビジネスチャンスと期待されている。この政策の結果、化石燃料を大気汚染なしに使用することができるかも知れない。[29]

さらに奇抜に感じられるのは、成層圏における**アルベド**効果の強化によって地球温暖化を阻止するという提言である。それには、微細で明るく反射する硫黄粒子を成層圏に入れ、差し込む太陽光線を高度十五キロで宇宙に反射させるのだという。この提言はノーベル賞受賞者のパウル・クルッツェンが支持して以来、気球、ロケット、あるいは大砲を使って硫酸塩粉末を成層圏に放ち、温室効果を低下させようと真剣に議論されている。クルッツェンの計算によれば、成層圏の人口的な汚染のためには、年に五百万トンの硫酸塩粉末の使用で十分で、世界的な硫酸塩排出量の十分の一より少ない。そして、先進工業国の住民一人あたり五十ドル未満の金額で済む。硫黄のベールは自然のイメージも本質的には損なうことはないと推測され、華麗な日没も変わらず、ただ単にいつもよりほの白く見えるだけで、今までの気温と今までの気候を保つためには決して高額ではないという。[30]

予期したとおりこの技術万能主義の大胆な試みは、すでに地球温暖化の原因を主に人的影響と考える人たちからは大した賛同を得られなかった。他の奇抜な提言も似たようなもので、例えば地球全体の炭素循環からＣＯ$_2$を除去するために大洋のプランクトンに鉄分を散布する、広範囲に植林する、遺伝子操作により炭素と結合しやすい植物を作り出す、宇宙に巨大な鏡を設置する、あるいは**アルベド**を下げるため砂漠の灌漑に努めるなどである。シェルンフーバーとラムストルフはこれらの地球規模の技術投入の提言を、**地球システム操作**の試みと呼んでいる[31]。世界気候をフランケンシュタイン博士のような人に実験させるというイメージは、失敗すれば思いもよらない結果をもたらすかもしれないので、非常に不快になる[32]。わずか一世代前の一九七〇年代に出された、地球寒冷化という誤った予想に対する技術的挑戦の提言がいかに馬鹿げていたかを思い出してみるがよい。

終章

環境破壊の罪と温室ガス気候——結び

新しい宗教としての気候解釈

アメリカの環境問題活動家であり、ケネディ元大統領の甥であるロバート・F・ケネディ・ジュニア[1]は、ハリケーン**カトリーナ**が通過した直後、次のように記している。「ミシシッピ州知事、ヘイリー・バーバーこそ、このハリケーンの共犯者である。ブッシュ大統領の選挙応援をしたバーバーは、ビル・クリントンの環境政策から距離を置くように、ブッシュに執拗に圧力をかけたからである。石油業界代表としてバーバーは、アメリカ大統領に**京都議定書**への署名を拒否させ、現在進行中の気候変動に関する学会の証言をも無視させたのだ。しかし、**マサチューセッツ工科大学**（ＭＩＴ）の研究者たちが科学専門誌「ネイチャー」に発表した研究は、脅威的なハリケーンが頻発するのは、人間活動の引き起こした地球温暖化に起因することを立証している。アメリカの石油依存はあの破壊的なイラク戦争のみならず、**カトリーナ**をも招いたのだ。これはどれほどの気候大災害を我々の子供たちに遺《のこ》すことになるかを予感させるものだ」。さらにロバート・F・ケネディ・ジュニアは、キリスト教福音主義の大物の言葉を重要証言として取り上げ、「共和党のシンボル、パット・ロバートソンは一九九八年に、**神が罰を下したい**村や町こそ、ハリケーンに襲われる公算が大きい、と警告した。最後の瞬間に**カトリーナ**をニューオーリンズから方向転換させ、最大の破壊力を温存させてミシシッピ河畔に向かわせたのは、おそらくバーバーの意見書だったのではないか」、と締めくくった[2]。人間の罪に対する神の報復というこの思考パターンは、二十一世紀においてもまだ忘れられてはいないのだ。

環境破壊の罪は、中世末期および近世初期の、あの罪の代償のことを強烈に思い起こさせるが、この環境破壊の罪という言葉は学術用語とは程遠く、一種の宗教的な隠喩なのである。これは著名な自然科学者の刊行物にさえも繰り返し見られる言葉であり、例えば地球科学者、リチャード・B・アレイの過去の気候変動に関する論文にも登場する。気候の激変が繰り返し起こり、**ヤンガードリアス期**の急激な寒冷化については、アレイは論文の中で明確に伝えているにもかかわらず、その中の解説文ではこう述べている。「何がそのような気候の急変を引き起こすかについては、気候専門家もほんの手がかり程度しかわかってはいない。もっとも温室効果ガスの大量排出というような**環境破壊の罪**は、突発的に起こり長く続く気候変動のリスクを高めるものであることにほぼ間違いない」[3]。このアレイの論文には**環境破壊の罪**が何を意味するかという厳密な定義すらなく、またこの概念をタイトルに掲げているいくつかの刊行物にも同様に定義など見当たらない[4]。明らかなことは、これはもう科学の領域ではなく宗教の領域なのである。神学的見地からすれば、神の掟を破ることは罪であり、罰を受けて当然なのだ。かつての社会においては、掟破りを指摘するのは聖職者の仕事であった。今日この役割を引き継いだのは気候学者であるように思われる。

失われた「自然の均衡」というメルヘン

神の創造物に対する罪と並んで、論証に重要な役割を果たすもう一つの思考パターンが、「自然の均衡」あるいは「気候の均衡」というメルヘンである。NASAの**ゴダード宇宙研究所**所長でコロンビア大学（ニューヨーク）**地球研究所**教授のジェイムズ・E・ハンセンは、「地球温暖化は地球のエネルギーバランスの『不均衡』を招く」と書いている[5]。ところでハンセンは、気候が均衡を保っていたのはいつだと考え

図43　終末論信奉者の悪夢。気候がパーティーでの話題となり、どんな服装でも誰も騒ぎ立てない。

ているのか、記述していない。ハンセンはあの、故エルズワース・ハンティントンのように、複雑な数々の文明を花開かせるのは米国の東海岸の温和な気候だけ、と考えているのだろうか。**完新世**でさえも、気候は決して一定ではなかった。地球の誕生以来、過去五十億年の間、気候は絶えず変動を繰り返し、未来もまたそうであろう。あらゆる気候因子が相互に作用し合うと、結果的には言**葉の定義どおり**均衡状態にはなり得るので、常に均衡は保たれている、という言い方もできるだろう。

失われた均衡というイメージは、気候学者やジャーナリストの間でもてはやされている**医学的比喩**の領域へと我々を導く(6)。健康を四つの体液の均衡状態であるとしたガレノスの古代病理学に倣《なら》っていえば、自然界のいわゆる不均衡が自然界の病を発症させてきたということになる。それぞれ異なった分野からＩＰＣＣとの共同作業を行ってきた二人の物理学者は、「最近の温暖化は発熱にたとえてみれば最もよくわかる。気温が上昇し、地球の降水量も増え、異常気象が増加し、徐々にではあるが海面も上昇する」と主張している。二人は微妙に異なる論証を病気というイメージに要約している。「ＩＰＣＣが確認した最も重要なことは、気候変動という病気は今後も進行し、生態系や社会経済システムに有益、有害両面の影響を及ぼすだろう、ということだ…」[7]

地球は病気なのだから医者が必要になる。地球は気候病を患っていて、体液の不均衡と、高熱ないしは上がりやすい体温、そして医者の見立てでは高熱も予想されることが特徴だ。この比喩が全く馬鹿げていることは、「温室の中の地球」という研究論文集の編集者にも明らかだった。編集批評の中でその理由を、弁解するように次のように記している。「科学的な関連を理解するには、イメージや比較や比喩に頼ることになる…とはいえイメージには危険も潜む。比喩はこじつけであったり、不完全であったり、誇張されて誤った結論に行き着いたり、不当に簡略化されることもあり得る…したがって比較についても注意しなくてはならない。ところでこのことは、地球の『**気候病**』についてもあてはまる。たとえイメージが理解を容易にするとしても、現実は想像よりもはるかに複雑で疑わしい」[8]

「人為新世（アントロポセン）」

マインツのマックス・プランク化学研究所の元所長であり、大気圏化学とオゾンホール研究で有名な、オランダ生まれのノーベル賞受賞者、パウル・クルッツェン（一九三三—）は二〇〇〇年に次のように述べている。「いずれ気候は人間の影響を非常に強く受けるため、『自然の』気候の時代などという言葉を使うことはもはやできなくなるだろう」。クルッツェンは工業化の始まりを一七八四年の蒸気機関の発明に置き、「工業化以来、人間が微量ガス、特にCO_2を人為的に排出し、地球環境を大幅に変えてしまったので、新しい時代の始まりをここに置かざるを得ない。**完新世**は終わった、そして人間が決定する『**人為新世**』（**Anthropocene**）が新たに始まった」と主張する。[9] クルッツェンの解釈は、間氷期は一万年以上続いたことはほとんどない、という点を踏まえたものだ。**人為新世**という彼のコンセプトは、人間の介入によってこの「自然の」リズムは狂わされた、という意味を含んでいる。寒冷化の代わりに、今やさらに温暖化が続く、というのである。

人間の作り出した気候というこの概念は、やがてその元祖クルッツェンを驚かせる方向へと展開していった。ウイリアム・F・ラディマン（ヴァージニア大学、シャーロッツヴィル）は、「自然ははるか以前、すでに農業の始まりとともにそのサイクルを狂わされていた」という説を打ち立てた。ラディマンは氷床コアを手がかりに、農業により大気中のメタン濃度が変化し、そのため気候に及ぼす影響は早い時期から存在していたことを発見した。ラディマンのこの解釈によれば、約八千年前までのメタン濃度は、ミランコビッチの日射量予測に符合している。メタンは湿地で大量に発生するので、高温多湿の時代の方が乾燥した寒冷期よりも多く生じる。**完新世**最温暖期の末以降は、次第にメタン濃度が低下したであろうし、五千年前頃にはその低下傾向も加速したはずであった。ところが氷床コアからわかることは、一回限りのわずかな低下のあとメタン濃度の上昇が続いたことだ。またラディマンは、大気中のCO_2濃度の異変を発見したと確信する。彼はそこに**中石器時代**以降、気候をコントロールする力を人間が自然から奪ってきた証拠を見て取っている。

「ユーラシアやアメリカの広い地域の焼畑による森林伐採や、またとりわけ東アジアにおける稲作の開始、さらに組織的な牧畜などが大量の微量ガスを排出し、それが大気に蓄積されていった。堰やダムの建設は、水量調節により季節的に巨大な人工の沼を作りだした」。ラディマンはこの人為的作用が気候に及ぼした影響は中世中期までの数千年間に二℃までの上昇と算出し、次のように述べている。「このことは地球寒冷化傾向によって部分的に『隠れて』いるので、立証も反論も難しい説である」。ラディマンによれば、**完新世**の時代は基本的には**人為新世**だと言えるだろう[10]。

人間が気候に及ぼす影響が顕著に現れるのは、**完新世**の始まり以降だとする説は一見、ばかばかしく思われる。というのも一万年前の世界人口の規模は今日と比べてごく小さかったからである。この時代初期の人口はわずか七百五十万人程度と見積もられる。それが次の八千年間で三億人まで増加した[11]。景観の変化は、この時代には技術的に単純な方法でなされたが、それでも地球の表面は大幅に変貌した。開墾と耕作によって青銅器時代にはすでに、ヨーロッパの森林の大部分が失われていた。近東、北アフリカ、極東、そして北アメリカの一部にも同じことがいえる。ただし、メタンの説には矛盾するが、アメリカインディアンの農民は大規模に湿地の干拓を進めていた。地表のこの徹底的な変革は、**アルベド**と大気の組成を変化させたのだから、一大気候実験であったのだ。

クルッツェンはラディマンの提言を取り上げてそれに回答する中で、独自の論拠を次のように鋭く展開させている。「**人為新世**の始まりが紀元前八千年であれ五千年であれ、基本的には変わりない。というのは、人類が環境に及ぼした影響は、**新石器革命**以降かつてないほど大きくなったことは疑いないからである。しかし、また同様にはっきりしていることだが、産業革命開始からのおよそ二百年の間に、この影響はもう一度飛躍的に高まった。それは急激ではなく、継続的なものだった。それ以来世界人口は、十倍の六十億人にまで増加した。そして十四億頭と推定される牛を含め、地球上の家畜もかつてないほど増加したと思われる。それから今一度、一九五〇年頃に明白な転換期を迎えることになる。それ以降人間の及ぼす影響は、それまで想像もつかなかったほど自然を変えてしまった。二十世紀末には推定で地表の三〇〜五〇％が、伐採、農業、牧畜、開発によって変貌した。二十世紀中頃までは人間が環境と気候に影響を及ぼし続けたが、それ以降は大気、大陸、大洋、海岸地帯などすべての構成要素で**地球システム**が、人間の及ぼす数々の影響に支配されるようになった。このことはまた気候にもあてはまる。農業、窒素肥料の使用、化石燃料の消費などによって、自然のプロセスよりも大量の温室効果ガスが大気中に排出されることになった。**人為新世**の段階モデルを作るならば、第一段階は**新石器革命**、第二段階は**産業革命**で始まり、第三段階は地球システムへの数多くの影響が『非常に顕著に加速する』一九五〇年頃に始まる。第四段階の始まりは二十一世紀であろうが、これには天然資源のさらなる略奪や環境汚染ではなく、地球システムとの責任ある関わり、人口増加の抑制、自覚ある環境管理が特徴となることが望ましい[12]」

ラディマンが**人為新世**を拡張したことは、現在のいらだたしい諸現象や不確実な未来予想への執着から、視線を人間の歴史議論へと向けさせた。それは地球温暖化の始まりについて[13]、そしてまた農業の開始以来長期にわたる温室効果ガスの増加が、遠い過去にすでに氷期へのスリップを阻止したのか否か、という疑問についての活発な議論を巻き起こした。[14] 討論の過程で、この議論は根本的な特性をもっているため、安易には片付けられないことが明らかになった。[15]

自然保護か人間保護か

一九六九年の月面着陸以来、地球の生態系が非常に脆いことを目の当たりにして、歴史記述も気候研究も刺激を受けた。その後、自然保護と環境保護の重要性は次第に高まり、一産業の性格さえ呈するようになった。環境団体や環境機関は、専門性の点では国際的コンツェルンにほとんどひけを取らないキャンペーンを行っている。そして一九九〇年代以降は、**地球温暖化**への不安が、**森林枯死**や**オゾンホール**などの以前からある生態学上のさまざまな不安を背後に押しやってしまった。産業界だけでなく、各々の末端消費者も初めて批難にさらされることになる。実際には地球住人それぞれに責任がある。つまり、灌木を焼き払うことで土地の開墾や狩猟をする南アフリカのブッシュマンも、飼育牛がメタンを排出するアルゼンチンの大農場主も、バリ島の米作農家も、空調の利いたオフィスで金融業を営む中国の銀行家もまた責任を負う。

このことに関連して、環境保護や気候保全が話題になるときには、一体何が重要であるかを認識しておく必要がある。地球は五十億年以上前から存在している、そして地球上で人間が何をしようとこれからもまだ同じくらい存続するだろう、というのが大方の見解である。地球誕生以来、気候変動は必ずあった。

変動のスケールは、灼熱地獄の惑星（「冥王代」）から雪球地球（「スノーボールアース」）にまで及ぶ。地球が存在した数十億年間のほとんどが、今日よりもはるかに温暖であった。過去数百万年間に初めて変わりやすい気候になり、著しく温暖であったりもしたが、通例はるかに寒冷であった。いずれの気候変動も地球上の生命にさまざまな影響を及ぼす。もっとも自然は倫理的なシステムではない。温暖な条件が繁殖に適する動植物が多いが、寒冷な条件がよいものもあり、また湿度を多く必要とするものがいる一方、あまり必要としないものもいる。自然に関する限り、生態系の変化はプラスでもマイナスでもない。ある種には不利であっても、別の種には有利に働くからである。ここで誰が裁き手になりたいだろうか。

自然保護のための努力は保守的である。「自然保護者」は「自然」を守りたいのではなく、慣れ親しんだある種の自然、つまり多かれ少なかれ「自然」な、生態学的な状態を保ちたいと考える。「自然保護」では、自然は人間の安寧よりも重要度が低い。このことでかなりの人間が矛盾した行動をとるのが以下の点にも見て取れる。気候に神経質な中部ヨーロッパ人の大半は温暖化を恐れてはいるが、自国での寒さや雨から逃れるため、温暖な地域で休暇を過ごすことを最も望む。二〇〇六年夏に現われたあのヒグマの「ブルーノ」は、自然が戻ってきた一例であるが、ばったり出くわした者は何よりもまず、拒絶反応を起こしてしまう。気候に関しても変わりはない。「気候保全」という大層な言葉の背後にあるのは、変動への恐れのみである。これまで条件の悪かった高山地帯や南北の極地においても、非常に多種多様な生物が広がっていくであろう。特殊すぎる種は絶滅の道をたどる。これはモラルの問題ではなく、進化の問題である。

もっともここでは自然保護の必要性を疑っているわけではない。とはいえ、何を保護すべきでそれはなぜかについて、はっきりさせておかなくてはならない。絶滅に瀕した場合は種の保護の優先順位を高くしなくてはならないことは、万人に納得がいくであろう。しかし、ホッキョクグマが絶滅危惧種に属するようになったのは、温暖化によるのか、それとも人間の定住、農業や産業などによる北極地方の開発によるのか、ここで問うてみてもいいだろう。どちらも実際には阻止できないということは、安全な遠方からみれば残念かもしれない。しかし、ホッキョクグマが現れる場所がゴミコンテナであるのは、前庭に現われた「ブルーノ」と同じくらい危険なことである。北極地方の動物は、アフリカやアマゾン盆地の動物と同様、危機的状況に瀕するであろう。そこで生活圏を拡大し続ける人間と共存しながら、いかに人間が動物園の外でも動物の生き残りを保障できるか、という真剣な構想が必要になってくる。

排気ガスが温室効果を引き起こすのか、エアロゾルが寒冷化にプラスに働くのかという問題とは全く関係なく、大気汚染との闘いは有意義である。しかし地球の人口密集地では、住民の移動は**新石器時代**ほど容易ではないので紛争を招くであろう。したがって、地球共同体は気候変動を限度内に抑えることに関心をもたなくてはならない。そして気候変動への準備をし（**順応**）、大きな気候変動を阻止しなくてはならない（**緩和**）。両戦略が相争うことは時々あることなのだが、全く意味のないことだ[16]。

二十一世紀の挑戦としての気候政策

地球温暖化の現実とそれへの人為的関与については、一世代かけた研究の後に、科学者間の幅広い合意ができあがっている[17]。この研究結果の解釈に関してはいくつか相違点がある。地球はあたかも女神ガイアのように、自動的に働く自然のサーモスタットを常に備えている、とジェームズ・ラブロックは**ガイア仮説**で論じている[18]。しかし、彼の「楽観的エコロジー」はもはや何の共感も得られない。気候学者の中には依然として、我々は氷期に向かっている、と考える者もいる。地質学者のリチャード・B・アレイは今なお次のような問題提起をしている。「過去一万年間の最寒冷期である**小氷期**こそ、新たな大氷期に至る第一歩だったのではないか。なぜなら過去の間氷期はいずれも一万年以上続いたことはなかったからだ[19]」。このため、人為的温暖化は氷期への急転を防ぐ働きをしているのだから天の恵みなのだという、公正を期していない結論がすでに引き出されている。しかしながら、温暖化が長期の平均気温を押し上げるだけでなく、忍び寄る寒冷化を相殺しているならば、温暖化はそもそも、予想よりもはるかにドラマチックではないか、という疑問も投げかけられている。

大半の研究者は、地球温暖化を今後の世代の大問題とみている。その際、人為的関与がどの程度なのかは、実際の方策として明示する必要はない。温暖化の原因に対処し、その結果に対する予防措置を講じることこそが、肝要である。考えられる措置の多くは、コストがかかり過ぎるわけでもなく、それどころか気候変動にかかわりなく有意義でさえあるのだ。例えば、化石燃料消費のための隠れた助成金の撤廃、健康を害する排気ガスの削減、森林保護、断熱材の改良などがこれに該当する。これらの措置のうちのいくつかは、世界的な機関や政府に委ねるまでもなく、地域レベル、またさらに個々の会社や家庭で実行が可能である。アメリカの都市の多くはこれを認識し、政府の出した基準値に逆らって独自の気候政策を取り入れた。またその一方で、安価で簡単な変革の効果は限られ、気候に効果的な措置への国際協調が緊急に必要となってくる。こうした交渉をすることによって国際社会は、今以上に徹底的な措置が必要となる未来に向けて備えをすることになるだろう[20]。

小氷期の例をみれば明らかなように、比較的規模の小さい温暖化でも生活環境を著しく変えてしまう。二酸化炭素排出量の増加を抑え、少なくとも世界全体の排出量を大幅に抑制し続けることが今後とも必要であろう。**ドイツ連邦政府気候変動科学諮問委員会**はこの水準を四五〇ｐｐｍに設定したが、これは計算上、地球の平均地表温度が二℃上昇することに相当する。この数値以下なら大きな災害は想定されないが、それ以上になるとほとんど予想できない[21]。したがって、政治は自然からの挑戦に直面する。この問題は国家レベルでは解決できないことが、事態を容易ならざるものにしている。しかし人間はすでにこの地球システムの気候に影響を及ぼしているので、この挑戦に対してともに答えを見出さなくてはならない。**挑戦と応戦**、これこそアーノルド・トインビーがその主著『**歴史の研究**』の中で、文明の興亡の構想を練るために用いた基本概念であった[22]。これは今日なお意義深い。気候変動は我々世代への挑戦である。我々がどう応戦するかにかかっているのは、地球の安泰ではなく、おそらく我々自身の安泰であろう。

地球が燃え尽きるのは――まだ先のこと

太陽系の誕生から始まる書物には、いわば最後通告的な結末が示されている。地質学の尺度では人類の歴史は短い。五十億年と比べて三万年など何であろう。そして地質学者たちがさらに続くと考える、地球の今後の五十億年に比較すると、我々が将来に向けて計画している三世代など何であろう。**ポツダム気候影響研究所**からは、破滅へ向かう次のような予想が出されている。「約八億年後には平均気温は三〇℃まで上昇するはずであるが、CO_2の量は今日の数値よりはるかに低く、それどころか最後の大氷期をも下回る。あらゆる高等生物は死に絶える。およそ十二億五千万年経つと気温は四〇℃、そして十六億年後では七〇℃まで上昇する。したがって、光合成はもはや不可能となり、我々の知る生命はその基盤を失う。大陸にはむき出しの岩石しか存在しない。平均気温が水の沸点を越えると大洋は蒸発する。さらに気温上昇があれば、プレート構造は消滅する。三十五億から六十億年後には我々の中心星、太陽は非常に膨張するため、地表温度は一千℃を超える。このような条件下では大気は消え、岩石は溶ける。この地球は誕生したときのように、灼熱地獄の惑星として終わりを告げる[23]」

　しかし事態は現在まだそれほど深刻ではない。そのような規模と比べれば、些細な温暖化のことをいっているにすぎない。本書、気候の文化史には寒さと干ばつのほうが文明の敵であることを裏付ける実例が満ちている。**小氷期**を手がかりにして、平均気温のわずかな変動でさえ途方もない影響を招くことを我々はみてきた。その際、運不運は公平に分配されるわけではない。イタリアでルネサンス文化が花開き、他方グリーンランドではバイキングが死に絶えた。二〇〇三年夏の並はずれた猛暑に、フランスでは数千人の高齢者が熱中症と脱水症で死亡した。事前にもう少し備えがあれば、これは避けることができたかもしれない。オーストリア、ドイツ、スイスではこのような事態は生じなかった。空調の利いた環境や浜辺では、暑い日々も恐れることはなかった。**地球温暖化**には何らかの適応をする必要もあろうし、変化も起き

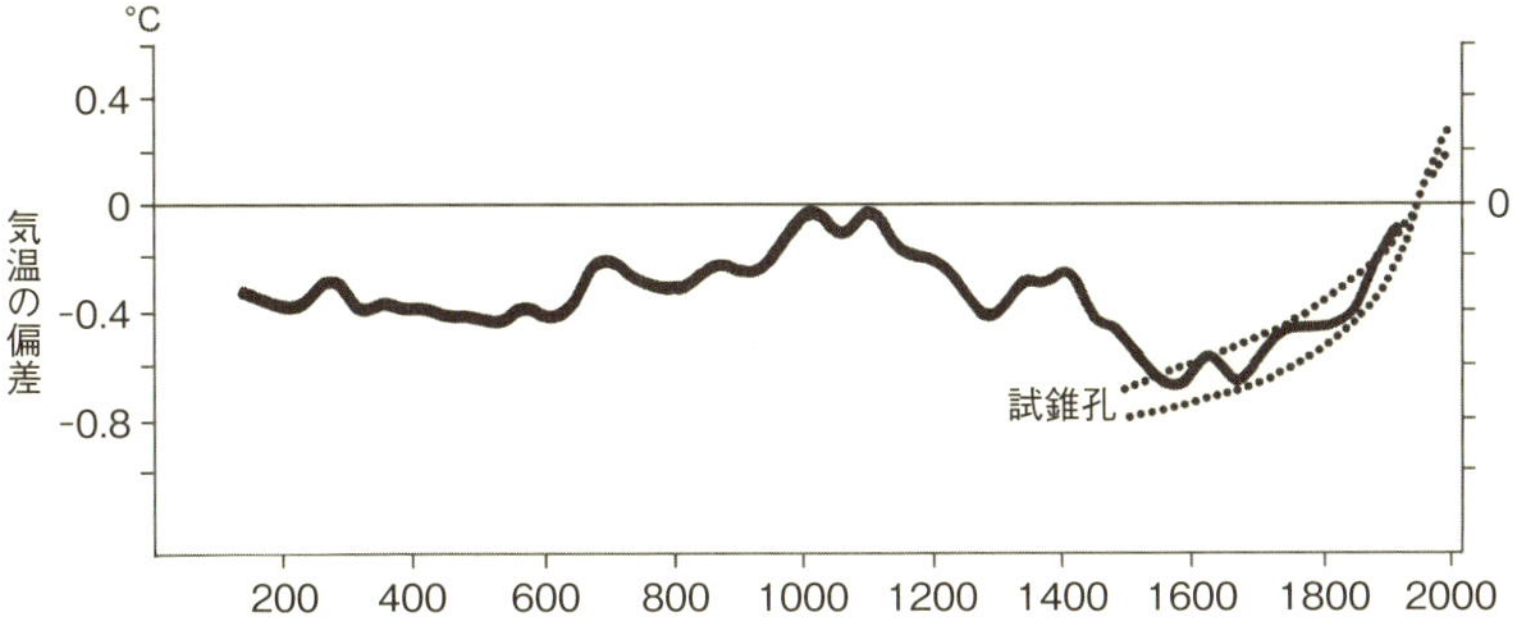

図44　最近の深海ボーリングによる、地球の過去2000年間の気温変化。あのホッケースティック曲線（図２参照）がこの図のどこにあるだろうか。また、CO_2濃度（図40参照）によって気温が決定されるという結構な理論に対して、この図は何を物語っているのだろう。ここに算出された気温推移は1990年のIPCC報告書（図１参照）に驚くほど似ている。

るであろう。その場合、冬が温暖になることで死者、失業者、病人の数がどの程度減少するか、という計算に耳を傾けるのもいいだろう。環境保護論者の論理の行き詰まりを、ハラルド・マルテンシュタインは的確にコメントしている。「地球の片隅で数の減る種があると、助けてという叫びが起こる。しかしまた別の片隅で増える種があれば、これはまたよからぬことなのだ[24]」

ヨアヒム・ラドカウは仕事仲間に関してこう記している。「多くの環境史学者にとって、このうえなく不快な未知数は気候の因子である。環境史の中にモラルや**メッセージ**を追求する者にとって、意味のない妨害因子だ。少なくともそれは、気候への人間の影響がなかった、歴史上最も長い期間についていえることなのだ[25]」。しかし人為的温暖化の時代にも、モラルの問題はそれほどたやすく解決できるものではない。既存の物の信奉者は環境破壊の罪という言葉を使う。しかしながらアルゼンチンの畜産家やインドネシアの米作農家も、テキサスの石油会社や中国の石炭発電所経営者と同じく、この気候破壊者の範疇に入る。罪の文化を説く者は、悔悛や懺悔《ざんげ》だけではなく、気候変動の犠牲者に代わり罰を要求する。しかしそれは、世界的な合意がある場合か、またはスターリン主義的な環境保護の世界組織の援助（これはないに越したことはないが）がある場合にのみ、法的に可能になることであろう。最大排出国の数カ国はこれまで排出量取引に参入さえしていなかった。良識ある国々は自国の排出量の削減に向かい、この輪が広がっていくことだろう。

気候学者たちが気候システムの慣性を当然だと考えているならば、我々としても奇跡を期待すべきではない。世界のあらゆる国々が模範的に行動し、排出ガスを徹底的に減らすとしても、やはり地球は温暖化するだろう。これは人をいらだたせるかもしれない。しかし、氷期が目前に迫っている、という過去の予測よりも好ましい情報だ。寒冷化では常に社会が深刻なショックに見舞われた。これに対して温暖化は、時には文化的に花開く結果をもたらした。もし我々が文化史から何か学び取ることができるとすれば、次のことではないか。「人類はたしかに『氷期の子供』であった。しかし文明は温暖期の産物なのだ」。**新石器革命**も古代高度文明の成立も、現在よりいくぶん温暖な時代に可能になった。ＩＰＣＣの最新の予測が正しいとすれば、我々はこの気温を二十一世紀のいつかある時点で再び経験することになるだろう。そのときアルプスの氷河は溶けるだろうが、南極では溶けないだろう。燃料費は減り、化石燃料の消費も少なくなるだろう。砂漠はどうなるのだろうか。本当に砂漠は広がるのだろうか。**アトランティック期**には、大量の水が大気中に循環し、サハラ砂漠は肥沃な土地であった（図15参照）。

未来は予想しがたい。堅実な科学者なら、あの**ノストラダムス**を演じないように用心すべきなのだ。コンピュータシミュレーションは、ある前提のもとでデータ入力する限り、その前提以上のものは期待できない。描き出されるのは予測であって、未来ではない。自然科学の歴史は、間違った理論や誤った予測の歴史でもある。自然科学の年代測定法の不精確さを知ることは興味深い。放射性炭素年代測定やその他の物理学的方法による正確な年代は、役に立つ状態になるように「修正」しなくてはならない。具体的にいえば、歴史の年代記を通してのみ、「正確な」自然科学を正しい軌道に乗せることが可能なのだ。人文科学の年に際していわれたことだが、人文科学者たちはそのような不正確さには慣れていない。自然科学者がプラスマイナス百年と算出する期間についても、歴史家は日、時、分単位で厳密に時間を定める。自然科学は正確である、という幻想は抱かない方がよい。

本著『気候の文化史』は、気候変動の文化的、社会的影響を扱い、文化科学の秩序だった前提を知る、という意味をもつ[26]。さらに氷や泥からではなく、社会の古文書から得られるデータをおろそかにしない、という意味もある。歴史的方法と自然科学的方法の組み合わせが有益であることは、再三目の当りにすることができる[27]。気候の文化史は、気候が絶えず変動を繰り返し、社会はそれに対応しなくてはならなかったことを明らかにしている。その際、終末論的予想は一度も役立つことはなかった。それを見極めようと、魔女狩りや古代エジプト王朝崩壊まで遡る必要はない。一九七〇年代に地球寒冷化との闘いのために計画された対策と、今日地球温暖化との闘いのために議論されている対策とを比べるだけでよい。気候学者には、気候史について語るときには中庸を勧めたい。そして社会と文化に関わる場合には慎重さを勧めたい。

気候は変わる。気候は絶えず変化を繰り返してきた。それにどう関わっていくかは文化の問題だ。ここで役に立つのは歴史の知識である。気候変動は恐ろしい、と考えられることが多かった。当たらぬ予言者も道徳熱心な経営者も、そこから自分たちの利益を引き出そうと常に努めてきた。気候変動の解釈を、文化史に無知な者に委ねてはならない。人間は、生活環境の変化を受け入れるしかない動物とは違う。最近の歴史の中で、気候変動はプラスの作用をもたらした。現在のこの気候変動は今のところ長く続きそうだが、冷静沈着にと勧めたい。この世界が破滅することはないだろう。より温暖になるならば、我々はそれに順応していくだろう。古典ラテン語の格言を思い出してみよう。**Tempora mutantur, et nos mutamur in illis. 時代は変わり、それとともに我らもまた変わる。**

あとがき

本書の製作にあたっては、専門分野の研究に今日多くの学問分野が関わっており、作業は予想以上に難航した。さまざまな分野との意見交換は、時間、忍耐、支援を必要とする。Ｄｒハルトムート・レーマン教授、Ｄｒクリスチャン・プフィスター教授、ならびに我が**マックス・プランク歴史研究所**の気候協議会メンバーとの共同研究がインスピレーションの源であった。研究のための長期有給休暇の優先認可、ならびに**歴史文化研究グループ**のための継続的な資金援助に対し、私の所属大学および、学長のＤｒマルガレート・ヴィンターマンテル教授、Ｄｒフォルカー・リンネヴェーバー教授に特別の感謝を捧げたい。そして、共に考察を進めながらこのプロジェクトを支えてくれた研究仲間、マライケ・ケルン、アニカ・ラウアー、シュテファン・ローゼンケの各氏にも感謝申し上げる。家族には、あの世紀の夏の休暇中にさえ、私がこのテーマに没頭していたことを申しわけなく思う。しかし、新聞を開く度にこのテーマの重要性にぶつかっていたのだ。

訳者あとがき

本書はヴォルフガング・ベーリンガー（Wolfgang Behringer）著『Kulturgeschichte des Klimas von Eiszeit bis zur globalen Erwärmung』（二〇〇八年）の全訳である。著者は歴史家の立場から人類の文化を気候の変遷と関連づけて、科学的なデータを示しながら分かりやすく論じている。

昨今、気候変動が声高に叫ばれ、特に地球温暖化については、その原因の究明と温暖化阻止へ向けてのさまざまな提言に世界中が注目している。そして温暖化の元凶は、人間活動による大気中の二酸化炭素濃度の上昇というのが主流の意見である。このため世界はその削減のために基準をもうけることとなった。しかし、果たして現代の温暖化の原因は二酸化炭素の過度の排出によるものなのだろうか。

地球の誕生以来、気候は変動を繰り返してきた。科学技術の発達によって、最近では地質学上の古い時代の気候も明らかになってきた。さらに人類が出現してからは、多くの遺物や文献からもかなり正確に過去の気候が特定できる。豊富な資料により現在に至るまでの気候が解明されたことによって、著者は有史以来の気候と文化との関係を明確に述べている。

現在は地質学上、新生代第四紀完新世であり、その完新世は約一万年前から始まった。今私たちは新生代の氷河期に生きている。しかし、氷河期にも寒冷な氷期と比較的温暖な間氷期とがあり、現在の完新世は間氷期である。さらに、その間氷期にも小氷期や温暖期があり、その時々で人々は気候に適応し、また立ち向かってきた。本書では古代の高度文明の興亡も、中世の日々の生活、芸術、迫害や政治体制の変化も、いかに気候の影響を受けた結果であったかが綴られている。

この翻訳に当たっては、共にドイツ語翻訳を学んできたメンバー六人が、話題性に富み興味深い本を探していたところ、この原書に出会った。内容が多岐にわたるため、その裏付け作業や翻訳の度重なる推敲などで、出版に至るまでには三年の年月を費やした。翻訳はそれぞれ分担して行った後、全員で原文と訳文を突き合わせて文章を練り直した。著者が気候に対して常に中立的な立場をとりながら多くの実例を示しているため興味深く、訳者自身も新しい知識を得ることができた。また、六人のメンバーが異なる視点を生かして検討したことは、翻訳に大いに役立った。読者の皆様にも、気候に関するマスコミ報道と合わせて読んで頂き、さらなる理解の一助となることを願ってやまない。

最後にこの出版にご尽力下さった丸善プラネット（株）の坂本真一氏に心から感謝申し上げたい。

二〇一三年　秋

訳者一同

註

まえがき—第五版によせて

1. Nicholas Stern, Der Global Deal.Wie wir dem Klimawandel begegnen und ein neues Zeitalter von Wachstum und Wohlstand schaffen, München 2009.
2. Andrew C. Revkin, Hacked E-Mail is new Fodder for Climate Dispute, in: The New York Times, 20. November 2009. – http://en.wikipedia.org/wiki/Climatic_Research_Unit_documents.
3. Chris Irvine, Climategate: Phil Jones accused of making error of judgement by colleague, in: The Daily Telegraph, 3. Dezember 2009. – Ben Webster/Jonathan Leake, Scientist in stolen e-mail scandal hid climate data, in: Timesonline, 28. Januar 2010.
4. Gerald Traufetter, Abschmelzendes Vertrauen: Wie zuverlässig sind die Vorhersagen des Weltklimarats?, in: Der Spiegel Nr. 4, 25. Januar 2010, S. 124–126.
5. Rettet den Weltklimarat! IPCC-Debatte, in: Der Spiegel 25. 01. 2010. – Quirin Schiermaier, IPCC flooded by criticism, in: Nature 463 (4. Febr. 2010) S. 596–597. – Otmar Edenhofer, Pannenserie: IPCC kommt auf den Prüfstand, in: FAZnet, 10. Februar 2010. – Christopher Schrader, Forscher fordern Pachauris Rücktritt, in: Süddeutsche Zeitung, 11. Februar 2010, S. 22. – Kritik am Weltklimarat (dpa), in: SZ v. 17. Febr. 2010, S. 8.
6. John R. Christy, Open debate: Wikipedia-style, in: Nature 463 (11. Feb. 2010), S. 732.

序章　はじめに

1. James Lovelock, Unsere Erde wird überleben. Gaia. Eine optimistische Ökologie, München 1982.
2. Climate of Distrust (anonym), in: Nature 436 (2005) 1.
3. James J. McCarthy et al. (Hg.), Climate Change 2001: Impact, Adaptation and Vulnerability. Contribution of the Working Group II to the Third Assessment of the IPCC, Cambridge UP 2001.
4. Spencer Abraham, The Bush Administrations's Approach to Climate Change, in: Science 305 (2004) 616–617.
5. Michael E. Mann/Raymond S. Bradley/Malcolm K. Hughes, Global-Scale temperature patterns and climate forcing over the past six centuries, in: Nature 392 (1998) 779–787.
6. Michael E. Mann et al., Northern Hemisphere temperatures during the past

millennium: Interferences, Uncertainties, and Limitations, in: Geophysical Research Letters 26 (1999) 759–762.
7. Brockhaus Enzyklopädie in 30 Bänden, 21., völlig neu bearbeitete Auflage, Bd. 16, Mannheim 2006, 127.
8. John T. Houghton et al. (Hg.), Climate Change 1995. The Science of Climate Change. Contribution of Working Group I to the Second Assessment of the IPCC, Cambridge UP 1996.
9. Robert F. Kennedy jr., Crimes against Nature, New York 2004, 46.
10. Paul Andrew Mayewski/Frank White, The Ice Chronicles, London 2002,44–49.
11. Stephen H.Schneider,Global Warming,New York 1990.—
シュナイダーは1960年代においては人為的寒冷化を喧伝する一人であったが、すでに1970年代初めには、地球温暖化へと考えを転向させた。
12. The Economist,Editorial, 2.Februar 2002 からの引用。
シュナイダーはGlobal Warming, New York 1990, xi:《… capture the public's attention, if not its imagination, in order to create positive change. Often this means simple and dramatic statements—the easiest way to get media coverage》と全く同様の内容を述べている。
13. Stefan Rahmstorf, Klimawandel – rote Karte für die Leugner, in: Bild der Wissenschaft (2003) – PDF-Datei von der homepage Rahmstorfs: www.pik-potsdam.de
14. Ulrich Cubasch/Dieter Kasang, Anthropogener Klimawandel, Gotha 2000.
15. Quirin Schiermeier, Past Climate comes into focus but warm forecast stays put, in: Nature 433 (2005) 562 f.
16. Christopher Schrader, Der Wandel bleibt. Ein politischer Großangriff auf die Klimaforschung endet als Scharmützel, in: Süddeutsche Zeitung, 4. August 2006, S. 16.
17. Hermann Flohn, Das Problem der Klimaänderungen in Vergangenheit und Zukunft, Darmstadt 1985, 120.

第1章　気候について

1　気候史解明の手がかり

1. Rolf Meissner, Geschichte der Erde, München 2004, 54 ff.
2. John Imbrie/Katherine Palmer-Imbrie, Die Eiszeiten, Düsseldorf 1981, 161 f.（邦訳『氷河時代の謎をとく』）
3. Cesare Emiliani, Pleistocene Temperatures, in: Journal of Geology 63 (1955) 538–578.
4. リビーは放射性炭素同位体測定の考案により、1960年にノーベル化学賞を受賞した。
5. Wilhelm Lauer/Jörg Bendix, Klimatologie, Braunschweig 2004, 280 f.

6. Eugen Seibold, Das Gedächtnis des Meeres: Boden, Wasser, Leben, Klima, München 1991.
7. Richard Alley, The Two-Mile Time Machine, Princeton 2002.（邦訳『氷に刻まれた地球11万年の記憶：温暖化は氷河期を招く』）
8. Claus U. Hammer et al., Past volcanism and climate revealed by Greenland ice cores, in: Journal of Volcanology and Geothermal Research 11 (1981) 3–10.
9. Willi Dansgaard et al., One thousand Centuries of Climatic Record from Camp Century on the Greenland Ice Sheet, in: Science 166 (1969) 377–381.
10. Debra A. Meese et al., The Accumulation of Record from GISP2 core as an indicator of climate change throughout the Holocene, in: Science 266(1994) 1680–1685.
11. J. R. Petit et al., Climate and atmospheric history of the past 420 000 years from the Vostok ice core, Antarctica, in: Nature 399 (1999) 429–436.
12. EPICA, Eight Glacial Cycles from an Antarctic Ice Core, in: Nature 429 (2004) 623–628.
13. Paul Andrew Mayewski/Frank White, The Ice Chronicles, London 2002.
14. Stefan Winkler, Von der «Kleinen Eiszeit» zum «globalen Gletscherrückzug», Stuttgart 2002.
15. Fritz H. Schweingruber, Der Jahrring, Bern/Stuttgart 1983.
16. George J. Gumerman, The Anasazi in a Changing Environment, New York 1988, 279.
17. Regiomontanus, Ephemerides ab anno 1475–1506, Nürnberg 1474.
18. Christian Pfister,Wetternachhersage, Bern 1999, 18 f.
19. Jean M. Grove/A. Battagel, Tax records from western Norway as an index of the Little Ice Age environmental and economic deterioration, in: Climatic Change 3 (1983) 265–282.
20. Walter Bauernfeind/Ulrich Woitek, The Influence of Climatic Change on Price Fluctuations in Germany during the 16th century price revolution, in: Climatic Change, Vol. 43 (1999), 303–321.
21. Wilhelm Lauer/P. Frankenberg, Zur Rekonstruktion des Klimas im Bereich der Rheinpfalz seit Mitte des 16. Jahrhunderts mit Hilfe der Weinquantität und Weinqualität, Stuttgart 1986.
22. Christian Pfister, Klimageschichte der Schweiz 1525–1860, Bern/Stuttgart 1988.
23. Rüdiger Glaser, Klimageschichte Mitteleuropas, Darmstadt 2001.
24. Christian Pfister,Wetternachhersage, Bern 1999.
25. Karl Brunner, Ein buntes Klimaarchiv – Malerei, Graphik und Kartographie als Klimazeugen, in: Naturwissenschaftliche Rundschau 56 (2003) 181–186.
26. Gordon Manley, Central England temperatures: monthly means 1659 to 1973, in: Quarterly Journal of the Royal Meteorological Society 100 (1974) 389–405.

27. Christian Pfister, Wetternachhersage, Bern 1999, 26–29.

2 気候変動の原因

1. ミランコビッチの名前をキリル文字から書き替えると、さまざまな表記となる。ドイツではMilankowitsch、アメリカではMilankovitchまたはMilankovicとなる。
2. W. H. Berger/T. Bickert/E. Jansen/M. Yasuda/G.Wefer, Das Klima im Quartär – Rekonstruktion aus Tiefseesedimenten mit Hilfe der Milankovitch-Theorie, in: Geowissenschaften 12 (1994) 258–266.
3. N. H. Shackleton/N. D. Opdyke, Oxygen Isotope and Palaeomagnetic Stratigraphy of Equatorial Pacific Core V28–238, in: Journal of Quaternary Research 3 (1991) 39–55.
4. Paul Andrew Mayewski/Frank White, The Ice Chronicles, London 2002, 97–110.
5. Jean-Marc Barnola et al., Reconstruction des variations du CO_2 atmosphérique en relation avec le climat au cours des derniers 160 000 ans à partir de la carotte de Vostok (Antarctique), in: Burkhard Frenzel (Hg.), Klimageschichtliche Probleme der letzten 130 000 Jahre, Stuttgart/New York 1991, 225–230.
6. Stefan Rahmstorf/Hans Joachim Schellnhuber, Der Klimawandel, München 2006, 17 f.
7. Nico Stehr/Hans von Storch, Klima,Wetter, Mensch, München 1999, 73.
8. Steven M. Stanley, Krisen der Evolution, Heidelberg 1988.
9. Hugh C. Owen, Atlas of Continental Displacement, 200 Million Years to the Present, Cambridge 1983.
10. Josef Klostermann, Das Klima im Eiszeitalter, Stuttgart 1999, 224 f.
11. Henry Stommel/Elizabeth Stommel, Volcano Weather, Newport 1983.
12. Tom Simkin/Lee Siebert, Volcanoes of the World. A Regional Directory, Gazetteer, and Chronology of Volcanism During the Last 10 000 Years, Tucson/Arizona 1994, 23–34.
13. Michael R. Rampino et al., Volcanic Winters, in: Annual Revue of Earth and Planetary Science 16 (1988) 73–99.

3 地球誕生以降の古気候

1. Rolf Meissner, Geschichte der Erde, München 2004, 12, 17–21.
2. Brockhaus Enzyklopädie in 30 Bänden, 21. Auflage, Bd. 10, Mannheim 2006, p. 498, mit der neuen Nomenklatur der *International Commission on Stratigraphy* von 2004.
3. Peter Hupfer/Wilhelm Kuttler (Hg.), Witterung und Klima, Wiesbaden 2005, 280.
4. Rolf Meissner, Geschichte der Erde, München 2004, 49 ff.
5. Lazarus J. Salop (Hg.), Geological Evolution of the Earth during the Precambrian, Berlin 1983.

6. Rolf Meissner, Geschichte der Erde, München 2004, 54.
7. Gabrielle Walker, Schneeball Erde, Berlin 2005.（邦訳『スノーボール・アース：生命大進化をもたらした全地球凍結』）
8. 古生代は**カンブリア紀**、**オルドビス紀**、**シルル紀**、**デボン紀**、**石炭紀**、**ペルム紀**で構成されている。
9. 中生代は**三畳紀**、**ジュラ紀**、**白亜紀**で構成されている。
10. 新生代は**暁新世**、**始新世**、**漸新世**、**中新世**、**鮮新世**、**更新世**、**完新世**で構成されている。旧来の**第三紀**と**第四紀**の区切りは**鮮新世**（180万～200万年前）の後に置かれている。これに対し、新しく**古第三紀**と**第四紀**の区切りは**漸新世**（2400万年前）の後とされ、**第四紀**の始まりとした。
11. Rolf Meissner, Geschichte der Erde, München 2004, 53 f.
12. P. M. Sheehan, The Late Ordovizian mass extinction, in: Annual Review of Earth and Planetary Science 29 (2001) 331–364.
13. M. M. Joachimski/W. Buggisch, Conodont apatite delta O18 signatures indicate climatic cooling as a trigger of the Late Devonian mass extinction, in: Geology 30 (2002) 711–714.
14. Douglas H. Erwin, The Great Paleozoic Crisis. Life and Death in the Permian, New York 1993.
15. G. Bloos, Untergang und Überleben am Ende der Trias-Zeit, in: Wolfgang Hansch (Hg.), Katastrophen der Erdgeschichte – Wendezeiten des Lebens, Heilbronn 2003, 128–143.
16. J. David Archibald, Dinosaur Extinction and the End of an Era, New York 1996.
17. Steven M. Stanley, Krisen der Evolution, Heidelberg 1988, 101–116, Zitat p. 101.
18. W. M. Kürschner/H. Visscher, Das Massenaussterben an der Perm/Trias-Grenze: die «Mutter» aller Naturkatastrophen, in:Wolfgang Hansch (Hg.), Katastrophen der Erdgeschichte – Wendezeiten des Lebens, Heilbronn 2003, 118–127.
19. Steven M. Stanley, Krisen der Evolution, Heidelberg 1988, 119–139.
20. V. Moosbrugger, Das große Sterben vor 65 Millionen Jahren, in:Wolfgang Hansch (Hg.), Katastrophen der Erdgeschichte – Wendezeiten des Lebens, Heilbronn 2003, 144–153.
21. Kenneth J. Hsü, Die letzten Jahre der Dinosaurier, Basel 1990.
22. Steven M. Stanley, Krisen der Evolution, Heidelberg 1988, 51, 141–178.
23. 旧来の専門用語に従えば、**新生代**は、**第三紀**（6500万年前から200万年前まで）と**第四紀**（200万年前から今日まで、すなわち、**更新世**と**完新世**から成る）に分かれる。新しい分類法に従えば、この同じ時代が、**古第三紀**（6500万年前から2300万年前まで）と**第四紀**（2300万年前から今日まで）に分けられている。古第三紀には**暁新世**、**始新世**、**漸新世**が、第四紀には**中新世**、**鮮新世**、**更新世**、**完新世**が分類されている。
24. Rolf Meissner, Geschichte der Erde, München 2004, 100 ff.

25. Hans-Jürgen Müller-Beck, Die Eiszeiten, München 2005, 36.
26. Brockhaus Enzyklopädie, 21. Aufl., Bd. 7 (2006), 646–649.
27. Hans-Jürgen Müller-Beck, Die Eiszeiten, München 2005, 60–68.
28. Josef Klostermann, Das Klima im Eiszeitalter, Stuttgart 1999, 192 f.
29. Richard Leakey/Roger Lewin, Der Ursprung des Menschen, Frankfurt/Main 1993, 99 f., 174.
30. Josef H. Reichholf, Das Rätsel der Menschwerdung, München 2004, 142–149.
31. Richard Leakey/Roger Lewin, Der Ursprung des Menschen, Frankfurt/Main 1993, 174 f.
32. Hans-Jürgen Müller-Beck, Die Eiszeiten, München 2005, 70.
33. Göran Burenhult, Dem Homo Sapiens entgegen. Vor 2,5 Millionen bis 35 000 Jahren. Habilinen, Erectinen und Neandertaler, in: Göran Burenhult (Hg.), Menschen der Urzeit. Die Frühgeschichte der Menschheit von den Anfängen bis zur Bronzezeit, Köln 2004, 55–73.（邦訳『図説人類の歴史　人類のあけぼの』）
34. R. Said/Hugues Faure, Chronological Framework: African pluvial and glacial epochs, in: Joseph Ki-Zerbo (Hg.), General History of Africa, I: Methodology and African Prehistory, Paris 1989, 146–166.

第２章　地球温暖化——完新世

１　氷期の子供

1. John Gribbin/Mary Gribbin, Kinder der Eiszeit, Basel 1992.（邦訳『地球生命35億年物語：進化の秘密は氷河期にあった』）
2. William I. Rose/Craig A. Chesner, Worldwide dispersal of ash and gases from earth's largest known eruption: Toba, Sumatra, 75 ka, in: Palaeogeography, Palaeoclimatology, Palaeoecology 89 (1990) 269–275.
3. Michael R. Rampino/Stanley H. Ambrose, Volcanic Winter in the Garden of Eden: The Toba Supereruption and the late Pleistocene human population crash, in: Floyd W. McCoy/Grant Heiken (Hg.), Volcanic Hazards and Disasters in Human Antiquity, Boulder/Colorado 2000, 71–82, p. 75.
4. Ann Gibbons, Pleistocene Population Explosions, in: Science 262 (1993) 27–28.
5. Stanley H. Ambrose, Late Pleistocene human population bottlenecks, volcanic winter, and differentiation of modern humans, in: Journal of Human Evolution 34 (1982) 623–651.
6. Michael S. Rampino/Stephen Self, Volcanic winter and accelerated glaciation following the Toba super-eruption, in: Nature 359 (1992) 50–52.
7. R. Said/Hugues Faure, Chronological Framework: African pluvial and glacial epochs, in: Joseph Ki-Zerbo (Hg.), General History of Africa, I: Methodology and African Prehistory, Paris 1989, 146–166.
8. Göran Burenhult, Dem Homo Sapiens entgegen. Vor 2,5 Millionen bis 35 000

Jahren. Habilinen, Erectinen und Neandertaler, in: Göran Burenhult (Hg.), Menschen der Urzeit, Köln 2004, 55–73.（邦訳『図説人類の歴史　人類のあけぼの』）

9. Brian Fagan, Die ersten Indianer, München 1990.
10. Göran Burenhult, Der moderne Mensch in Afrika und Europa.Vor 200 000 bis 10 000 Jahren. Außerhalb Afrikas: Die Anpassung an die Kälte, in: Göran Burenhult (Hg.), Menschen der Urzeit, Köln 2004, 77–95.（邦訳『図説人類の歴史　人類のあけぼの』）
11. Gerhard Bosinski, Die Anfänge der Kunst. Das Jungpaläolithikum in Deutschland, in: Menschen, Zeiten, Räume. Archäologie in Deutschland, Stuttgart 2003, 113–118.
12. H. Kirchner, Ein archäologischer Beitrag zur Urgeschichte des Schamanismus, in: Anthropos 47 (1952) 244–286.
13. Jean Marie-Chauvét, Grotte Chauvet, Sigmaringen 1995.
14. Göran Burenhult, Der moderne Mensch in Afrika und Europa.Vor 200 000 bis 10 000 Jahren. Außerhalb Afrikas: Die Anpassung an die Kälte, in: Göran Burenhult (Hg.), Menschen der Urzeit, Köln 2004, 77–95.（邦訳『図説人類の歴史　人類のあけぼの』）
15. Ebd.
16. Paul S. Martin, Prehistoric Overkill: The Global Model, in: Paul S. Martin/R. G. Klein (Hg.), Quaternary Extinctions: A Prehistorical Revolution, Tucson/Arizona 1984, 354–403.
17. R. Musil, Das Aussterben der Pleistozänen Großsäuger, in: Hansch (2003) 154–165.

2　地球温暖化と文明

1. Max Frisch, Der Mensch erscheint im *Holozän*. Eine Erzählung, Frankfurt 1979.
2. Stephen H. Schneider/Randi Londer, The Co-evolution of Climate and Life, San Francisco 1984, 92.
3. Thomas J. Cronin, Principles of Palaeoclimatology, New York 1999, 259.
4. Georg W. Oesterdiekhoff, Geographische Bedingungen der Weltgeschichte. Die Wechselwirkung von Klima, Bevölkerungswachstum und Landnutzung in der Evolution der Hochkulturen, in: Zeitschrift für Agrargeschichte und Agrarsoziologie 47 (1999) 123–132, p. 125.
5. Gerhard Bosinski, Die Anfänge der Kunst. Das Jungpaläolithikum in Deutschland, in: Menschen, Zeiten, Räume. Archäologie in Deutschland, Stuttgart 2003, 113–118.
6. Klaus Schmidt, Sie bauten die ersten Tempel, München 2006.
7. Stephen Mithen, After the Ice. A Global Human History, 20.000–500 BC, London

2003, 56–61.
8. Achim Brauer et al., High Resolution Sediment and Vegetation Responses to Younger Dryas Climate Change in varved lake sediments from Meerfelder Maar, Germany, in: Quaternary Science Reviews 18 (1999) 321–329.
9. Michael Baales, Zwischen Kalt und Warm. Das Spätpaläolithikum in Deutschland, in: Menschen, Zeiten, Räume. Archäologie in Deutschland, Stuttgart 2003, 121–123.
10. Daniel Schwemer, Die Wettergottgestalten Mesopotamiens und Nordsyriens im Zeitalter der Keilschriftkulturen.Wiesbaden 2001, 11–16.
11. John F. B. Mitchell, Greenhouse Warming: Is the mid-Holocene a Good Analogue?, in: Journal of Climate 3 (1990) 1177–1192.
12. Stephen Mithen, After the Ice. A Global Human History, 20.000–500 BC, London 2003, 153 f.
13. Claus Joachim Kind, Die letzten Jäger und Sammler. Die Mittelsteinzeit, in:Menschen, Zeiten, Räume. Archäologie in Deutschland, Stuttgart 2003,124–127. 年代に約2000年のずれがみられるが、おそらくBP-(before present)とAD-（Anno Domini）を混同したためであろう。－Wilhelm Lauer/Jörg Bendix Klimatologie, Braunschweig 2004, 285参照。
14. Alfred Rust, Der primitive Mensch, in: Golo Mann/Alfred Heuß, Propyläen Weltgeschichte. Eine Universalgeschichte, 10 Bde., Berlin 1960–1964, Bd. 1, 135–226, 218.
15. Hansjörg Küster, Geschichte der Landschaft in Mitteleuropa, München 1995, 66 ff.
16. Helmut Jäger, Einführung in die Umweltgeschichte, Darmstadt 1994, 25, datiert das *Atlantikum* hingegen auf den Zeitraum von 5500–250 v. Chr.
17. R. Said/Hugues Faure, Chronological Framework: African pluvial and glacial epochs, in: Joseph Ki-Zerbo (Hg.), General History of Africa, I: Methodology and African Prehistory, Paris 1989, 156 ff.
18. Wilhelm Lauer/Jörg Bendix, Klimatologie, Braunschweig 2004, 286 f.
19. Andreas Zimmermann, Der Beginn der Landwirtschaft in Mitteleuropa. Evolution oder Revolution?, in: Menschen, Zeiten, Räume. Archäologie in Deutschland, Stuttgart 2003, 133–134.
20. Stephen Mithen, After the Ice. A Global Human History, 20.000–500 BC, London 2003, 62–79.
21. Norbert Benecke, Der Mensch und seine Haustiere, Stuttgart 1994, 77–94, 143 ff.
22. Neil Roberts, The Holocene. An Environmental History. Oxford 1998.
23. Peter Bellwood/Gina Barnes, Steinzeitliche Bauern in Süd- und Ostasien, in: Göran Burenhult (Hg.), Menschen der Urzeit, Köln 2004, 335–354.（邦訳『図説人類の歴史』）

24. Hubert H. Lamb, Klima und Kulturgeschichte, Reinbek 1989, 149–154.
25. Herbert Jankuhn, Der Ursprung der Hochkulturen, in: Golo Mann/Alfred Heuß (Hg.), Propyläen Weltgeschichte. Eine Universalgeschichte, 10 Bde., Berlin 1960–1964, Bd. 2, 573–600, 576 f.
26. Georg W. Oesterdiekhoff, Geographische Bedingungen der Weltgeschichte. Die Wechselwirkung von Klima, Bevölkerungswachstum und Landnutzung in der Evolution der Hochkulturen, in: Zeitschrift für Agrargeschichte und Agrarsoziologie 47 (1999) 123–132, 126.
27. Norbert Benecke, Der Mensch und seine Haustiere, Stuttgart 1994.
28. Martin A. J.Williams/Hugues Faure (Hg.), The Sahara and the Nile, Rotterdam 1980.
29. Richard G. Klein, Jäger, Sammler und Bauern in Afrika. 1000 v. Chr. bis 200 nach Christus, in: Göran Burenhult (Hg.), Menschen der Urzeit, Köln 2004, 251–269, 255 f.（邦訳『図説人類の歴史　石器時代の人々』）
30. Ägypten, in: Brockhaus Enzyklopädie 1 (2006) 335–358, Sp. 341 ff.
31. Nil, in: Der Neue Pauly 8 (2000) Sp. 942–944.
32. Irenäus Matuschik/Johannes Müller/Helmut Schlichtherle, Technik, Innovation und Wirtschaftswandel. Die späte Jungsteinzeit, in: Menschen, Zeiten, Räume. Archäologie in Deutschland, Stuttgart 2003, 156–161.
33. Konrad Spindler, Der Mann im Eis, Innsbruck 1993.（邦訳『5000年前の男：解明された凍結ミイラの謎』）
34. John Baines/Jaromir Málek, Weltaltlas der Alten Kulturen: Ägypten, München 1980, 14.
35. Barbara Bell, The Dark Ages in Ancient History: I. The First Dark Age in Egypt, in: American Journal of Archaeology 75 (1971) 1–26.
36. Der Garten in Eden. 7 Jahrtausende Kunst und Kultur an Euphrat und Tigris, Mainz 1978, 8.
37. Claus Wilcke (Hg.), Das Lugalbandaepos,Wiesbaden 1969, 119.
38. Norman Yoffe, The Collapse of Ancient Mesopotamian States and Civilization, in: Norman Yoffee/George L. Cowgill (Hg.), The Collapse of Ancient States and Civilizations, Tucson/Arizona 1988, 44–68.
39. Peter B. DeMenocal, Cultural Responses to Climate Change during the Late Holocene, in: Science 292 (2001) 667–673, 669 f.
40. H. M. Cullen et al., Climate Change and the Collapse of the Akkadian Empire: Evidence from Deep Sea, in: Geology 28 (2000) 379–382.
41. Paul Andrew Mayewski/Frank White, The Ice Chronicles, London 2002, 102 f.
42. Herbert Kaufman, The Collapse of Ancient States and Civilizations as an Organizational Problem, in: Norman Yoffee/ George L. Cowgill (Hg.), The Collapse of Ancient States and Civilizations, Tucson/Arizona 1988, 219–235.

43. Harvey Weiss et al., The Genesis and Collapse of Third Millennium North Mesopotamiam Civilization, in: Science 261 (1993) 995–1004.
44. Daniel Schwemer, Die Wettergottgestalten Mesopotamiens und Nordsyriens im Zeitalter der Keilschriftkulturen,Wiesbaden 2001, 436.
45. Michael Jansen/G. Urban (Hg.), Mohenjo Daro, Leiden 1985.
46. G. Singh, The Indus Valley Culture, in: Archaeology and Physical Anthropology in Oceania 6 (1971) 177–189.
47. Hermann Kulke/Dieter Rothermund, Geschichte Indiens, München 1998,9–13, 25–44.
48. Barbara Bell, Climate and the History of Egypt: The Middle Kingdom, in: American Journal of Archaeology 79 (1975) 223–269.
49. Anthony F. Harding, Häuptlingstümer der Bronzezeit und das Ende der Steinzeit in Europa. 4500 bis 750 vor Christus, in: Göran Burenhult (Hg.), Menschen der Urzeit, Köln 2004, 315–333.
50. Klaus-Dieter Jäger/Vojen Lozek, Environmental conditions and land cultivation during the Urnfield Bronze Age in Central Europa, in: A. F. Harding (Hg.), Climatic Change in later prehistory, Edinburgh 1982, 162–178.
51. Mykene, in: Der Neue Pauly. Enzyklopädie der Antike, Bd. 8 (2000) Sp. 571–587.
52. William A.Ward/Martha Sharp Joukowsky, The Crisis Years: The 12th Century B. C. From Beyond the Danube to the Tigris, Dubuque/Iowa 1989.
53. Aristoteles Werke in deutscher Übersetzung, Hg. Ernst Grumbach, Bd. 12, Teil I Meteorologie, Darmstadt 1970, 34 f. (=Meteorologica, 1. Buch, Kapitel 15), 36.
54. Reid A. Bryson et al., Drought and the Decline of Mycenae, in: Antiquity 48 (1974) 46–50.
55. Reid A. Bryson/Thomas J. Murray, Climates of Hunger. Mankind and the World's Changing Weather, Madison/Wisc. 1977, 3–17.
56. Horst Klengel, Hungerjahre in Hatti, in: Altorientalische Forschungen 1 (1974) 165–174.
57. Hattusa, in: Der Neue Pauly. Enzyklopädie der Antike, Bd. 5 (1998) Sp. 185–198.
58. Juda und Israel, Judentum, in: Der Neue Pauly, Bd. 5 (1998) Sp. 1187–1200.
59. Hadad und Jahwe, in: Der Neue Pauli 5 (1998) Sp. 50–51, 841–843.
60. S. Grätz, Der strafende Wettergott. Erwägungen zur Traditionsgeschichte des Adad-Fluchs im Alten Orient und im Alten Testament [=Bonner Biblische Beiträge], Bodenheim 1998.
61. Stichworte Baal, Blitz, Dürre, Fieber, Finsternis, Flut, Hagel, Hunger, Korn, Pest, verdorren, vernichten, Wetter, in: Neue Konkordanz zur Einheitsübersetzung der Bibel. Bearbeitet von Franz Josef Schiersee. Neu bearbeitet von Winfried Bader, Darmstadt 1996.（バアル、稲妻、干ばつ、熱、暗闇、洪水、雹、飢餓、穀物、ペスト、干からびる、滅ぼす、荒天：共同訳聖書の新コンコルダンス〈聖書語

句索引〉）

62. Hubert H. Lamb, Reconstruction of the Course of the Postglacial Climate over the World, in: Anthony F. Harding (Hg.), Climatic Change in later prehistory, Edinburgh 1982, 11–32, Diagramm p. 30.
63. Kevin D. Pang et al., Climatic and Hydrologic Extremes in Early Chinese History: Possible Causes and Dates (abstract), in: Eos 70 (1989) 1095.
64. William W. Hallo, From Bronze Age to Iron Age inWestern Asia: Defining the Problem, in: William A.Ward/Martha Sharp Joukowsky, The Crisis Years: The 12th Century B. C. From Beyond the Danube to the Tigris, Dubuque/Iowa 1989, 1–9.
65. B.Weiss, The Decline of Late Bronze Age Civilizations as a Possible Response to Climatic Change, in: Climatic Change 4 (1982) 172–198.
66. Bernd Zolitschka et al., Humans and Climatic Impact on the Environment as Derived from Colluvial, Fluvial and Lacustrine Archives – Examples from the Bronze Age to the Migration Period, Germany, in: Quaternary Science Review 22 (2003) 81–100, p. 97.
67. Günter Smolla, Der «Klimasturz » um 800 vor Chr. und seine Bedeutung für die Kulturentwicklung in Südwestdeutschland, in: Festschrift Peter Goessler, Stuttgart 1954, 168–186.
68. Bernd Zolitschka et al., Humans and Climatic Impact on the Environment as Derived from Colluvial, Fluvial and Lacustrine Archives – Examples from the Bronze Age to the Migration Period, Germany, in: Quaternary Science Review 22 (2003) 81–100, p. 96.
69. Ludwig Pauli, Die Alpen in Frühzeit und Mittelalter, München 1981, 42–45.
70. M. Stuiver/B. Becker, High Precision decadal calibration of radiocarbon timescale, AD 1950 – BC 6000, in: Radiocarbon 35 (1993) 35–66.
71. John Baines/Jaromir Málek, Weltaltlas der Alten Kulturen: Ägypten, München 1980, 49.

3　ローマ時代の気候最良期から中世の温暖期へ

1. Wilhelm Lauer/Jörg Bendix, Klimatologie, Braunschweig 2004, 287.
2. B. D. Shaw, Climate, Environment and History: the case of Roman North Africa, in: T. M. L.Wigley/M. J. Ingram/G. Farmer (Hg.), Climate and History, Cambridge 1981, 379–403.
3. Hubert H. Lamb, Klima und Kulturgeschichte, Reinbek 1989, 173 f.
4. Georg W. Oesterdiekhoff, Geographische Bedingungen der Weltgeschichte. Die Wechselwirkung von Klima, Bevölkerungswachstum und Landnutzung in der Evolution der Hochkulturen, in: Zeitschrift für Agrargeschichte und Agrarsoziologie 47 (1999) 123–132, p. 126.

5. Bernd Zolitschka et al., Humans and Climatic Impact on the Environment as Derived from Colluvial, Fluvial and Lacustrine Archives – Examples from the Bronze Age to the Migration Period, Germany, in: Quaternary Science Review 22 (2003) 81–100, p. 98.
6. Christian-Dietrich Schönwiese, Klimaänderungen, Berlin 1995, 91.
7. Hubert H. Lamb, Klima und Kulturgeschichte, Reinbek 1989, 174 ff.
8. Herbert Franke/Rolf Trauzettel, Das Chinesische Kaiserreich, Frankfurt 1968, 74–116.
9. Franz Altheim, Geschichte der Hunnen, 5 Bde., 1962–1975.
10. Ulrich Fellmeth, Brot und Politik, Stuttgart 2001, 156 f.
11. Andreas Alföldi, Studien zur Geschichte derWeltkrise des 3. Jahrhunderts, Darmstadt 1967.
12. Severinus von Noricum, in: Lexikon des Mittelalters 7 (1999) Sp. 1805–1806.
13. Eugippius, Das Leben des Heiligen Severin, Essen 1986, 35.
14. Hubert H. Lamb, Klima und Kulturgeschichte, Reinbek 1989, 185 f.
15. Kenneth J. Hsü, Klima macht Geschichte, Zürich 2000, 43 f.
16. Herbert Franke/Rolf Trauzettel, Das Chinesische Kaiserreich, Frankfurt 1968, 117–187.
17. Helmut Jäger, Einführung in die Umweltgeschichte, Darmstadt 1994, 26.
18. Christian-Dietrich Schönwiese, Klimaänderungen, Heidelberg 1995, 81–86 passim.
19. Hubert H. Lamb, Reconstruction of the Course of the Postglacial Climate over the World, in: Anthony F. Harding (Hg.), Climatic Change in later prehistory, Edinburgh 1982, 11–32, Übersicht p. 21.
20. Hubert H. Lamb, Klima und Kulturgeschichte, Reinbek 1989, 182 f.
21. Christian-Dietrich Schönwiese, Klimaänderungen, Heidelberg 1995, 83 und 86.
22. Franz Georg Maier, Die Verwandlung der Mittelmeerwelt, Frankfurt 1968.
23. Bernd Zolitschka et al., Humans and Climatic Impact on the Environment as Derived from Colluvial, Fluvial and Lacustrine Archives – Examples from the Bronze Age to the Migration Period, Germany, in: Quaternary Science Review 22 (2003) 81–100, p. 96 ff.
24. Richard B. Stothers, Mystery cloud of AD 536, in: Nature 307 (1984) 344–345.
25. Gregor von Tours, Historiarum libri decem. Zehn Bücher Geschichten. Darmstadt 1977.
26. Georges Duby, The Early Growth of the European Economy, London 1974, 11 f.
27. Ebd., 8.
28. Pierre Riché, Die Welt der Karolinger, Stuttgart 1981, 42.（邦訳『中世の生活文化誌：カロリング期の生活世界』）
29. Ebd., 294 f.
30. Arno Borst, Lebensformen im Mittelalter, Frankfurt/Main 1973, 373 f.（邦訳『中

世の巻にて：環境　共同体　生活様式』）

31. Ebd., 374.
32. Annales Regni Francorum, (Hg.) Reinhold Rau, 124 f., nach: Hans-Werner Goetz, Leben im Mittelalter vom 7. bis zum 13. Jahrhundert, München 1986, 26.
33. Hans-Werner Goetz, Leben im Mittelalter vom 7. bis zum 13. Jahrhundert, München 1986, 27 f.（邦訳『中世の日常生活』）
34. Hubert H. Lamb, Klima und Kulturgeschichte, Reinbek 1989, 189 f.
35. D. A. Hodell et al., Possible Role of Climate in the Collapse of Classic Maya Civilization, in: Nature 375 (1995) 391–394.
36. T. Patrick Culbert, The Collapse of the Classic Maya Civilization, in: Norman Yoffee/George L. Cowgill (Hg.), The Collapse of Ancient States and Civilizations, Tucson/Arizona 1988, 69–101.
37. Richardson B. Gill, The Great Maya Droughts: Water Life and Death, Albuquerque/NM 2000.
38. Larry C. Peterson/Gerald H. Haug, 150 Jahre Trockenheit.Waren langjährige Dürren der Grund für den Niedergang der Maya?, in: Spektrum der Wissenschaft, Januar 2006, 42–48.
39. Gerald H. Haug et al., Southward Migration of the Intertropical Convergence Zone Through the Holocene, in: Science 293 (2001) 1304–1308.
40. B. G. Hunt/T. I. Elliot, A Simulation of the Climatic Conditions Associated with the Collapse of the Maya Civilization, in: Climatic Change 69 (2005) 393–407.
41. Henry F. Diaz/Vera Markgraf (Hg.), El Niño. Historical and Paleoclimatic Aspects of the Southern Oscillation, Cambridge 1992, 315.
42. Allison C. Paulsen, Environment and Empire. Climatic Factors in Pre-Historic Andean Culture Change, in: World Archaeology 8 (1976) 121–132.
43. Yoshshito Shimada et al., Cultural Impacts of severe Droughts in the prehistoric Andes: application of a 1500-year ice core precipitation record, in: World Archaeology 22 (1991) 247–270.
44. L. G. Thompson et al., Reconstructing interannual climate variability from tropical and subtropical ice-core records, in: Henry F. Diaz/Verena Markgraf, El Niño, Cambridge 1992, 295–322, p. 318.
45. Roger Y. Anderson, Long-Term Changes in the Frequency of Occurrence of El Niño Events, in: Henry F. Diaz/Vera Markgraf (Hg.), El Niño, Cambridge 1992, 193–200.
46. Hermann Flohn, Das Problem der Klimaänderungen in Vergangenheit und Zukunft, Darmstadt 1985, 131.
47. Hubert H. Lamb, The Early Medieval Warm Epoch and Its Sequel, in: Palaeogeography, Palaeoclimatology, Palaeoecology 1 (1965) 13–37.
48. Malcolm K. Hughes/Henry F. Diaz,Was there a «Medieval Warm Period», and if

so, where and when?, in: Climatic Change 26 (1994) 109–142.
49. Raymond S. Bradley et al., Climate in Medieval Time, in: Science 302 (2003) 404–405.
50. Jean M. Grove/Roy Switsur, Glacial Geological Evidence for the Medieval Warm Period, in: Climatic Change 26 (1994) 143–169.
51. Pierre Alexandre, Le Climat en Europe au Moyen Age, Paris 1987, 775–808.
52. J. L. Jirikowic/P. E. Damon, The Medieval solar activity maximum, in: Climatic Change 26 (1994) 309–316.
53. Hubert H. Lamb, Klima und Kulturgeschichte, Reinbek 1989, 182.
54. Dario Camuffo, Freezing of the Venezian Lagoon since the 9th Century AD in Comparison to the Climate of Western Europe and England, in: Climatic Change 10 (1987) 43–66, besonders pp. 58–64.
55. Rüdiger Glaser, Klimageschichte Mitteleuropas, Darmstadt 2001, 61–92.
56. Hubert H. Lamb, Klima und Kulturgeschichte, Reinbek 1989, 158.
57. Wilfried Weber, Die Entwicklung der nördlichen Weinbaugrenze in Europa, Trier 1980.
58. Hubert H. Lamb, Klima und Kulturgeschichte, Reinbek 1989, 198 f.
59. Andreas Holmsen, Norges Historie, Oslo 1961.
60. Zhang De'er, Evidence for the Existence of the Medieval Warm Period in China, in: Climatic Change 26 (1994) 289–297.
61. Hubert H. Lamb, Klima und Kulturgeschichte, Reinbek 1989, 201 f.
62. Paul C. Buckland/Pat E.Wagner, Is There an Insect Signal for the «Little Ice Age»? in: Climatic Change 48 (2001) 137–149.
63. Hans-Werner Goetz, Leben im Mittelalter vom 7. bis zum 13. Jahrhundert, München 1986, 21.（邦訳『中世の日常生活』）
64. Jan Dhondt, Das frühe Mittelalter, Frankfurt 1968, 272–279.
65. Jacques Le Goff, Das Hochmittelalter, Frankfurt 1965, 187–200.
66. Christian-Dietrich Schönwiese, Klimaänderungen, Berlin 1995, 2.
67. Jacques Le Goff, Kultur des Europäischen Mittelalters, Zürich 1970.
68. C. T. Smith, An Historical Geography of Western Europa, 2. Aufl. London 1969, 129–182.
69. Jacques Le Goff, Das Hochmittelalter, Frankfurt 1965, 39.
70. Heinz Stoob, Forschungen zum Städtewesen in Europa, Köln/Wien 1970.
71. Peter Thorau, Die Kreuzzüge, München 2004.
72. James Graham-Campbell (Hg.), Cultural Atlas of the Viking World, Oxford 1994, 164–184.
73. Richard F. Tomasson, Millennium of Misery, in: Population Studies 31 (1977) 405–427.
74. Willi Dansgaard et al., Climate changes, Norsemen and modern man, in: Nature

255 (1975) 24–28.
75. James Graham-Campbell (ed.), Cultural Atlas of the Viking World, Oxford 1994.

第３章　地球寒冷化——小氷期

1 「小氷期」の概念

1. François E. Matthes, Report of Committee on Glaciers, in: Transactions of the American Geophysical Union 20 (1939) 518–523.
2. François E. Matthes, The Little Ice Age of Historic Times, in: F. Fryxel (Ed.), The Incomparable Valley. A Geological Interpretation of the Yosemite, Berkeley 1950, 151–160.
3. Gustaf Utterström, Climatic Fluctuations and Population Problems in Early Modern History, in: Scandinavian Economic History Review 3 (1955) 3–47.
4. Eric J. Hobsbawm, The General Crisis of the European Economy in the 17th Century, in: Past & Present, Nr. 5 (1954) 33–53.
5. Trevor Aston (Hg.), Crisis in Europe 1560–1660, London 1965.
6. Émile Durkheim, Die Regeln der soziologischen Methode, ed. René König, Frankfurt/Main 1984.（邦訳『社会学的方法の基準』）
7. Emmanuel Le Roy Ladurie, Histoire et climat, in: Annales ESC 14 (1959) 3–34.
8. Peter Burke, Offene Geschichte. Die Schule der ‹Annales›, Berlin 1991.
9. Emmanuel Le Roy Ladurie, Times of Feast, Times of Famine, New York 1971.
10. Hubert H. Lamb, Climate. Present, Past and Future, 2 Bde., London 1972/1977.
11. Christian Pfister, Klimageschichte der Schweiz 1525–1860, Bern/Stuttgart 1988.
12. Rudolf Brázdil (Hg.), Climatic Change in the historical and instrumental Periods, Brünn 1990.
13. Rüdiger Glaser, Die Temperaturverhältnisse in Württemberg in der frühen Neuzeit, in: Zeitschrift für Agrargeschichte und Agrarsoziologie 38 (1990) 129–144.
14. Christian Pfister, Klimawandel in der Geschichte Europas. Zur Entwicklung und zum Potenzial der Historischen Klimatologie, in: Erich Landsteiner (Hg.), Klima Geschichten,Wien 2001, 7–43.
15. Gisli Gunnarson, A Study of Causal Relations in Climate and History, Lund 1980, 7.
16. Hermann Flohn, Das Problem der Klimaänderungen in Vergangenheit und Zukunft, Darmstadt 1985, 126.
17. Pierre Alexandre, Le Climat en Europe au Moyen Age, Paris 1987, 807 f.
18. Axel Steensberg, Archaeological Dating of Climatic Change in North Europe about A. D. 1300, in: Nature 168 (1951) 672–674.
19. John A. Eddy, The «Maunder Minimum». Sunspots and Climate in the Reign of Louis XIV., in: Geoffrey Parker/Lesley M. Smith (Hg.), The General Crisis of the

Seventeenth Century, London 1978, 226–268.
20. George C. Reid, Solar Forcing of Global Climate Change since the Mid-Seventeenth Century, in: Climatic Change 37 (1997) 391–405.
21. Claus U.Hammer et al., Past volcanism and climate revealed by Greenland ice cores, in: Journal of Volcanology and Geothermal Research 11 (1981) 3–10.
22. Kevin D. Pang, Climatic Impact of the Mid-Fifteenth Century Kuwae Caldera Formation, as Reconstructed from Historical and Proxy Data, in: Eos 74 (1993) 106.
23. Chaochao Gao et al., The 1452 or 1453 A. D. Kuwae Eruption Signal Derived from Multiple Ice Core Records: Greatest Volcanic Sulfate Event of the Past 700 Years, in: Journal of Geophysical Research, Januar 2006, 1–29 (Online-Version).
24. Anne S. Palmer et al., High Precision Dating of Volcanic Events (AD 1301–1995), Using Ice Cores from Law Dome, Antarctica, in: Journal of Geophysical Research 106 (2001) 1953.
25. Shanaka L. de Silva/J. Alzueta/G. Salas, The socioeconomic consequences of the A. D. 1600 eruption of Huaynaputina, southern Peru, in: Floyd W. McCoy/Grant Heiken (Hg.), Volcanic Hazards and Disasters in Human Antiquity, Boulder/Colorado 2000, 15–24.
26. Shanaka L. de Silva/Gregory A. Zielinski, Global Influence of the A. D.1600 eruption of Huaynaputina, Peru, in: Nature 393 (1998) 455–458.
27. Keith R. Briffa et al., Influence of volcanic eruptions on Northern Hemisphere summer temperature over the past 600 years, in: Nature 393 (1998) 450–455.

2　環境の変化

1. Jean M. Grove, The Little Ice Age, London/New York 1988.
2. Jean M. Grove, The Initiation of the Little Ice Age in Regions around the North Atlantic, in: Climatic Change 48 (2001) 53–82.
3. Jean M. Grove, The Onset of the Little Ice Age, in: Phil D. Jones et al., History and Climate. Memories of the Future?, Dordrecht 2001, 153–187.
4. John F. Richards, The Unending Frontier, Berkeley 2003, 79–82, Karten S. 62/63.
5. Ignacio Olagüe, La decadencia de España, Madrid 1950, Bd. 4, Kap. 25.
6. Jean M. Grove/Annalisa Conterio, The Climate of Crete in the Sixteenth and Seventeenth Centuries, in: Climatic Change 30 (1995) 223–247.
7. Von einem grosen tüfen Schnee und wie vil lüth erfroren und im schnee erstickt und umbkommen [1571], in: Matthias Senn (Hg.), Die Wickiana, Zürich 1975, 187.
8. Hartmann Braun, Nix altissima, d. i. Der große tieffe Schnee, so an etzlichen Orthen im Anfang des 1611 Jahrs gefallen, in forma concionis für Augen gestellet, über Syrach 43, 14, Darmstadt 1611.
9. Martin Pezold, Gottes weisser Mann und Winterkleid/Das ist: Schöne Anmuthige

Christliche Schneegedancken/von den überauß grossen gefallenen Schneen/ sonderlich dieses 1624. Jahres: Mit vielen schönen geistlichen und weltlichen Historien versetzet/sampt einem Catalogo Wunder [⋯] Geschichten/so sich von Anno 400. bis auff das [⋯] 1614. Jahr begeben, Jena 1624.

10. Emmanuel LeRoy Ladurie, Writing the History of Climate, in: The Territory of the Historian, Chicago 1979, 287–291, p. 287.
11. Topographia Helvetiae, Frankfurt 1654, 31 f.
12. Chia-cheng Chang, The Reconstruction of Climate in China for Historical Times, Peking 1988.
13. Werner Dobras,Wenn der ganze Bodensee zugefroren ist, Konstanz 1983.
14. W. Gregory Monahan, Years of Sorrows. The Great Famine of 1709 in Lyon, Columbus/Ohio 1993, 72 f.
15. Fernand Braudel, Das Mittelmeer und die mediterrane Welt in der Epoche Philipps II., Frankfurt 1990, 394.
16. Henry S. Lucas, The Great European Famine of 1315, 1316, and 1317, in: Speculum 5 (1930) 343–377.
17. Dario Camuffo, Freezing of the Venezian Lagoon since the 9th Century AD in Comparison to the Climate of Western Europe and England, in: Climatic Change 10 (1987) 43–66, pp. 58–64.
18. Daniel Schaller, Herold, Magdeburg 1595, 156 f.
19. Erich Landsteiner, Wenig Brot und saurer Wein, in: Wolfgang Behringer et al. (Hg.), Kulturelle Konsequenzen der «Kleinen Eiszeit», Göttingen 2005, 87–148.
20. Wilfried Weber, Die Entwicklung der nördlichen Weinbaugrenze in Europa, Trier 1980.
21. Wilhelm Lauer/Peter Frankenberg, Zur Rekonstruktion des Klimas im Bereich der Rheinpfalz seit Mitte des 16. Jahrhunderts mit Hilfe der Weinquantität und Weinqualität, Stuttgart 1986.
22. Das Buch Weinsberg. Kölner Denkwürdigkeiten aus dem 16. Jahrhundert, Bd. 5, Bonn 1926, 316.
23. Fernand Braudel, Das Mittelmeer und die mediterrane Welt in der Epoche Philipps II., Frankfurt 1990.
24. Christian Pfister, Klimageschichte der Schweiz 1525–1860, Bern/Stuttgart 1988.
25. Harald Bugmann/Christian Pfister, Impacts of Interannual Climate Variability on Past and Future Forest Composition, in: Regional Environmental Change 1 (2000) 112–125.
26. Daniel Schaller, Herold, Magdeburg 1595, 156 ff.
27. Brian Fagan, The Little Ice Age, New York 2000, 69–77.
28. H. Haller, Die Thermikabhängigkeit des Bartgeiers *Gypaetus barbatus* als mögliche Mitursache für sein Aussterben in den Alpen, in: Ornithologische

Beobachtungen 80 (1983) 263–272.
29. Korrespondenz Bullinger, in: Matthias Senn (Hg.), Die Wickiana, Zürich 1975, 186 f.
30. Harald Bugmann/Christian Pfister, Impacts of Interannual Climate Variability on Past and Future Forest Composition, in: Regional Environmental Change 1 (2000) 112–125.
31. Martin Körner, Geschichte und Zoologie interdisziplinär. Feld- und Schermäuse in Solothurn 1538–1543, in: Jahrbuch für Solothurnische Geschichte 66 (1993) 441–454.
32. James R.Busvine, Insects, Hygenie and History, London 1976. – James C. Riley, Insects and the European Mortality Decline, in: American Historical Review 91 (1986) 833–858.
33. Hans Zinsser, Rats, Lice and History, London 1935.
34. Johann Fischart, Flöh Haz,Weiber Traz, Straßburg 1573.
35. Floia, cortum versicale, de flois schwartibus, illis deiriculis, quae omnes fere Minschos, Mannos, Weibras, Jungfras etc. behuppere et spitzibus suis schnaflis steckere et bitere solent. Autore Gripholdo Knickknackio ex Floilandia, Anno 1593.
36. Willi Dansgaard et al., Climate changes, Norsemen and modern man, in: Nature 255 (1975) 24–28.
37. Wolfgang Behringer, Witches and Witch Hunts. A Global History, Cambridge 2004.
38. James Graham-Campbell (Hg.), Cultural Atlas of the Viking World, Oxford 1994, 222–223.
39. Jens Peder Hart Hansen et al., The Greenland Mummies. The British Museum, London 1991.
40. Bent Fredskild, Agriculture in a marginal Area: South Greenland from the Norse Landnam (A. D. 985) to the Present (1985), in: Hilary H. Birks et al. (Hg.), The Cultural Landscape, Cambridge 1988, 381–394.
41. Kirsten A. Seaver, The Frozen Echo, Stanford/Cal. 1996.
42. Gisli Gunnarson, A Study of Causal Relations in Climate and History, Lund 1980, 13–15.
43. Gudrun Sveinbjarnardottir, Farm Abandonement in Medieval and Post-Medieval Iceland: an Interdisciplinary Study, Oxford 1992.
44. D. P.Willis, Sand and Silence. Lost Villages of the North, Aberdeen 1986.
45. Svend Gissel et al., Desertion and Land Colonisation in the Northern Countries, c. 1300–1600, Stockholm 1981.
46. Jean M. Grove, The Incident of Landslides, Avalanches and Floods in Western Norway during the Little Ice Age, in: Arctic and Alpine Research 4 (1972) 131–

138.
47. K. J. Allison, Deserted Villages, London 1970.
48. Maurice W. Beresford, The Lost Villages of England, Gloucester 1987.
49. Trevor Rowley/John Wood, Deserted Villages, Buckinghamshire 1995, 16 und 19.
50. Maurice W. Beresford/J.W. Hurst, Wharram Percy. Deserted Medieval Village, 1990.
51. Wilhelm Abel, Die Wüstungen des ausgehenden Mittelalters, 3. Aufl. 1976.
52. Louis Gollut, Mémoires historiques de la République séquanoise, Dole 1592, lib. 2, cap. 18.
53. Fernand Braudel, Das Mittelmeer und die mediterrane Welt in der Epoche Philipps II., Frankfurt 1990, I, 390 f.

3　死の舞踏

1. William Chester Jordan, The Great Famine, Princeton 1996, 7 f.
2. David Arnold, Famine. Social Crisis and Historical Change, Oxford 1988.
3. Pierre Alexandre, Le Climat en Europe au Moyen Age, Paris 1987, 781–785.
4. Rüdiger Glaser, Klimageschichte Mitteleuropas, Darmstadt 2001, 64 f.
5. Henry S. Lucas, The Great European Famine of 1315, 1316, and 1317, in: Speculum 5 (1930) 343–377.
6. Rüdiger Glaser, Klimageschichte Mitteleuropas, Darmstadt 2001, 65.
7. William Chester Jordan, The Great Famine, Princeton 1996,127–150.
8. Klaus Bergdolt, Der schwarze Tod in Europa, München 1994, 209.（邦訳『ヨーロッパの黒死病――大ペストと中世ヨーロッパの終焉』）
9. Rüdiger Glaser, Klimageschichte Mitteleuropas, Darmstadt 2001, 65 f.
10. Trevor Rowley/John Wood, Deserted Villages, Buckinghamshire 1995, 14.
11. Rüdiger Glaser, Klimageschichte Mitteleuropas, Darmstadt 2001, 65 f.
12. Klaus Bergdolt, Der schwarze Tod in Europa, München 1994, 208 und 212.
13. J.-L. Biraben, Les Hommes et la Peste en France et dans les Pays Européenne et Mediterrannées, 2 Bde., Paris 1975.
14. David Herlihy, The Black Death and the Transformation of theWest, Cambridge/Mass. 1997.
15. Neithard Bulst, Der Schwarze Tod. Demographische, wirtschafts- und kulturgeschichtliche Aspekte der Pestkatastrophe 1347–1352, in: Saeculum 30 (1979) 45–67.
16. Heinrich Dormeier, Pestepidemien und Frömmigkeitsformen in Italien und Deutschland (14.–16. Jahrhundert), in: Manfred Jakubowski-Tiessen/Hartmut Lehmann (Hg.), Um Himmels Willen. Religion in Katastrophenzeiten, Göttingen 2003, 14–50.
17. William Chester Jordan, The Great Famine, Princeton 1996,185 f.

18. Rüdiger Glaser, Klimageschichte Mitteleuropas, Darmstadt 2001, 66 f., 84 f., 89.
19. Neidhart Bulst, Pest, in: Lexikon des Mittelalters 6 (2003) Sp. 1915–1918.
20. Moritz John Elsas, Umriß einer Geschichte der Preise und Löhne vom ausgehenden Mittelalter bis zum Beginn des 19. Jahrhunderts, 2 Bde., Leiden 1936/1949.
21. Wilhelm Abel, Agrarkrisen und Agrarkonjunkturen in Mitteleuropa vom 13. bis zum 19. Jahrhundert, 3. Aufl. Hamburg 1978.
22. Immanuel Wallerstein, The Modern World System, New York 1974.（邦訳『近代世界システム―農業資本主義と「ヨーロッパ世界経済」の成立』）
23. Dietrich Saalfeld, Die Wandlungen der Preis- und Lohnstruktur während des 16. Jahrhunderts in Deutschland, in: Wolfram Fischer (Hg.), Beiträge zu Wirtschaftswachstum und Wirtschaftsstruktur im 16. und 19. Jahrhundert, Berlin 1971, 9–28.
24. Edward A. Eckert, The Structure of Plagues and Pestilences in Early Modern Europe, Basel 1996.
25. Carlo M. Cipolla, Christophano and the Plague, London 1973.
26. Edward A. Eckert, The Structure of Plagues and Pestilences in Early Modern Europe, Basel 1996, 150.
27. John D. Post, Famine, Mortality and Epidemic Disease in the Process of Modernization, in: Economic History Review 29 (1976) 14–37. Dazu: Andrew B. Appleby, Famine, Mortality and Epidemic Disease: A Comment, in: EcHR 30 (1977) 508–512.
28. Massimo Livi-Bacci, Population and Nutrition, Cambridge 1991.
29. S. R. Duncan/Susan Scott/C. J. Duncan, The Dynamics of Smallpox Epidemics in Britain, 1550–1800, in: Demography 30 (1993) 405–423.
30. Jean Dubos, The White Plague. Tuberculosis, Man and Society, Boston 1952.
31. Andrew B. Appleby, Disease or Famine? Mortality in Cumberland and Westmoreland, 1580–1640, in: Economic History Review 26 (1973) 403–432.
32. Ernst Woehlkens, Pest und Ruhr im 16. und 17. Jahrhundert, Uelzen 1954.
33. Emmanuel LeRoy Ladurie, L'Aménhorrée de Famine (XVIIe-XXe siècles), in: AESC 24 (1969) 1589–1597.
34. Helmut Wurm, Körpergröße und Ernährung der Deutschen im Mittelalter, in: Bernd Hermann (Hg.), Mensch und Umwelt im Mittelalter, Stuttgart 1986, 101–108.
35. Christoph Schorer, Memminger Chronik, Memmingen 1660, 101.
36. Wolfgang Behringer, Die Hungerkrise von 1570. Ein Beitrag zur Krisengeschichte der Neuzeit, in: Manfred Jakubowski-Tiessen/Hartmut Lehmann (Hg.), Um Himmels Willen. Religion in Katastrophenzeiten, Göttingen 2003, 51–156.
37. Frederic Wakeman, China and the Seventeenth-Century Crisis, in: Late Imperial

China 7 (1986) 1–26.
38. Anthony Reid, The Seventeenth Century Crisis in Southeast Asia, in: Modern Asian Studies 24 (1990) 639–659.
39. Das Gesamtwerk von Brueghel. Einführung Charles de Tolnay. Wissenschaftlicher Anhang Piero Bianconi, Zürich 1967, Tafeln X–XIII.
40. Wolfgang Behringer, Mörder, Diebe, Ehebrecher. Verbrechen und Strafen in Kurbayern vom 16. bis 18. Jahrhundert, in: Richard van Dülmen (Hg.), Verbrechen, Strafen und soziale Kontrolle. Studien zur historischen Kulturforschung III, Frankfurt/Main 1990, 85–132, 287–293.
41. Edward Peters, Folter. Geschichte der peinlichen Befragung, Hamburg 1991.
42. Richard van Dülmen, Theater des Schreckens, München 1985.
43. Günter Franz, Der Dreißigjährige Krieg und das deutsche Volk, Leipzig 1940.
44. Wolfgang Behringer, Von Krieg zu Krieg. Neue Perspektiven auf das Buch von Günther Franz «Der Dreißigjährige Krieg und das deutsche Volk» (1940), in: Benigna von Krusenstern/Hans Medick (Hg.), Zwischen Alltag und Katastrophe. Der Dreißigjährige Krieg aus der Nähe, Göttingen 1999, S. 543–591.
45. Edward A. Eckert, The Structure of Plagues and Pestilences in Early Modern Europe, Basel 1996, 150.
46. Kenneth J. Hsü, Klima macht Geschichte, Zürich 2000, 33 ff.

4　ウインターブルース（冬季鬱病）

1. Ettlich Hundert Herrlicher und schönner Carmina oder gedicht/von der Lanngwürigen schweren gewesten Theuerung/ grossen Hungers Not/und allerlay zuvor unerhörten Grausamen Straffen/und Plagen/so wir (Gott Lob) zum tail ausgestanden haben [···], in: Stadtarchiv Augsburg, Memorbuch Paul Hektor Mairs, fol. 800–834.
2. Pitirim Sorokin, Man and Society in Calamity. The Effects of War, Revolution, Famine, Pestilence upon Human Mind, Behavior, Social Organization and Cultural Life, New York 1942.
3. R.W. Perry, Environmental Hazards and Psychopathology: Linking natural disasters with mental health, in: Environmental Management 7 (1983) 331–339.
4. R. Jay Turner/Blair Wheaton/Donald A. Lloyd, The Epidemiology of Social Stress, in: American Sociological Review 60 (1995) 104–125.
5. Robert Burton, The Anatomy of Melancholy, Oxford 1621 [6. Aufl. 1651,danach die gekürzte Übersetzung: Anatomie der Melancholie, Zürich/ München 1988].
6. Norman Rosenthal,Winter Blues, New York 1993.
7. Dazu die Homepage der SAD-Association: www.sada. org. uk/sadassociation.htm.
8. Raymond W. Lam, Major Depressive Disorder: Seasonal Affective Disorder, in: Current Opinion in Psychiatry, January 1994.

9. Jelle Zeilinga de Boer/Donald Theodore Sanders, Das Jahr ohne Sommer, Essen 2004.
10. Vilhjalmar Bjarnar, The Laki Eruption [1783/84] and the Famine of the Mist, in: Carl F. Bayerschmidt/Erik J. Friis (Hg.), Scandinavian Studies, Seattle 1965, 410–421.
11. Michel de Montaigne, Über die Traurigkeit, in: Essays [1580], Frankfurt/Main 1998, 11–12.（邦訳『エセー』）
12. Simon Musaeus, Melancholischer Teufel nützlicher Bericht/ wie man alle Melancholische Teufflische gedancken von sich treiben soll, Tham in der Neumark 1572.
13. Daniel Schaller, Herold, Magdeburg 1595, 129 f.
14. David Lederer, Verzweiflung im Alten Reich. Selbstmord während der «Kleinen Eiszeit», in: Wolfgang Behringer et al. (Hg.), Kulturelle Konsequenzen der «Kleinen Eiszeit», Göttingen 2005, 255–282.
15. David Lederer, Aufruhr auf dem Friedhof. Pfarrer, Gemeinde und Selbstmord im frühneuzeitlichen Bayern, in: Gabriela Signori (Hg.), Trauer, Verzweiflung und Anfechtung, Tübingen 1994, 189–209, p. 201 f.
16. Andres Velasquez, Libro de la Melancholia, s.d. 1585. – André de Laurens, Des Maladies Melancholiques, Paris 1597. – Alonso de Santa Cruz, De Melancholia, s. d. 1613.
17. Lawrence Babb, The Elizabethan Malady, East Lansing/Michigan 1951.
18. Michael Macdonald, Sleepless Souls. Suicide in Early Modern England, Oxford 1990.
19. Paul S. Seaver,Wallington's World.A Puritan Artisan in Seventeenth Century London, Stanford 1985.
20. Robert J.W. Evans, Rudolf II. Ohnmacht und Einsamkeit, Graz 1980.
21. Gertrude von Schwarzenfeld, Rudolf II. Der saturnische Kaiser, München 1961.
22. Felix Stieve, Die Verhandlungen über die Nachfolge Kaiser Rudolfs II. in den Jahren 1581–1602, München 1879, 48.
23. Erik Midelfort, Mad Princes of Renaissance Germany, Charlottesville/Va. 1994, 132–170.
24. Erik Midelfort, Mad Princes of Renaissance Germany, Charlottesville/Va. 1994, 178.
25. Raymond Klibansky/Fritz Saxl/Erwin Panofsky, Saturn und Melancholie. Studien zur Geschichte der Naturphilosophie und Medizin, der Religion und der Kunst, Frankfurt/Main 1992.（邦訳『土星とメランコリー：自然哲学、宗教、芸術の歴史における研究』）
26. Andreas Planer [praes.]/Johann Faber [resp.], De morbo Saturnino seu melancholia, Tübingen 1593, nach: Erik Midelfort, A History of Madness in

Sixteenth-Century Germany, Stanford/Calif. 1999, 162.
27. Johann Weyer, De Praestigiis Daemonum, Basel 1563. – Frankfurt/Main 1986. – Ediert in:Wolfgang Behringer (Hg.), Hexen und Hexenprozesse in Deutschland, 5., verbesserte Auflage, München 2001, 144.
28. Richard L. Kagan, Lucrecia's Dreams. Politics and Prophecy in Sixteenth Century Spain, Berkeley 1990.

第４章　小氷期が文化に及ぼした影響

１　怒れる神

1. Von einer grusamen und erschrohenlicher gesicht, die am himmel wyt und breyt gesähen am 28. Decemb. dess verschinen 1560. iars, 1561, in: Matthias Senn (Hg.), Die Wickiana, Zürich 1975, 55.
2. Von dem grossen fhürigen zeichen, welches an unschuldigen kindlinen tag [28. 12. 1560] gesähen an vilen Orten, 1561, in: Ebd. 58.
3. Uff den fhürigen Himmel ist ein unsagliche grose kelte gefolget, 1561, in: Ebd. 58 f.
4. Manfred Jakubowski-Tiessen, Das Leiden Christi und das Leiden der Welt. Die Entstehung des lutherischen Karfreitags, in:Wolfgang Behringer et al. (Hg.), Kulturelle Konsequenzen der «Kleinen Eiszeit», Göttingen 2005,195–214.
5. Carlos M. Eire, From Madrid to Purgatory, Cambridge 1995.
6. 1564年から1566年だけでも書籍見本市のカタログには数多くの慰めの文書がみられる。例えば、Nikolaus Selneckerによる死について、ペストについて、死をキリスト教的にいかに受け止め慰めるべきか—Leipzig 1565. - Johann Langによる慰めの小冊子。病人や死にゆく人をいかに見舞い慰めるべきか—Lauingen 1566.
7. Leonhard Lenk, Augsburger Bürgertum im Späthumanismus und Frühbarock, Augsburg 1968, 82–86.
8. Andreas Gryphius, Gesamtausgabe der deutschsprachigen Werke, 8 Bde., Tübingen 1963–1972.
9. Heinz Schilling, «Geschichte der Sünde» oder «Geschichte des Verbrechens»?, in: Annali dell' istituto storico italo-germanico in: Trento 12 (1986) 169–192.
10. William Monter, Sodomy and Heresy in Early Modern Switzerland, in: Journal of Homosexuality 8 (1980/81) 41–53.
11. Richard van Dülmen, Theater des Schreckens, München 1985.
12. Günter Pallaver, Das Ende der schamlosen Zeit. Die Verdrängung der Sexualität in der frühen Neuzeit am Beispiel Tirols,Wien 1987.
13. Heinrich Richard Schmidt, Dorf und Religion, Stuttgart 1995.
14. Das Buch Weinsberg. Kölner Denkwürdigkeiten aus dem 16. Jahrhundert,Bd. 5, Bonn 1926, 193 f.

15. Howard S. Becker, Outsiders, New York 1963, 147–163, 148.
16. Michel de Montaigne, Essays [1580], Frankfurt/Main 1998, 520.
17. Will-Erich Peuckert, Religiöse Unruhe um 1600, in: Richard Alewyn (Hg.),Deutsche Barockforschung. Dokumentation einer Epoche, Köln/Berlin 1968, 75–93.
18. Winfried Schulze, Untertanenrevolten, Hexenverfolgungen und «Kleine Eiszeit»? Eine Krise um 1600, in: Bernd Roeck/Klaus Bergdolt/Andrew John Martin (Hg.), Venedig und Oberdeutschland in der Renaissance. Beziehungen zwischen Kunst und Wirtschaft, Sigmaringen 1993, 289–312.
19. Judenfeindschaft, in: Lexikon des Mittelalters 5 (1999) Sp. 790–792.
20. Friedrich Battenberg, Das europäische Zeitalter der Juden. Bd. 1, Darmstadt 1990, 91 f.
21. Malcolm Barber, Lepers, Jews and Moslems: The Plot to Overthrow Christendom in 1321, in: History 66 (1981) 1–17.
22. František Graus, Pest – Geißler – Judenmorde, Göttingen 1987, 155–274, 299–334.
23. Friedrich Battenberg, Das europäische Zeitalter der Juden, Bd. 1, Darmstadt 1990, 123 f.
24. Norman Cohn, Europe's Inner Demons: An Enquiry inspired by the Great Witch-Hunt, London 1975.
25. Wolfgang Behringer, Climatic Change and Witch-Hunting. The Impact of the Little Ice Age on Mentalities, in: Climatic Change 43 (1999) 335–351.
26. Richard Golden (Hg.), The Encyclopedia of Witchcraft, 4 Bde., Santa Barbara/Ca. 2006.
27. Johannes Franck, Geschichte des Wortes Hexe, in: Joseph Hansen (Hg.), Quellen und Untersuchungen zur Geschichte des Hexenwahns und der Hexenverfolgung im Mittelalter, Bonn 1901, 614–670.
28. Wolfgang Behringer,Weather, Hunger and Fear. The Origins of the European Witch Persecution in Climate, Society and Mentality, in: German History 13 (1995) 1–27.
29. Wolfgang Behringer, Neun Millionen Hexen. Entstehung, Tradition und Kritik eines populären Mythos, in: Geschichte inWissenschaft und Unterricht 49 (1998) 664–685.
30. Günter Jerouschek/Wolfgang Behringer (Hg.), Heinrich Kramer (Institoris), Der Hexenhammer. Malleus maleficarum. Neu aus dem Lateinischen übertragen von Wolfgang Behringer, Günter Jerouschek und Werner Tschacher, München 2000.
31. Johann Weyer, De Praestigiis Daemonum, Basel 1563, Vorwort und Anhang.
32. Wolfgang Behringer, Witches and Witch-Hunts. A Global History, Cambridge 2004.

2 変革の原動力―罪の代償

1. Caspar Macer, Drei Bittpredigten: 1. Von der großen Theuerung, 2. Vom Krieg und Blutvergießen, 3. Von der Pestilentz, gehalten zu Regensburg, München 1572.
2. Otto Ulbricht, Extreme Wetterlagen im Diarium Heinrich Bullingers (1504–1574), in: Wolfgang Behringer et al. (Hg.), Kulturelle Konsequenzen der «Kleinen Eiszeit», Göttingen 2005, 149–178.
3. Jacobus Feucht, Fünf Predigten zur Zeit der grossen Theuerung/Hungersnoth und Ungewitter/darinn die fünff fürnembsten ursachen des Göttlichen Zorns angezeigt werden, Köln 1574.
4. Ludwig Lavater, Von thüwre und hunger dry Predigen [⋯], Zürich 1571.
5. Thomas Rorarius, Fuenff und zwentzig Nothwendige Predigten von der Grausamen regierenden Thewrung, Frankfurt/Main 1572. – Zwo Predig, wie man sich Christlich halten soll, wann grosse Ungewitter oder Hagel sich erheben, mit [⋯] Underrichtung von dem Leutten gegen Wetter [⋯]. Die erst D. Johannes Brentzen. Die ander Thoman Roerers. Das dritt M. Christoffen Vischers, Nürnberg 1570.
6. Predigt über Hunger - und Sterbejahre, von einem Diener am Wort, sine loco 1571.
7. Neue Konkordanz zur Einheitsübersetzung der Bibel. Erarbeitet von Franz Joseph Schierse, neu von Winfried Bader, Darmstadt 1996, pp. 632 f. (Hagel), 782 ff. (Hunger), 1241 (Pest), 2024–2031 (Zorn Gottes).
8. Gordon Manley, Climatic Fluctuations and Fuel Requirements, in: Scottish Geographical Magazine 73 (1957) 19–28.
9. Das Buch Weinsberg. Kölner Denkwürdigkeiten aus dem 16. Jahrhundert, Bd. 5, Bonn 1926, 354.
10. Daniel Schaller, Herold, Magdeburg 1595, 156 f.
11. Richard van Dülmen, Kultur und Alltag in der Frühen Neuzeit, Bd. 1, München 1990, 56–68.（邦訳『近世の文化と日常生活』）
12. Bernd Roeck, Lebenswelt und Kultur des Bürgertums in der Frühen Neuzeit, München 1991, 15 f.（邦訳『歴史のアウトサイダー』）
13. Michel de Montaigne, Tagebuch einer Badereise, Gütersloh 1963.（邦訳『モンテーニュ旅日記』）
14. Das Buch Weinsberg. Kölner Denkwürdigkeiten aus dem 16. Jahrhundert, Bd. 5, Bonn 1926, 213.
15. Ebd. Bd. 3, Bonn 1897, 256–258.
16. Ernst Walter Zeeden, Deutsche Kultur in der Frühen Neuzeit, Frankfurt/Main 1968, 308.
17. Das Buch Weinsberg, Bd. 5, Bonn 1926, 121 (Schlafanzug), 213 (neuer Schlafanzug), 360 f. (Essen).

18. Andreas Musculus, Vermahnung und Warnung vom zerluderten, zucht - und ehrverwegenen pludrigten Hosenteufel, Leipzig 1555.
19. Theatrum Diabolorum, Frankfurt/Main 1569, 388 ff.（邦訳『独逸怪奇小説集成』）
20. Johann Strauß, Wider den Kleider/Pluder/Pauß/und Krauß Teuffel, Freiberg 1581. – Lukas Osiander, Ein Predig von Hoffertigen/ungestalter Kleydung der Weibs und Mannspersonen, Tübingen 1586.
21. Ludmila Kybalova et al., Das große Bilderlexikon der Mode, Gütersloh/Berlin 1975, 139–162.（邦訳『絵による服飾百科事典』）
22. Das Buch Weinsberg. Kölner Denkwürdigkeiten aus dem 16. Jahrhundert, Bd. 5, Bonn 1926, 256 f., 269.
23. John Vanderbank, Francis Bacon, National Portrait Gallery, London.
24. Das Buch Weinsberg. Kölner Denkwürdigkeiten aus dem 16. Jahrhundert, Bd. 2, Köln 1887, 377.
25. R. an der Heiden, Die Porträtmalerei des Hans von Aachen, in: Jahrbuch der Kunsthistorischen Sammlungen 66 (1970) 135–226.
26. Ludmila Kybalova et al., Das große Bilderlexikon der Mode, Gütersloh/Berlin 1975, 163–189.（邦訳『絵による服飾百科事典』）
27. Prag um 1600. Kunst und Kultur am Hofe Kaiser Rudolfs II., 2 Bde., Freren/Emsland 1988.
28. J. Anderson Black/Madge Garland,A History of Fashion, London 1975, 165 f.
29. Das Buch Weinsberg, Bd. 3 257.
30. Johann Reinhold, Predig wider den unbändigen Putzteufel, Frankfurt/Main 1609, 3.
31. Aegidius Albertinus, Luzifers Königreich und Seelengejaid, München 1616, 106 f.
32. Thomas Da Costa Kaufmann, Arcimboldo and Propertius. A Classical Source for Rudolf II. as Vertumnus, in: Zeitschrift für Kunstgeschichte 48 (1985) 117–123.
33. Arnold Hauser, Der Manierismus, München 1964.
34. Andreas Tönnesmann, Der europäische Manierismus 1520–1610, München 1997.
35. Hans Neuberger, Climate in Art, in:Weather 25 (1970) No. 2, 46–56.
36. Johann Georg Prinz zu Hohenzollern (Hg.),Von Greco bis Goya, München 1982, 52 f., 156–167.
37. Das Gesamtwerk von Bruegel, Zürich 1967, 6 und Tafeln XXXII und XXXIII.
38. F. Groissmann, Pieter Bruegel, 3. rev. ed. London/New York 1973.
39. Das Gesamtwerk von Bruegel, Zürich 1967, 6 und Tafeln XXVIII bis XXXI.
40. Ebd., Tafeln XL bis XLIII und XLVII.
41. Lawrence Otto Goedde, Tempest and Shipwreck in Dutch and Flemish Art, London 1989.
42. Knut Frydendahl/H. H. Lamb, Historic Storms of the North Sea, Cambridge 1991.
43. Hans Khevenhüller, Geheimes Tagebuch, 1548–1605, Graz 1971, 89.

44. Orlando di Lasso, Bußpsalmen, München 1572.
45. Patrice Veit, «Gerechter Gott, wo will es hin/Mit diesen kalten Zeiten?». Witterung, Not und Frömmigkeit im evangelischen Kirchenlied, in:Wolfgang Behringer et al. (Hg.), Kulturelle Konsequenzen der «Kleinen Eiszeit », Göttingen 2005, 283–310.
46. Paul Münch, Das Jahrhundert des Zwiespalts, Stuttgart 1999, 139 ff.
47. Karl G. Fellerer, Der Stilwandel in der europäischen Musik um 1600, Opladen 1972.
48. Johannes Janssen, Geschichte des deutschen Volkes seit dem Ausgang des Mittelalters, Bd. 6: Kunst und Volksliteratur bis zum Beginn des dreißigjährigen Krieges, Freiburg/Breisgau 1893, 425–457.
49. Bernd Roeck, Renaissance – Manierismus – Barock. Sozial- und klimageschichtliche Hintergründe künstlerischer Stilveränderungen, in:Wolfgang Behringer et al. (Hg.), Kulturelle Konsequenzen der Kleinen Eiszeit, Göttingen 2005, 323–347.
50. Eliska Fucíková, The Collection of Rudolf II at Prague: Cabinet of Curiosities or Scientific Museum?, in: Oliver Impey/Arthur MacGregor (Hg.), The Origins of the Museum, Oxford 1986, 49–53.
51. Sigmund Feyerabend (Hg.), Theatrum Diabolorum, Frankfurt/Main 1569.
52. Peter Schmidt (Hg.), Erster und ander Theil Theatri Diabolorum, Frankfurt/Main 1587.
53. Abraham Sawr (Hg.), Theatrum de Veneficis, Frankfurt/Main 1586.
54. James VI. of Scotland, Daemonologie, in forme of a dialoge, Edinburgh 1597.
55. Stuart Clark, Thinking with Demons, Oxford 1999.
56. Hans Rupprich, Die deutsche Literatur vom Spätmittelalter zum Barock, Bd. 2, München 1973, 191–198.
57. Gustav René Hocke, Manierismus in der Literatur, Reinbek 1959.（邦訳『文学におけるマニエリスム　言語錬金術ならびに秘教的組み合わせ術』）
58. Richard Newald, Die deutsche Literatur vom Späthumanismus zur Empfindsamkeit 1570–1750, München 1967, 18 f.
59. Andreas Gryphius, Gesamtausgabe der deutschsprachigen Werke., 8 Bde., Bd. 1, Tübingen 1963, 33.
60. Marian Szyrocki, Die deutsche Literatur des Barock, Stuttgart 1979, 147.
61. Klaus Garber, Der locus amoenus und der locus terribilis, Köln/Wien 1974.
62. Martin Opitz, Buch von der deutschen Poeterey [Breslau 1624], Stuttgart 1970.
63. Marian Szyrocki, Die deutsche Literatur des Barock, Stuttgart 1979, 170 ff.
64. Wolfram Mauser, Was ist dies Leben doch? Zum Sonett «Thränen in schwerer Kranckheit » von Andreas Gryphius, in: Volker Meid (Hg.), Gedichte und Interpretationen, Bd. 1, Stuttgart 1982, 222–230.

65. Ferdinand von Ingen, Vanitas und Memento Mori in der deutschen Barocklyrik, Groningen 1966.

3 理性というクールな太陽

1. Susan Reynolds Whyte, Questioning Misfortune. The Pragmatics of Uncertainty in Eastern Uganda, Cambridge 1997.
2. Charles Tilly (Hg.), The Formation of National States in Western Europe, Princeton 1975.
3. Jan de Vries, Analysis of historical Climate-Society Interactions, in: Robert W. Kates/Jesse H. Ausubel/Mimi Berberian (Hg.), Climate Impact Assessment, Chichester 1985, 273–292, p. 286 f.
4. Theodore K. Rabb, The Struggle for Stability in Early Modern Europe, New York 1975.
5. Immanuel Wallerstein, The Modern World-System, New York 1974.
6. Thomas Hobbes, Leviathan, London 1651.（邦訳『リヴァイアサン』）
7. Thomas Robisheaux, Rural Society and the Search for Order in Early Modern Germany, Cambridge 1989.
8. Markus Raeff, The Well-Ordered Police State, New Haven 1983.
9. Michael Stolleis, Staat und Staatsräson in der frühen Neuzeit, Frankfurt/M. 1990.
10. Norbert Elias, Über den Prozeß der Zivilisation, 2 Bde., Frankfurt/Main 1978.
11. Post-Ordnung, in: Johann Heinrich Zedler (Hg.), Großes vollständiges Universal-Lexicon aller Wissenschaften und Künste, 64 Bde., Halle/Leipzig 1732–1754, Bd. 28 (1741) Sp. 1812–1827.
12. Johannes Kepler, Harmonices mundi, Frankfurt/Main 1619.（邦訳『宇宙の調和』）
13. Henning Eichberg, Geometrie als barocke Verhaltensnorm, Fortifikation und Exerzitien, in: Zeitschrift für Historische Forschung 4 (1977) 17–50.
14. Marian Szyrocki (Hg.), Poetik des Barock, Stuttgart 1977.
15. Willer, Herbstmesse 1570. – Edition von: Fabian (1972) I, 308–311.
16. Konrad Heresbach, Rei rusticae libri quatuor. Vier Bücher über Landwirtschaft [1570], hg. von Wilhelm Abel. Nach der Köln. Originalausg. übers. v. Helmut Dreitzel, Meisenheim 1970.
17. Konrad Heresbach, Fovre bookes of Husbandry, London 1577.
18. Charles Estienne, L' Agriculture & Maison rustique, Paris 1572 Erstausgabe von 1564, 2. Aufl. 1567. – Spätere Ausgaben 1576, 1583, 1589, 1598, 1602, 1625, 1653, 1677. – Deutsche Übersetzung: Sieben Bücher von dem Feldbau, Straßburg 1579.
19. Martin Grosser, Kurtze und einfeltige anleytung Zu der Landtwirtschafft; beyder im Ackerbaw, und in der Viehzucht, s. l. 1590. – Johannes Colerus, Oeconomia ruralis et domestica, 1593. – Deutsch: Oeconomia oder Haussbuch, Wittenberg 1593.

20. Klaus Herrmann, Pflügen, Säen, Ernten. Landarbeit und Landtechnik in der Geschichte, Reinbek 1985, 112.
21. Bartholomäus Scultetus, Ein ewigwerend Prognosticon/von aller Witterung in der Lufft/und der Wercken der andern Element, Görlitz 1572.
22. Tobias Lotter, Gründlicher und nothendiger Bericht, was von denen ungestümen Wettern, verderblichen Hägeln und schädlichen Wasserfluten, mit welchen Teutschland an sehr vielen orten in dem 1613. Jar ernstlich heimgesucht worden, zuhalten seye [⋯], Stuttgart 1615.
23. Johann Georg Sigwart, Ein Predigt Vom Reiffen und Gefröst, den 25. Aprilis [⋯] 1602 (als die nächste Tag zuvor, nemblich den 21., 22., und 23. gemelten Mondts das Rebwerck erfroren), [⋯], Tübingen 1602. – Johann georg Sigwart, Ein Predigt Vom Hagel und Ungewitter, Im Jahr Christi 1613, den 30 May [⋯] als am Sambstag Abends zuvor Nachmittag vor 5 Uhren ein schröcklicher Hagel gefallen [⋯], Tübingen 1613.
24. Wolfgang Behringer, Climatic Change and Witch-Hunting. The Impact of the Little Ice Age on Mentalities, in: Climatic Change 43 (1999) 335–351.
25. Wolfgang Behringer, Im Zeichen des Merkur. Reichspost und Kommunikationsrevolution in der Frühen Neuzeit, Göttingen 2003.
26. Günter Abel, Stoizismus und Frühen Neuzeit, Berlin 1978.
27. Galileo Galilei, Dialogo sopra i due massimi sistemi [1632]. Dialog über die beiden hauptsächlichsten Weltsysteme, ed. R. Sexl, Darmstadt 1982.
28. Francis Bacon, Novum Organon scientarum [1620]. Neues Organ der Wissenschaften, Darmstadt 1981.
29. Eveline Cruikshanks, The Glorious Revolution, London 2000.
30. Lynn Thorndike, A History of Magic and Experimental Science, 8 vols., New York 1923–1958.
31. Benvenuto Cellini, Leben des Benvenuto Cellini, München 1993.
32. Girolamo Cardano, Des Girolamo Cardano von Mailand eigene Lebensbeschreibung, Kempten 1969.
33. Gianbattista della Porta, Magia naturalis in libri XX, Neapel 1589.
34. Peter J. French, John Dee. The World of an Elizabethan Magus, New York 1989.（邦訳『エリザベス朝の魔術師』）
35. Bruce T. Moran, The Alchemical World of the German Court. Occult Philosophy and Chemical Medicine in the Circle of Moritz of Hessen (1572–1632), Stuttgart 1991.
36. Isaac Newton, Philosphiae Naturalis Principia Mathematica, London 1687.（邦訳『自然哲学の数学的諸原理』他）
37. Herbert Butterfield, The Origins of Modern Science, London 1965.
38. E. J. Dijksterhuis, Die Mechanisierung des Weltbildes, Berlin 1956.

39. Thomas S. Kuhn, Die Struktur wissenschaftlicher Revolutionen, Frankfurt am Main 1973.
40. Roy Porter, The Creation of the Modern World, New York 2000, 149.
41. Samuel E. Finer, State- and Nation-Building in Europe: The Role of the Military, in: Tilly (1975) 84–163.
42. Peter Burke, Die Inszenierung des Sonnenkönigs, Berlin 1993.
43. Burkhard Frenzel (Hg.), Climatic Trends and Anomalies in Europe 1675–1715, Stuttgart 1994.
44. Marcel Lachiver, Les Années de Misère: la Famine au Temps du Grand Roi, 1680–1720, Paris 1991.
45. S. Lindgren/J. Neumann, The cold wet year 1695, in: Climatic Change 3 (1981) 173–187
46. Eeino Jutikkala, The great Finnish famine in 1696/97, in: Scandinavian Economic History Review 3 (1955) 48–63.
47. Patrice Berger, French Administration in the Famine of 1693, in: European Studies Review 8 (1978) 101–127.
48. W. Gregory Monahan, Years of Sorrows. The Great Famine of 1709 in Lyon, Columbus/Ohio 1993.
49. Jonathan Israel, The Dutch Republic. Its Rise, Greatness, and Fall 1477–1806, Oxford 1995, 334 f.
50. Klaus Herrmann, Pflügen, Säen, Ernten, Reinbek 1985, 115–138.
51. Jonathan I. Israel, The Dutch Republic. Its Rise, Greatness, and Fall, 1477–1806, Oxford 1995.
52. Michael Budde (Hg.), Die «Kleine Eiszeit », Berlin 2001.
53. Paul Hazard, Die Herrschaft der Vernunft, Hamburg 1949.
54. Mark Overton, Agricultural Revolution in England, Cambridge 1996.
55. L. C. Madonna, Christian Wolff und das System des klassischen Rationalismus, 2001.
56. Kurtze zufällige und vermischte Gedancken, über den hefftigen Schnee und Frost-Winter, Tübingen 1740.
57. Observationes Meteorologicae,Wießenburg am Nordgau 1740, 42 f.
58. M. G. Pearson, The Winter of 1739–40 in Scotland, in:Weather 28 (1973) 20–24.
59. John Barker, An Inquiry into the Nature, Cause and Cure of the present Epidemic Fever, London 1742.
60. Johann Rudolph Marcus, Nachricht von dem im ietzigen 1740ten Jahre eingefallenen ausserordentlich strengen und Langen Winter …, Leipzig s. d. [1740], 15 f.
61. Gordon Manley, The Great Winter of 1740, in: Weather 13 (1958) 11–17; K. L. Gruffyd, The Vale of Clwyd Corn Riots of 1740, in: Flintshire Publications 27

(1975/76) 36–42; B.W. Alexander, The Epidemic Fever (1741–42), in: Salisbury Medical Bulletin 11 (1971) 24–29; Michael Drake, The Irish Demographic Crisis of 1740–41, in: Historical Studies 6 (1968) 101–124.

62. M. Deutsch et al., Der Winter 1739/40 in Halle/Saale, Berlin 1996.
63. John D. Post, Food Shortage, Climatic Variability, and Epidemic Disease in Preindustrial Europe. The Mortality Peak in the early 1740s, Ithaca/London 1985.
64. H. Arakawa, Meteorological Conditions of the Great Famines in the Last Half of the Tokugawa Period, Japan, in: Papers in Meteorology and Geophysics (Tsukuba) 6 (1955) 101–115.
65. Kiyoshi Inoue, Geschichte Japans [1963], Frankfurt/Main 1993, 261 ff., 266 f.（井上清著『日本の歴史』）
66. Vilhjalmar Bjarnar, The Laki Eruption and the Famine of the Mist, in: Carl F. Bayerschmidt/Erik J. Friis (Hg.), Scandinavian Studies, Seattle 1965, 410–421.
67. Sigurd Thorarinsson, The Lakagigar eruption of 1783, in: Bulletin Volcanologique 33 (1969) 910–929.
68. Gaston R. Demarée et al., Bons Baisers d'Islande: Climatic, Environmental and Human Dimensions Impacts of the Lakagigar Eruption (1783–1784) in Iceland, in: Phil D. Jones et al. (Hg.), History and Climate. Memories of the Future?, Dordrecht 2001, 219–246.
69. Johann Ernst Basilius Wiedeburg, Über die Erdbeben und den allgemeinen Nebel von 1783, in: Göttingische Anzeigen von gelehrten Sachen 47 (1784) 470–472.
70. Benjamin Franklin, Meteorological Imaginations and Conjectures, in: Memoirs of the Manchester Literary and Philosophical Society 2 (1785) 373–377.
71. Manfred Vasold, Die Eruptionen des Laki von 1783/84. Ein Beitrag zur deutschen Klimageschichte, in: Naturwissenschaftliche Rundschau 57 (2004) 602–608.
72. Alan Taylor, «The Hungry Year»: 1789 on the Northern Border of Revolutionary America, in: Alessa Johns (Hg.), Dreadful Visitations. Confronting Natural Catastrophe in the Age of Enlightenment, New York/London 1999, 145–181.
73. Jack A. Goldstone, Revolution and Rebellion in the Early Modern World, Berkeley 1991.
74. Chris E. Paschold/Albert Gier (Hg.), Die Französische Revolution, Stuttgart 1989, 47 f.
75. George Lefebvre, La Grande Peur de 1789, Paris 1970.
76. Eberhard Weis, Der Durchbruch des Bürgertums 1776–1847, Berlin/Wien 1982, 300.
77. Eberhard Weis, Frankreich von 1661 bis 1789, in: Theodor Schieder (Hg.), Handbuch der Europäischen Geschichte, Bd. 4, Stuttgart 1968, 166–307, p. 270.
78. Tom Simkin et al. (Hg.), Volcanoes of the World, Stroudsberg/Pennsylvania 1981, 112–131.

79. Henry Stommel/Elizabeth Stommel, Volcano Weather, Newport/R. I., 1983.（邦訳『火山と冷夏の物語』）
80. C. R. Harrington (Hg.), The Year Without a Summer? World Climate in 1816, Ottawa 1992.
81. Wolfgang Behringer, Witches and Witch-Hunts. A Global History, Cambridge 2004.
82. Jacob Katz, Die Hep-Hep-Verfolgungen des Jahres 1819, Berlin 1994.
83. Jörn Sieglerschmidt, Untersuchungen zur Teuerung in Südwestdeutschland 1816/17, in: Festschrift Hans-Christoph Rublack, Frankfurt/Main 1992, 113–144.
84. Gerald Müller, Hunger in Bayern, 1816–1818. Politik und Gesellschaft in einer Staatskrise des frühen 19. Jahrhunderts, Frankfurt/Main 1998.
85. James Jamson, Report on the Epidemic Cholera Morbus as It Visited the Territories Subject to the Presidency of Bengal in the Years 1817, 1818, and 1819, Calcutta 1820.
86. Richard Evans, Tod in Hamburg. Stadt, Gesellschaft und Politik in den Cholerajahren, 1996.
87. Wolfgang U. Eckart, Cholera, in: Enzyklopädie der Neuzeit 2 (2005) Sp. 717–720.
88. Cecil-Blanche Woodram-Smith, Great Hunger: Ireland 1845–1849, London 1962.
89. Joachim Schaier, Verwaltungshandeln in einer Hungerkrise. Die Hungersnot 1846/47 im badischen Odenwald,Wiesbaden 1988.
90. Thomas Martin Devine/Willie Orr, The Great Highland Famine, Edinburgh 1988.
91. Michael Maurer, Kleine Geschichte Irlands, Stuttgart 1998, 219–226.
92. Christine Kinealy, A Death-dealing Famine: the Great Hunger in Ireland, London 1997.
93. H. Arakawa, Meteorological Conditions of the Great Famines in the Last Half of the Tokugawa Period, Japan, in: Papers in Meteorology and Geophysics (Tsukuba) 6 (1955) 101–115, pp. 112 ff.
94. Kiyoshi Inoue, Geschichte Japans [1963], Frankfurt/Main 1993, 309 ff.（井上清著『日本の歴史』）

第５章　地球温暖化――現代の温暖期

１　自然の諸力からの外見上の解放

1. Josef Ehmer, Bevölkerung, in: Enzyklopädie der Neuzeit 2 (2005) Sp. 94–119.
2. David Blackbourn, The Conquest of Nature, London 2006.
3. Frank Konersmann, Agrarrevolution, in: Enzyklopädie der Neuzeit 1 (2005) Sp. 131–136.
4. Mary Douglas, Reinheit und Gefährdung, Berlin 1985.
5. Robert Jütte, Ärzte, Heiler und Patienten. Medizinischer Alltag in der frühen Neuzeit, München 1991.

6. Josef Ehmer, Demographische Krisen, demographische Transition, in: Enzyklopädie der Neuzeit, Bd. 2, Stuttgart 2005, Sp. 899–914.
7. Karl Heinz Ludwig/Volker Schmidtchen, Metalle und Macht, 1000–1600 [= Propyläen Technikgeschichte, 6 Bde., hg. von Wolfgang König, Bd. 2], Berlin 1992, 76–106.
8. Paul Mantoux, The Industrial Revolution in the Eighteenth Century, London 1928, 224.
9. Mark Overton, Agricultural Revolution in England, Cambridge 1996.
10. David S. Landes, Der entfesselte Prometheus, Köln 1973, 98 ff.
11. Paul Mantoux, The Industrial Revolution in the Eighteenth Century, London 1928, 189–219.
12. Akos Paulinyi/Ulrich Troitzsch, Mechanisierung und Maschinisierung, 1600 bis 1840, Berlin 1991.
13. Felix Butschek, Europa und die Industrielle Revolution,Wien 2002.
14. Akos Paulinyi/Ulrich Troitzsch, Mechanisierung und Maschinisierung, 1600 bis 1840 [= Propyläen Technikgeschichte, 6 Bde., hg. von Wolfgang König, Bd. 3], Berlin 1991, 353–368.
15. David S. Landes, Der entfesselte Prometheus, Köln 1973, 99.
16. Carlo Cipolla (Hg.), Die Industrielle Revolution, Stuttgart 1976, 4.
17. Jörn Sieglerschmidt (Hg.), Der Aufbruch ins Schlaraffenland. Stellen die Fünfziger Jahre eine Epochenschwelle im Mensch-Umwelt-Verhältnis dar? [= Environmental History Newsletter 2], Mannheim 1995.
18. Christian Pfister, Das 1950er Syndrom – die umweltgeschichtliche Epochenschwelle zwischen Industriegesellschaft und Konsumgesellschaft, in: Jörn Sieglerschmidt (Hg.), Der Aufbruch ins Schlaraffenland, Mannheim 1995, 28–71.
19. Rolf Peter Sieferle, Der unterirdische Wald. Energiekrise und Industrielle Revolution, München 1982.
20. Donella und Dennis Meadows, Die neuen Grenzen des Wachstums, Stuttgart 1992, 123.（邦訳『限界を超えて―生きるための選択』）
21. Carlo M. Cipolla, The Economic History of World Population, New York 1978, 113–117.（邦訳『経済発展と世界人口』）
22. Bevölkerungsentwicklung, in: Brockhaus Enzyklopädie Bd. 3 (2006) 789–794.
23. Rolf Peter Sieferle, Fortschrittsfeinde? Opposition gegen Technik und Industrie von der Romantik bis zur Gegenwart, München 1984.
24. Ulrich Linse, «Barfüßige Propheten». Erlöser der zwanziger Jahre, Berlin 1983.（邦訳『ワイマル共和国の予言者たち―ヒトラーへの伏流』）
25. Club of Rome, in: Brockhaus Enzyklopädie 5 (2006) 761–762.
26. Dennis Meadows/et al., Die Grenzen des Wachstums, Bericht des Club of Rome

zur Lage der Menschheit, Stuttgart 1972, 164.（邦訳『成長の限界―ローマ・クラブ人類の危機レポート』）
27. Silvia Liebrich, Grönland hofft auf Ölreichtum, in: Süddeutsche Zeitung, 25. Juli 2006, 26.

2 地球温暖化の発見

1. Spencer R.Weart, The Discovery of Global Warming, Cambridge/Mass. 2003, 3 f.（邦訳『温暖化の〈発見〉とは何か』）
2. Svante Arrhenius, On the Influence of Carbonic Acid in the Air upon the Temperature of the Ground, in: Philosophical Magazine 41 (1896) 237–276.
3. Henning Rohde/Robert Charlson (Hg.), The Legacy of Svante Arrhenius, Stockholm 1998.
4. Spencer R.Weart, The Discovery of Global Warming, Cambridge/Mass. 2003, 6 f.（邦訳『温暖化の〈発見〉とは何か』）
5. Guy Steward Callendar, The Artificial Production of Carbon Dioxide and Its Influence on Climate, in: Quarterly Journal of the Royal Meterological Society 64 (1938) 223–240.
6. Gilbert N. Plass, The Carbon Dioxide Theory of Climatic Change, in: Tellus 8 (1956) 140–154.
7. James Rodger Fleming, Historical Perspectives in Climate Change, New York 1998, Diagramm 9–5.
8. Stefan Rahmstorf/Hans Joachim Schellnhuber, Der Klimawandel, München 2006, 33.
9. Spencer R.Weart, The Discovery of Global Warming, Cambridge/Mass. 2003, 68 f.（邦訳『温暖化の〈発見〉とは何か』）
10. Paul Andrew Mayewski/Frank White, The Ice Chronicles, London 2002, 24 f.
11. J. Murray Mitchell jr., Recent Secular Changes of Global Temperature, in: Annals of the New York Academy of Sciences 95 (1961) 247–249.
12. George J. Kukla/R. K. Matthews, When will the Present Interglazial End?, in: Science 178 (1972) 190–191.
13. A. C. Stern (Hg.), Air Pollution, 2 Bde., New York 1962.
14. Reid A. Bryson/Wayne M.Wendland, Climatic Effects of Atmospheric Pollution, in: S. Fred Singer (Hg.), Global Effects of Environmental Pollution, New York 1970, 130–138.
15. J. Murray Mitchell jr., A Preliminary Evaluation of Atmospheric Pollution as a Cause of the Global Temperature Fluctuation of the Past Century, in: S. Fred Singer (Hg.), Global Effects of Environmental Pollution, New York 1970, 139–155.
16. Tor Bergeron, Richtlinien einer dynamischen Klimatologie, in: Meteorologische Zeitschrift 47 (1930) 246–262.

17. Hubert H. Lamb, Klima und Kulturgeschichte, Reinbek 1989, 28 f., 404 f., 426.
18. Lowell Ponte, The Cooling, Englewood Cliffs/NJ 1976, 217–233, 239 f.
19. Syukuro Manabe/R. T.Wetherald, Thermal Equilibrium of the Atmosphere with a given distribution of relative humidity, in: Journal of Atmos. Science 24 (1967) 241–259.
20. Syukuro Manabe, The Dependence of Atmospheric Temperature on the Concentration of Carbon Dioxide, in: S. Fred Singer (Hg.), Global Effects of Environmental Pollution, New York 1970, 25–29.
21. Wallace S. Broecker, Are We on the Brink of a Pronounced Global Warming?, in: Science 189 (1975) 460–464.
22. Stephen H. Schneider, Editorial for the First Issue of Climatic Change, in: Climatic Change 1 (1977) 3–4.
23. W.W. Kellogg/R. Schware, Climate Change and Society, Westview Press 1981.
24. R. E. Dickinson/R. J. Cicerone, Future Global Warming from atmospheric trace gases, in: Nature 319 (1986) 109–115.
25. H. L. Pearman (Hg.), Greenhouse. Planning for Climatic Change, Melbourne 1988.
26. T. J. Marsh/R. A. Monkhouse/N. Arnell u. a., The 1988–92 Drought, Wallingford 1994.
27. Stephen H. Schneider, Global Warming, New York 1990, Vorwort und 13 ff.（邦訳『地球温暖化の時代：気候変化の予測と対策』）
28. Robert Lichter, A Study of National Media Coverage of Global Climate Change 1985–1991,Washington D. C. 1992.
29. G. Stanhill, The Growth of Climate Change Science: A Scientometric Study, in: Climatic Change 48 (2001) 515–524.

3　気候変動への対応

1. Karl Heinz Ludwig, Eine kurze Geschichte des Klimas, München 2006, 136 ff., 154 ff.
2. John T. Houghton et al., (Hg.), Climate Change. The IPCC Scientific Assessment, Cambridge 1990.
3. Albert Gore, Earth in Balance. Ecology and the Human Spirit, Boston 1992.（邦訳『地球の掟—文明と環境のバランスを求めて』）
4. Roger Bate/Julian Morris, Global Warming. Apocalypse or Hot Air, London 1994.
5. John T. Houghton et al., Climate Change. The Science of Climate Change, Cambridge 1995.
6. Karl Heinz Ludwig, Eine kurze Geschichte des Klimas, München 2006, 156 ff.
7. Tim Flannery,Wir Wettermacher, Frankfurt/Main 2006, 275 f.（邦訳『地球を殺そうとしている私たち』）

8. IPCC (Hg.), Special Report on Emission Scenarios. A Special Report of Working Group III of the IPCC, Cambridge 2000.
9. Stefan Rahmstorf/Hans Joachim Schellnhuber, Der Klimawandel, München 2006, 49.
10. John T. Houghton et al. (Hg.), Climate Change 2001: The Scientific Basis. Contribution of Working Group I to the Third Assessment Report of the IPCC, Cambridge 2001.
11. Dick Tavern,Vergesst Kyoto! in: Frankfurter Allgemeine Sonntagszeitung, 28. August 2005, S. 37.
12. Karl Heinz Ludwig, Eine kurze Geschichte des Klimas, München 2006, 168 ff.
13. Süddeutsche Zeitung, 3./4. Februar 2007, S. 1, 2, 4. – Frankfurter Allgemeine Zeitung, 3./4. Februar 2007, S. 1, 2, 33.
14. Richard Alley et al., IPCC Climate Change 2007: The Physical Science Basis – Summary for Policymakers, 2. Februar 2007.
15. Christian Schwägerl, Wir müssen das Fossilzeitalter beenden, in: FAZ v. 3. Feb. 2007, 33.
16. Camille Parmesan/Gary Yohe, A globally coherent fingerprint of climate change impacts across natural systems, in: Nature 421 (2003) 37–42.
17. Camille Parmesan et al., Poleward Shifts in Geographical Ranges of Butterfly Species Associated with Global Warming, in: Nature 399 (1999) 579–584.
18. Heiko Lehmann, Flinker Falter aus dem Süden. Taubenschwänzchen wird bei uns heimisch, in: Saarbrücker Zeitung, 19./20. August 2006, S. B6.
19. T. L. Root et al., Fingerprints of Global Warming on Wild Animals and Plants, in: Nature 421 (2003) 57–60.
20. Peter Boehm, Global Warming – Devastation of an Atoll, in: The Independent, 30. August 2006, 24–25.
21. Joe Barnett/Neil Adger, Climate Dangers and Atoll Countries, in: Climatic Change 61 (2003) 321–337.
22. Andrea Bigano et al., The Impact of Climate on Holiday Destination Choice, in: Climatic Change 76 (2006) 389–406.
23. J. Jason West et al., Storms, Investor Decisions, and the Economic Impacts of Sea Level Rise, in: Climatic Change 48 (2001) 317–342.
24. R. McLeman/B. Smit, Migration as an Adaptation to Climate Change, in: Climatic Change 76 (2006) 31–53.
25. Joachim Müller-Jung, Schleusen auf und weg damit, in: FAZ, 9. August 2006, 31.
26. Christiane Grefe, «Die Reichen sollen bezahlen», in: Die Zeit Nr. 33, 10. August 2006, 19.
27. Joachim Müller-Jung, Schleusen auf und weg damit, in: FAZ, 9. August 2006, 31.
28. IPCC (Hg.), Special Report on Carbon Dioxide Capture and Storage, Genf 2005.

29. Stefan Rahmstorf/Hans Joachim Schellnhuber, Der Klimawandel, München 2006, 109 ff.
30. Paul J. Crutzen, Albedo Enhancement by Stratospheric Sulfur Injection: A Contribution to Resolve a Policy Dilemma?, in: Climatic Change 77 (2006) 211–220.
31. Stefan Rahmstorf/Hans Joachim Schellnhuber, Der Klimawandel, München 2006, 133 f.
32. Joachim Müller-Jung, Schleusen auf und weg damit, in: FAZ, 9. August 2006, S. 31.

第６章　環境破壊の罪と温室ガス気候――結び

1. Robert F. Kennedy jr., Crimes against Nature, New York 2004.
2. Robert F. Kennedy jr., Wer Wind sät, wird Sturm ernten, in: SZ vom 3./4. September 2005, 2.
3. Richard B. Alley, Temperatursprünge. Das instabile Klima, in: Spektrum der Wissenschaft. Dossier 2 (2005), 6–13, 8.
4. Andreas Mihailescu, Umweltsünden-Katalog, München 1983.
5. James E. Hansen, Earth's Energy Imbalance: Confirmation and Implications, in: Science 308 (2005) 1431–1435.
6. Richard C. J. Somerville, Medical Metaphors for Climate Issues, in: Climatic Change 76 (2006) 1–6.
7. Harald Kohl/Helmut Kühr, Treibhausszenario. Klimawandel der Erde – die planetare Krankheit, in: Spektrum der Wissenschaft, Dossier 2 (2005) 24–31, p. 28.
8. Spektrum der Wissenschaft, Dossier 2 (2005): Die Erde im Treibhaus, p. 30.
9. Paul J. Crutzen et al., The Anthropocene, in: IGBP Newsletter 41 (2000) 12.
10. William F.Ruddiman , The Anthropogenic Greenhouse Era began Thousands of Years Ago, in Climatic Change 61(2003)261–293
11. Brockhaus Enzyklopädie, Bd. 3 (2006) 790.
12. Paul J.Crutzen/Will Steffen, How long have we been in the Anthropocene Era? , in: Climatic Change 61(2003)251–257.
13. Thomas J. Crowley, When did GlobalWarming Start?, in: Climatic Change 61 (2003) 259–260.
14. Martin Claussen et al., Did Humankind prevent a Holocene Glaciation? Comment on Ruddiman's Hypothesis of a Pre-Historic Anthropocene, in: Climatic Change 69 (2005) 409–417.
15. William F. Ruddiman, The Early Anthropocenic Hypothesis a Year Later, in: Climatic Change 69 (2005) 427–434.
16. Stefan Rahmstorf/Hans Joachim Schellnhuber, Der Klimawandel, München 2006, 124.

17. Naomi Oreskes, The Scientific Consensus on Climate, in: Science 306 (2004) 1686.
18. James Lovelock, Unsere Erde wird überleben. Gaia. Eine optimistische Ökologie, München 1982.
19. Richard Alley, The Two-Mile Time Machine, Princeton 2002,4（邦訳『氷に刻まれた地球11万年の記憶：温暖化は氷河期を招く』）
20. Spencer R.Weart, The Discovery of Global Warming, Cambridge/Mass. 2003, 199 ff.
21. WBGU (Hg.),Welt im Wandel – Energiewende zur Nachhaltigkeit, Berlin 2003.
22. Arnold Toynbee, Der Gang der Weltgeschichte, 2 Bde.,Munchen 1970（邦訳『世界の名著　歴史の研究』他）
23. Karl Heinz Ludwig, Eine kurze Geschichte des Klimas, München 2006.
24. Harald Martenstein, Hamburg: ein Phänomen wie die Kalahariwüste, in: Geo kompakt: Wetter und Klima (2006) 152–153.
25. Joachim Radkau, Natur und Macht. Eine Weltgeschichte der Umwelt, München 2000, 48.
26. Z. B.: Thomas S. Kuhn, The Structure of Scientific Revolutions, Chicago 1962.（邦訳　『科学革命の構造』）
27. Augusto Mangini, Ihr kennt die wahren Gründe nicht, in: FAZ (5. April 2007), 35.

参考文献

TREVOR ASTON (HG.), Crisis in Europe 1560–1660, London 1965.
WOLFGANG BEHRINGER/HARTMUT LEHMANN/CHRISTIAN PFISTER (HG.), Kulturelle Konsequenzen der Kleinen Eiszeit, Göttingen 2004.
WOLFGANG BEHRINGER, Witches and Witch Hunts. A Global History, Cambridge 2004.
JARED DIAMOND, Kollaps. Warum Gesellschaften überleben oder untergehen, Frankfurt/Main 2006.
BRIAN FAGAN, The Little Ice Age. How Climate Made History, 1300–1850, NewYork 2000.
TIM FLANNERY,Wir Wettermacher, Frankfurt/Main 2006.
RUEDIGER GLASER, Klimageschichte Mitteleuropas, Darmstadt 2001.
FRANTIŠEK GRAUS, Pest – Geißler – Judenmorde. Das 14. Jahrhundert als Krisenzeit, Göttingen 1987.
JEAN M. GROVE, The Little Ice Age, London/New York 1988.
WALTER HAUSER (HG.), Klima. Das Experiment mit dem Planeten Erde, Darmstadt 2002.
JAMES HOGGAN/RICHARD LITTLEMORE, Climate Cover-Up. The Crusade to Deny Global Warming, Vancouver 2009.
JOHN T. HOUGHTON (HG.), Global Warming. The complete Briefing, Cambridge 1997.
MANFRED JAKUBOWSKI-TIESSEN/HARTMUT LEHMANN (HG.), Um Himmels Willen. Religion in Katastrophenzeiten, Göttingen 2003.
WILLIAM CHESTER JORDAN, The Great Famine. Northern Europe in the Early Fourteenth Century, Princeton 1996.
SUSANNE KIERMAYR-BÜHN, Leben mit dem Wetter. Klima, Alltag und Katastrophe in Süddeutschland seit 1600, Darmstadt 2009.
TOBIAS KRÜGER, Die Entdeckung der Eiszeiten. Internationale Rezeption und Konsequenzen für das Verständnis der Klimageschichte, Basel 2008.
EMMANUEL LE ROY LADURIE, L'histoire du climat depuis l'an mil, Paris 1967.
HUBERT H. LAMB, Climate, History and the Modern World, London 1982.
DAVID S.LANDES, Der entfesselte Prometheus. Technologischer Wandel und industrielle Revolution in Westeuropa von 1750 bis zur Gegenwart, Köln 1973.
WILHELM LAUER/JOERG BENDIX, Klimatologie, Braunschweig 2004.
PAUL ANDREW MAYEWSKI/FRANK WHITE, The Ice Chronicles, London 2002.
STEPHEN MITHEN, After the Ice. A Global Human History, 20 000–5000 BC, London 2003.

CHRISTIAN PFISTER, Klimageschichte der Schweiz 1525–1860, Bern/Stuttgart 1988.
THEODORE K. RABB, The Struggle for Stability in Early Modern Europe, New York 1975.
JOACHIM RADKAU, Natur und Macht. Eine Weltgeschichte der Umwelt, München 2000.
STEFAN RAHMSTORF/HANS JOACHIM SCHELLNHUBER, Der Klimawandel, München 2006.
JOSEF H. REICHHOLF, Eine kurze Naturgeschichte des letzten Jahrtausends, Frankfurt/Main 2007.
JOHN F. RICHARDS, The Unending Frontier. An Environmental History of the Early Modern World, Berkeley 2003.
NEIL ROBERTS, The Holocene. An Environmental History, 2. Aufl., Oxford 1998.
STEPHEN H. SCHNEIDER/RANDI LONDER, The Coevolution of Climate and Life, San Francisco 1984.
STEPHEN SHAPIN, Die wissenschaftliche Revolution, Frankfurt/Main 1998.
HANSJÖRG SIEGENTHALER, Regelvertrauen, Prosperität und Krisen. Die Ungleichmäßigkeit wirtschaftlicher und sozialer Entwicklung als Ergebnis individuellen Handelns und sozialen Lernens, Tübingen 1993.
TOM SIMKIN/LEE SIEBERT, Volcanoes of the World, Tucson/Arizona 1994.
STEVEN M. STANLEY, Historische Geologie, Heidelberg 2001.
NICO STEHR/HANS VON STORCH, Klima, Wetter, Mensch, München 1999.
NICHOLAS STERN, Der Global Deal. Wie wir dem Klimawandel begegnen und ein neues Zeitalter von Wachstum und Wohlstand schaffen, München 2009.
GABRIELLE WALKER, Schneeball Erde. Die Geschichte der globalen Katastrophe, die zur Entstehung unserer Artenvielfalt führte, Berlin 2003.
SPENCER R.WEART, The Discovery of Global Warming, Cambridge/Mass. 2003.
JELLE ZEILINGA DE BOER /DONALD THEODORE SANDERS, Das Jahr ohne Sommer. Die großen Vulkanausbrüche der Menschheitsgeschichte und ihre Folgen, Essen 2004.

図の解説

図1. Umzeichnung nach: IPCC 1990: C. K. Folland et al., Observed Climate Variations and Change, in: John T. Houghton et al., Climate Change. The Scientific Assessment, Cambridge 1990, 195–238. *(Wolfgang Behringer/Raimund Zimmermann – im folgenden abgekürzt WB/RZ)*

図2. Umzeichnung nach: IPCC 2001: J. J. McCarthy et al. (Hg.), Climate Change 2001: Impact, Adaptation and Vulnerability. Contribution of the Working Group II to the Third Assessment of the IPCC, Cambridge UP 2001. *(WB/RZ)*

図4. Aus: Richard B. Alley, The Two-Mile Time Machine. Ice Cores, Abrupt Climate

Change and Our Future, Princeton 2002, Tafel 3.3 (p. 20).

図5. Umzeichnung nach: Willi Dansgaard et al., A New Grenland Deep Ice Core, in: Science 24. Dez. 1982, 1273–1277. *(WB/RZ)*

図6. Umzeichnung nach: Richard B. Alley, The Two-Mile Time Machine. Ice Cores, Abrupt Climate Change and Our Future, Princeton 2002, Tafel 10.2 (p. 96). *(WB/RZ)*

図7. Umzeichnung nach: Richard B. Alley, The Two-Mile Time Machine. Ice Cores, Abrupt Climate Change and Our Future, Princeton 2002, Tafel 11.2 (p. 106). *(WB/RZ)*

図8. Umzeichnung nach: Jelle Zeilinga de Boer/Donald Theodore Sanders, Das Jahr ohne Sommer. Die großen Vulkanausbrüche der Menschheitsgeschichte und ihre Folgen. Aus dem Englischen von Manfred Vasold, Essen 2004

図9. Umzeichnung nach: Stephen H. Schneider/Randi Londer, The Coevolution of Climate and Life, San Francisco 1984, Tafel 1.1. *(WB/RZ)*

図10. Umzeichnung nach: Christopher Essex/Ross McKitrick, Taken by Storm. The Troubled Science, Policy and Politics of Globale Warming, Toronto 2002, p. 211. *(WB/RZ)*

図11. Umzeichnung nach: Wilhelm Lauer/Jörg Bendix, Klimatologie, Braunschweig 2004, p. 282. (*WB/RZ*)

図12. Umzeichnung nach: Rolf Meissner, Geschichte der Erde. Von den Anfängen des Planeten bis zur Entstehung des Lebens, München 2004, p. 110. *(WB/RZ)*

図13. Umzeichnung nach: Wilhelm Lauer/Jörg Bendix, Klimatologie, Braunschweig 2004, p. 283. (*WB/RZ*)

図14. Umzeichnung nach: Stephen Mithen, After the Ice. A Global Human History, 20 000–5000 BC, London 2003, p. 12. *(WB/RZ)*

図15. Aus: Neil Roberts, The Holocene. An Environmental History, 2nd ed. Oxford 1998, 114.

図16. Umzeichnung nach: Hubert H. Lamb, Klima und Kulturgeschichte. Der Einfluß des Wetters auf den Gang der Geschichte. Aus dem Englischen von Elke Linnepe und Elke Smolan-Härle, Reinbek 1989, p. 158. *(WB/RZ)*

図17. Umzeichnung nach: Rüdiger Glaser, Klimageschichte Mitteleuropas.1000 Jahre Wetter, Klima, Katastrophen, Darmstadt 2001, pp. 56. *(WB/RZ)*

図18. Aus: Topographia Helvetiae, Frankfurt 1654.

図20. Christian Pfister, Klimageschichte der Schweiz 1525–1860. Das Klima der Schweiz von 1525–1860 und seine Bedeutung in der Geschichte von Bevölkerung und Landwirtschaft, Bern/Stuttgart 1988, Tafel 2.25 (Bd. II,S. 83). *(WB/RZ)*

図22. Kunsthistorisches Museum,Wien

図23. Umzeichnung nach: Svend Gissel/Eino Jutikkala/Eva Österberg, Desertion and

Land Colonisation in the Nordic Countries, c. 1300–1600, Stockholm 1981, p. 103. *(WB/RZ)*

図24. Umzeichnung nach: David Hackett Fischer, The GreatWave. Price Revolutions and the Rhythm of History, Oxford 1996, p. 6. *(WB/RZ)*

図27. Johann Vintler, Pluemen deer Tugend, Augsburg 1486, fol. 153 verso.

図31. Matthäus Merian, Topographia Helvetiae, Frankfurt 1654

図34. Umzeichnung nach: Jelle Zeilinga de Boer/Donald Theodore Sanders, Das Jahr ohne Sommer. Die großen Vulkanausbrüche der Menschheitsgeschichte und ihre Folgen. Aus dem Englischen von Manfred Vasold, Essen 2004, S. 30. *(WB/RZ)*

図35. Umzeichnung nach: Jelle Zeilinga de Boer/Donald Theodore Sanders,Das Jahr ohne Sommer. Die großen Vulkanausbrüche der Menschheitsgeschichte und ihre Folgen. Aus dem Englischen von Manfred Vasold, Essen 2004, S. 30., Tafel 5.3. *(WB/RZ)*

図36. Umzeichnung nach: Jörn Sieglerschmidt (Hg.), Der Aufbruch ins Schlaraffenland. Stellen die fünfziger Jahre eine Epochenschwelle im Mensch-Umwelt-Verhältnis dar?, Mannheim 1995, p. 31. *(WB/RZ)*

図38. Umzeichnung nach: James Rodger Fleming, Historical Perspectives in Climate Change, New York 1998. *(WB/RZ)*

図39. Umzeichnung nach: John T. Houghton (Hg.), Global Warming. The Complete Briefing, Cambridge 1997. *(WB/RZ)*

図40. Umzeichnung nach: IPCC 2001.

図41. Umzeichnung nach: IPCC 2007.

図42. Horsch, Kurz vor Schluss, Süddeutsche Zeitung, 28. 4. 2007

図43. Til, Partygespräch, Der Stern, 2007; Partygespräch © Mette

図44. Umzeichnung nach: Anders Moberg et al., Highly Variable Northern Hemisphere Temperatures Reconstructed From Low- and High-Resolution Proxy Data, in: Nature 433 (2005) 613–617. *(WB/RZ)*

訳者略歴

松岡　尚子（まつおか　ひさこ）

津田塾大学　英文学科卒業。ドイツ（ミュンヘン）に２年間滞在。

訳書にS.ラーゲルレーヴ『ダーラナの地主館奇談』（日本図書刊行会）。

岡山県出身

小関　節子（こせき　せつこ）

千葉大学理学部出身。

千葉県出身

柳沢　ゆりえ（やなぎさわ　ゆりえ）

学習院大学文学部ドイツ文学科中退、武蔵野音楽大学音楽学部器楽学科卒業。

訳書にM.ミッチャーリヒ『女性と攻撃性』（思索社　共訳）、H.バンクル『死の真相』（新書館　共訳）、H.バンクル『天才たちの死』（新書館　共訳）、J.ハッケタール『最後まで人間らしく』（未来社　共訳）など。

静岡県出身

河辺　暁子（かわべ　あきこ）

津田塾大学国際関係学研究科　修士課程修了。
銀行勤務、高校教諭を経て、
旧西ドイツに1年間、オーストリア（ウィーン）に半年間滞在。
愛知県出身

杉村　園子（すぎむら　そのこ）

聖心女子大学英文学科卒業。ドイツ（デュッセルドルフ）に5年間滞在。

訳書にM.ミッチャーリヒ『女性と攻撃性』（思索社　共訳）、H.バンクル『死の真相』（新書館　共訳）、H.バンクル『天才たちの死』（新書館　共訳）など。

東京都出身

後藤　久子（ごとう　ひさこ）

学習院大学文学部英文学科中退。ドイツ（デュッセルドルフ）に３年間滞在。

訳書にM.ミッチャーリヒ『女性と攻撃性』（思索社　共訳）、H.バンクル『死の真相』（新書館　共訳）、H.バンクル『天才たちの死』（新書館　共訳）。

東京都出身

気候の文化史

二〇一四年 二 月一〇日　初版発行
二〇一四年十二月一〇日　第二刷発行

訳　者　松岡　尚子
　　　　小関　節子
　　　　柳沢　ゆりえ
　　　　河辺　暁子
　　　　杉村　園子
　　　　後藤　久子

発行所　丸善プラネット株式会社
〒一〇一-〇〇五一
東京都千代田区神田神保町二-一七
電話（〇三）三五一二-八五一六
http://planet.maruzen.co.jp/

発売所　丸善出版株式会社
〒一〇一-〇〇五一
東京都千代田区神田神保町二-一七
電話（〇三）三五一二-三二五六
http://pub.maruzen.co.jp/

組版　株式会社明昌堂
印刷・製本　富士美術印刷株式会社
ISBN　978-4-86345-192-6 C3020